Dr. Heinz Lichem von Löwenbourg

Handbuch der Zahlen und Symbole

Geschichte - Theorie - Wissen - Praxis

Mit mehr als 100 Abbildungen

Orbis Verlag

© 1993 Orbis Verlag für Publizistik GmbH, München
Druck und Einband: Ebner Ulm
Printed in Germany
Alle Rechte vorbehalten
Konzeption, Redaktion, Lektorat, Realisation:
Lichems MMC, D-82288-Kottgeisering/Ammersee
Satz und Bildredaktion: Ulrich Ullmann

ISBN 3-572-00599-X

Inhaltsverzeichnis

Nachwort:

Vorwort

Unabhängigkeit durch mehr Wissen!

Zahlen und Symbole säumen den Weg der Menschheit seit Urzeiten. Sie dienen zur Lösung sachlicher Probleme (z. B. in der Mathematik), helfen aber auch in vielen anderen Bereichen geistigen, seelischen und mentalen Lebens. Zahlen und Symbole finden sich in allen Weltreligionen, in allen philosophischen Lehren, bei Geheimgesellschaften (die gute oder schlechte Zwecke verfolgen wollen). Siegreiche Kulturen (und Religionen) haben seit je versucht, die unterlegene Kultur auszulöschen - nicht nur physisch durch Krieg und Mord, sondern danach noch zusätzlich, indem das Wissen, die Kultur des Unterlegenen zerstört wird. Gleichzeitig gingen und gehen durch diese anscheinend unausrottbaren Mechanismen wertvolles Wissen, Fähigkeiten der Menschen verloren. Manches aber bleibt und hält sich durch Jahrtausende. Wie sehr das zutrifft, zeigt sich beispielsweise in Europa, wo durch die Christianisierung vor fast 2000 Jahren dennoch sehr viel an vorchristlichem, heidnischem und animistischem Wissen vorhanden ist bzw. wo dieses Wissen in das christliche Weltbild positiv integriert und fortentwickelt wurde.

Mit einem Wort: Neben den Quellen der Zeit, in der wir leben, gibt es immer auch Quellen aus vergangenen Epochen. Diese gegenwärtigen und vergangenen Quellen an Wissen und Weisheit zeigen sich besonders gut am Beispiel des Inhaltes dieses Buches. Mit Zahlen und Symbolen kann man wesentlich, ja viel mehr im täglichen Leben erreichen und bewirken, als man so glauben könnte. Vieles von dem hier Gesagten, entspringt uralter Überlieferung, liegt teils in Mythischem verborgen, begraben unter den oft mikroskopisch feinen Schichten der Geschichte. Vieles kann nur Theorie und spekulative Deutung bleiben. Doch jeder seriöse Versuch, den Dingen (Zahlen und Symbolen) auf den Grund zu gehen, bringt uns einen Schritt weiter, macht freier und abhängiger. Daß das natürlich nie im Interesse von Mächtigen, Diktatoren, kirchlichen Herrschern lag und liegt ist verständlich. Nach wie vor wird diese Materie verteufelt (= Feindbild), während man gleichzeitig "für die eigenen Zwecke" sich sehr wohl geheimen Wissens bedient.

Wer jedoch mehr in die Tiefe eindringt, wird in seinem Leben daraus großen beruflichen, alltäglichen und seelisch-mentalen Gewinn ziehen können. Dazu möge dieses Buch besonders anregen.

Einleitung

Zahlen und Symbole:
Sehen und verstehen wir wirklich alles?

Jene Dinge des Lebens, die uns Tag und Nacht umgeben, mit denen wir tagtäglich zu tun haben, ohne die unser modernes Leben überhaupt nicht machbar wäre, sind für uns so selbstverständlich (geworden), daß wir felsenfest glauben, diese Dinge zu verstehen, fest im Griff zu haben. In Wirklichkeit aber ist genau das Gegenteil der Fall. Das, was wirklich hinter Zahlen steckt, was Symbole wirklich sind, kann auf Anhieb fast kein Mensch sagen. Es verhält sich exakt so wie mit der Frage, was denn Elektrizität sei? Auch diese Frage kann bis heute nachweisbar kein Mensch beantworten, ebensowenig die damit zusammenhängende Frage, was denn Licht wäre? Für Zahlen und Symbole, Licht und Elektrizität gilt ein und dasselbe: Wir können diese Dinge erzeugen, nutzen, damit gute und verbrecherische Sachen durchführen. Licht und Elektrizität sind aufgrund ihrer Wellennatur in Zahlen, mit Symbolen definierbar. Ja, das können wir und sie mittels Zahlen und Symbolen nutzen. Aber wir wissen immer noch nicht, was Licht und Elektrizität wirklich sind. Energie? Materie? Materie plus Energie? Außerdem was ist Materie, was Energie? Fragen ohne Ende, ohne Antworten. Immerhin, Zahlen und Symbole helfen uns entscheidend, die Welt besser zu verstehen und nutzbar zu machen.

Licht, Elektrizität und die ihnen innewohnenden Zahlen, Symbole, Wellenbewegungen spielen oft unterschwellig, manchmal auch sehr direkt eine wichtige Rolle in diesem Buch.

Hier wollten wir vorerst diese Beispiele nur dafür verwenden haben, um zu demonstrieren, daß gerade das Selbstverständlichste im Leben in Wahrheit nicht zur Gänze durchschaubar ist. Ebenso verhält es sich mit Leben und Schlafen. Beides ist ohne elektrische Energie im Körper des Menschen nicht realisierbar. Ohne elektrische Energie kein Leben, kein Schlaf. Jeden Tag sinken wir in Schlaf. Und genau diese Selbstverständlichkeit können wir bis heute nicht erklären. Wir behelfen uns mit stimmungsvollen Vergleichen und sagen "der Schlaf ist der Bruder des Todes".

Diese einleitenden Gedanken mögen Ihnen, liebe Leserinnen und

Leser, helfen, den roten Faden dieses Buches aufzugreifen. Die Hintergründe des Selbstverständlichen könn wir nur erforschen, erahnen, spüren, wenn wir die richtigen Fragen stellen. Richtig fragen bedeutet aber, das Alltägliche zu hinterfragen.

Kinder können das sehr gut, so lange die Erwachsenen den Kindern ihre angeborene Unschuld belassen. Wir Erwachsenen dagegen haben längst jene kindliche Unschuld verloren, welche die Kirchenväter immerzu so sehr betonten. Ein schöner alter Spruch aus Bayern sagt dazu: Unschuld und verlorene Zeit - kehren nicht mehr zurück in Ewigkeit. Und auch hier wieder die Begriffe, Zahlen, Symbole der Zeit, des Messens, der Stunden, der Zahlen, der 12 Stunden, der 12 als magische Zahl, aber auch als mathematische Zeit-Meßeinheit. Und in der 12 als Stunden die 60iger Teilung in Minuten und Sekunden und in der 6 die 3 plus 3, die 2 x 3, und in der Summe von 12 die 2 x 6, die 9 plus 3 etc.

Das Ganze sieht auf den ersten Blick wie eine Zahlenspielerei aus. Aus dieser tatsächlichen Zahlenspielerei kann aber ebenso ernsthaftes Tun erwachsen, lebenslange Beschäftigung mit Zahlen (und Symbolen), mit dem, was dahintersteckt, kann aus der Zahlenspielerei werden. Mit die interessantesten, faszinierenden Diskurse, denen ich zuhören konnte, waren in meinem Leben die Gespräche von Mathematikern und Physikern über die Themen dieses Buches.

In diesem Werk beschäftigen wir uns auch mit Buchstaben, mit Runen. Buchstaben und Runen formen ein Alphabet, können aber zur Gänze durch Zahlen ersetzt werden. Das deutsche Alphabet bildet nur eine zuverlässige Basis und Einheit, miteinander perfekt zu verkehren, zu kommunizieren. Man könnte aber genauso vollkommen ohne Buchstabenalphabet auskommen: Zahlen und Symbole ersetzen die Buchstaben und fertig ist eine neue Schrift. Übrigens, so entstehen Geheimschriften seit Urzeiten. Wir sehen also: Zahlen stecken hinter ganz anderen Dingen, Zahlen stecken hinter Symbolen, Symbole sind Buchstaben und diese besitzen auch Zahlen, die zum Buchstaben gehören. Also wieder alles klar definierbar und dennoch ein ewiger Kreislauf, ein Kreis, kein Anfang, kein Ende. Alles hängt zusammen, aber Zahlen sind im Grunde genommen "fast immer dabei".

Wir werden noch nachfolgend einige, weitere, kleine Exkurse bringen, um Ihre Gedanken anzuregen, zu mobilisieren. Im Endeffekt wünschen wir uns dann, daß die Leserinnen und Leser auf diesem Werk selbst aufbauen können, um in Zukunft ihren eigenen Weg der Erkenntnis gehen zu können. Gestatten Sie daher, Sie eingangs noch in einige Phantasien zu entführen, ehe wir uns auch im Detail mit dem oft recht trockenen

Stoff zu beschäftigen haben werden. Aber aus der Substanz, dem Stoff, kann mittels der Phantasie die richtige Deutung erwachsen. Diese Deutung kann, darf unterschiedlich ausfallen und hängt ab von dem was wir bezwecken:
Mit Zahlen zu spielen, uns zu informieren, uns geistig anzuregen. Ebenso könnte es aber auch sein, Hilfe in Notfällen zu suchen, Sorgen zu beseitigen, Probleme zu lösen, neue und bessere Wege im Leben, Beruf und Alltag zu finden. Auch das und noch vieles mehr ist mit Zahlen und Symbolen möglich. Wir müssen uns dessen nur erinnern. Mit Zahlen-Symbolen läßt sich positive Energie aufbauen, die im Krankheitsfall durchaus und nachweislich entscheidend zu helfen vermag. Lassen Sie mich noch als praktizierender Christ ein weiteres Beispiel anführen:
Besonders in Situationen von Not, Krankheit, seelischen Krisen sucht der Christ die Nähe Gottes, er sucht Kontakt zu den Engeln, er sucht Heilige Stätten, Wallfahrtsorte auf. Und er betet. Er betet vor einem Altar, vor einer Heiligenstatue, er betet in einer Kirche oder Kapelle, er betet vor dem Kreuz. Er betet auch vor Symbolen, vor Zahlen. Er findet am Kreuz die Initialen INRI (Jesus von Nazareth, König der Juden). Und nachweislich hat der Glaube an Gott schon vielen Gläubigen zu helfen vermocht. Gibt es bessere Beweise, daß Zahlen, Symbole zu helfen vermögen? Sie können Transmitter sein zu einer Welt die nicht die unsrige ist, zu der wir aber Kontakt finden können.

Die Aura, der Heiligenschein, der Kreis

Der Kreis ist ein klassisches Symbol. Der Kreis ist aber auch eine Zahl, die Null. Der Kreis ist aber auch ein Buchstabe. Der Kreis ist Anfang und Ende, ist Anfang ohne Ende. Davon später mehr. Der Kreis als Aura ist inzwischen physikalisch nchweisbar geworden. Die Aura umgibt Menschen und Pflanzen und Gesteine als Lichtsaum. Als Strahlenkranz. Die Aura ist rund in Kreisform nachweisbar, ebenso auch als Lichtkranz, der den Linien einer Kontur folgt, zum Beispiel den Linien einer Gestalt. Der Quantenphysiker Fritz Albert Popp konnte mit einem Restlichtverstärker in siebenmillionenfacher Lichtverstärkung erstmals Aura sichtbar machen. Das geschah im Auftrag des Südwestfunks (D) und des Hessischen Rundfunks(D). Auch die Aura der Hand einer Heilerin konnte so sichtbar gemacht werden. Der Heiligenschein von Engeln, Heiligen in der sakralen, bildenden Kunst ist kein Phantasieprodukt, sondern etwas, das die Kirchenväter nie vergessen, weil gesehen haben und uns überliefert hatten. Die Aura wird kirchlich fast nur als Kreis dargestellt. Als Zahl? Als Symbol?

Tatsache aber ist, daß zur heutigen elektronischen Visualisierung eine Vorrichtung in Kreisform benötigt wird, um die Elektronen in geordneten Fluß zu zwingen. Ich bin nachweislich einer der wenigen Menschen, der in Mexico Aura fotografieren konnte, in Gegenwart seriöser Zeugen. Die Bilder können jederzeit bei mir besichtigt werden. Also Aura: Kreis? Symbol? Zahl? Buchstabe?
Auf jeden Fall: Zahlen und Symbole von höchster Bedeutung.

Nur eine Zahlenspielerei?

In La Rochelle, Frankreich, setzten Eltern höchstrichterlich durch, daß ihr Kind den Vornamen Maria Maria Maria führen darf. "Das Mädchen wog bei seiner Geburt 3, 33 Kilogramm, hatte Kopf- und Brustumfang von jeweils 33 Zentimetern, war dreimal 17 Zentimeter groß, wurde im Departement Gironde mit Autokennzeichen 33 geboren, und seine Mutter ist 33 Jahre alt" (Süddeutsche Zeitung). Handelt es sich wirklich nur um eine Zahlenspielerei, um einen Spleen exzentrischer Eltern? Nein, ganz gewiß nicht.
Jede Zahl kann einen Sinn haben, man muß ihn nur herauszufinden versuchen. Das Verhältnis von Zahlen untereinander ist sogar hörbar: Die Oktave stellt präzise eine Frequenzverdoppelung dar. Johannes Kepler war, wie so viele Astronomen/Astrologen der Zahlentheorie restlos verfallen. Er meinte, daß die Dreidimensionalität unserer Welt ein Symbol wäre für die christliche Dreieinigkeit, die Trinitas Gott Vater, Gott Sohn und der Heilige Geist.

Kepler sprach vom dreieinigen Gott, den er in der Dreidimensionalität erblickte und sagte "Die Harmonie der Sphären".

Siegmund Freud, der große Seelenarzt, K. u. k. Österreicher der Habsburger Monarchie, verhaftet seinem jüdischen Erbe, aber auch böhmischer Weisheit, suchte Zeit seines Lebens, mittels Zahlenanalyse seinen Todestag vorher zu erfahren. In der Freud-Forschung ist leider nicht bekannt, ob ihm das gelungen ist. Die Zahlenspielereien von Siegmund Freud waren aber nicht Resultat seiner analytischen Talente (wie Freud-Forscher meinen), sondern waren logisches Erbe seiner jüdischen Kultur, Herkunft, Religion und Resultat vor allem jüdischer Weltweisheit. Also keine Zahlenspielereien.

Auch die Pythagoräer der griechischen Antike waren überzeugt, und das vor gut 2500 Jahren, daß gewisse Zahlen heilig sind. Siegmund Freud

entstammte aber auch jenem uralten, ewig verlorenen Geistes- und Kulturkreis Prags, der Welt des Golem, Kafka, der vorwiegend jüdischen Alchemisten und Schriftgelehrten. Er wußte mit Sicherheit, warum er der Welt der Zahlen und Symbole so große Bedeutung beigemessen hatte.
Spötter und Technokraten unserer Zeit machen sich über derartiges lustig, höhnen und übergießen uns mit Zynismus. Eines aber sei diesen Spöttern entgegen gehalten:
Menschen aller Richtungen und Völker, die versuchen, letztlich der Weisheit der Welt auf den Grund zu kommen, haben noch nie Kriege, noch nie Haß, Gewalt und Blut gesät. Sie haben Respekt vor der Meinung anderer, sie arbeiten seit Jahrtausenden interdisziplinär, grenzüberschreitend im wahrsten Sinn des Wortes. Die Beschäftigung mit der Theorie und Praxis von Zahlen und Symbolen ist, vom Versicherungsmathematiker angefangen, über den Heiler und Pendler, bis hin zum Weltraumwissenschaftler ein höchst friedliches Metier. Begriffe wie Wissen, Schulwissen, universitäres Wissen, Hobby, Neugier, Spekulation, Unterhaltung, Sorge, Liebe, Fürsorge, Hilfsbereitschaft, Forschung, Geschichtswissenschaft, Urgeschichte usw. spielen hier eine überragende Rolle. Gewalt, Krieg, Haß gehören niemals dazu. Das ist den Besitzern der reinen Lehre, der absoluten Wahrheit aller Zeiten und Völker vorbehalten - leider. Ausgehend zu Maria Maria Maria sei erwähnt, daß die 3 schon bei den Alchemisten Prags als heilige Zahl gegolten hatte.

A. E. I. O. U.
Nur Buchstaben-Spielereien?

A. E. I. O. U. war der Wahlspruch des Habsburger Kaisers Friedrich III. Das A steht dabei für Austria, für Österreich. "Austria erit in orbe ultimo" - Österreich wird sein noch am Ende der Welt. Oder "Austria est imperare orbi universo" (= alle Welt ist Österreich untertan). Das sind nur die zwei populärsten Deutungen des Wahlspruchs dieses großen Kaisers und Habsburgers. Daß die Deutungen von ihm stammen, ist nicht beweisbar. Beweisbar aber ist, daß Kaiser Friedrich III. darin den Glauben an die Zukunft des "Hauses Österreich" (= Habsburgs) zum Ausdruck bringen wollte.
Beweisbar ist, daß Friedrich III. gezielt 5 Vokale auswählte. Er wollte mit diesen 5 Vokalen den Reichsgedanken des Heiligen Römischen Reiches deutscher Nation, die Universalität und Multinationalität des Habsburger Reiches und Österreichs zum Ausdruck bringen, sowie Güte, Glaube, Hoffnung. Ferner existieren glaubhafte Abhandlungen, daß Friedrich III, weit über einhundert Interpretationen für AEIOU (andere übliche

Schreibweise) kannte und entwickelte. Nachweisbar ist außerdem, daß die Zeit als Maß, Stunde ihn intensiv beschäftigt hatte. Gegen Ende des späten Mittelalters, in Zeiten großer politischer und kriegerischer Gefahren, stellte Friedrich III. sein Leben unter die Magie der Buchstaben und Zahlen und der Symbole Er wurde zum zaghaft handelnden Philosophen, besiegte aber gerade dadurch seine politischen und militärischen Gegner. Das geistige Wesen dieses großen Mannes wurde nie richtig erforscht. Er verbrachte seine Zeit mit Zahlen, Buchstaben, Symbolen und Alchemistik. Er war sehr fromm. Sein Grabmal im Stephansdom zu Wien zählt zu den bedeutendsten Baudenkmälern der Spätgotik. Seine Zeitgenossen nannten Friedrich häufig den Sonderbaren, den Merkwürdigen. und zeigten damit nur, daß man Friedrich nicht einordnen konnte.

Inzwischen deuten viele Betrachtungen darauf hin, daß das AEIOU Friedrichs III. (1440 - 1493) keine Abkürzung verkörperte, sondern mit großer Wahrscheinlichkeit ein Buchstabensymbol, ein Rätsel (für andere), um Schutz, Glück, Segen (für sein Reich) zu bekommen. Also ein klassisches magisches Symbol. Er heiratete Eleonore von Portugal, eine bedeutende Mystikerin, war der erste Herrscher Österreichs, der zum Kaiser gekrönt wurde und zugleich der letzte Deutsche Kaiser, der in Rom gekrönt wurde. Auch der Kreis gehörte zu den großen Symbolen Friedrichs. Anfang und Ende? AEIOU - allen Ernstes ist Österreich unersetzlich. Nach den Deutungen des Verfassers dürfte es sich bei AEIOU um ein Kürzel, um einen magischen Code einer geheimen Gesellschaft gehandelt haben. Dabei könnte es sich um einen zahlenmäßig kleinen Cercle Gleichgesinnter gehandelt haben, die nur positive Ziele von Frieden, Wohlstand, Sicherheit ihres Staates, der Toleranz ergeben, zu fördern suchten. Jeder Buchstabe des AEIOU könnte eine Zahl bedeutet haben, jeder Buchstabe einen bestimmten Stein/Edelstein und jeder Buchstabe war voll von magischer, positiver Energie.

Geheime Kürzel für jedermann

Friedrichs AEIOU ist ein schönes Beispiel dafür, daß man mit Symbolen sich selbst geheime Kürzel bauen kann, die uns positive Energien, Ausdauer, Zuversicht zu geben vermögen. Es sind Codes, die Buchstaben des Namens, Zahlen des Geburtsdatums, Symbole der Astrologie enthalten können. Viele Menschen kombinieren diese Kürzel noch mit religiösen, aber auch atheistischen Symbolen. So steht häufig der Buchstabe T für das christliche Kreuz. Die gewundene Schlange der animistischen Kulturen steht in Form des S und dieses wiederum für eine stilisierte 8. Entscheidend aber ist folgendes:

1. Das Kürzel darf nicht als magisches Symbol erscheinen. Es muß rein äußerlich gesehen harmlos, unscheinbar erscheinen. Die Kraft, die ihm entströmt, darf nur einem Menschen gehören.
2. Das Kürzel sollte variabel sein und viele Interpretationen bieten.
3. Ein magisches Kürzel darf durchaus helfen, persönliche Fehler zu vermeiden. Dazu ein weiteres Beispiel.
STPM, auf einem Ring graviert, als Amulett, Brosche, Krawattennadel. Es bedeutet - SI TACUISSES, PHILOSOPHUS MANSISSES - hättest Du geschwiegen, wärest du ein Philosoph geblieben.
Oder anders gesagt, Reden ist Silber, Schweigen ist Gold. Gerne verwendet man auch eine andere Reihung der vier Buchstaben, um die Bedeutung abzuschotten.
Beliebt ist auch der Wahlspruch Kaiserin Maria Theresias SUAVITER IN MODO, FORTITER IN RE - SIMFIR abgekürzt auf Ringen, Anhängern usw.

Modern übertragen bedeutet dies soviel wie: Gemäßigt in der Vorgangsweise, tapfer in der Sache. Alles in allem zeigen diese drei Beispiele, wie sehr man ein ganzes Leben unter nur einen einzigen Sinnspruch stellen kann und daß man damit enorm viel Gutes bewirken kann (Maria Theresia) - unter oft schwierigsten, ja geradezu höllischen, persönlichen Lebensbedingungen.

Diese beiden Buchstabenkürzel von Friedrich III. oder der großen Kaiserin und Frau Maria Theresia sind uns bis heute überliefert und erfassen immer noch die Phantasie von Millionen Menschen. Millionen Menschen fühlen sich davon angezogen, ohne erklären zu können, warum. Speziell über Kaiserin Maria Theresia wurden Legionen von Büchern verfaßt. In keinem einzigen Buch aber konnte das Geheimnis ihres Wahlspruches (siehe oben) auch nur ansatzweise gedeutet werden. Es besteht zum Beispiel bis heute Unklarheit, ob das SIMFIR zuerst da gewesen wäre und dann erst die Deutung SUAVITER IN MODO, FORTITER IN RE - oder umgekehrt. Allein das RE, ebenso das MODO ließen Dutzende von unterschiedlichen Deutungen zu. Also: Wir wissen, daß wir nichts wissen - außer, daß sich noch heute unzählige Menschen von diesen Rätseln magisch angezogen fühlen.

Die Macht der Zahlen und Symbole

Haben Zahlen und Symbole überhaupt Macht? Wenn ja, handelt es sich um gute Macht oder um eine schlechte Macht? Was ist überhaupt daran?

Nun, es scheint doch etwas daran zusein, und zwar sowohl in sachlicher wie in geistig-emotioneller Hinsicht.

1. Sachlich, intelektuell, geistig gesehen gehören Zahlen und Symbole seit Urzeiten zu den täglichen Dingen menschlichen Lebens, gehören zum Alltag - sei es bei den Höhlenmenschen, sei es heute im Zeitalter des Computers und der PCs.

2. Umgekehrt dagegen spielen Zahlen und Symbole in der Phantasie der Menschen eine schier unglaubliche Rolle. Nahezu alle Bewohner eines jeden modernen Industriestaates lassen sich davon verzaubern, begeistern, berauschen. Man kann sogar einen Zusammenhang zwischen technisch-naturwissenschaftlicher Modernität eines Staatswesens und der Zunahme der Beschäftigung mit Zahlen und Symbolen erkennen. Allein in den modernen Industriestaaten Europas, Asiens und beider Amerikas geben sich Hunderte von Millionen Menschen der Faszination dieser Dinge hin. Können denn Hunderte von Millionen sich irren? Nein, gewiß nicht.

Astrologen tragen zum Beispiel auf dem sogenannten Tierkreis die Positionen von Mond, Planeten und Sonne ein - und zwar zum Moment der Geburt eines Menschen, um dessen Horoskop zu erstellen. Der Tierkreis selbst wiederum wird in 12 Segmente geteilt, von denen jedes wiederum bestimmte Eigenschaften aufweist. Schätzungsweise ein Drittel der derzeitigen Weltbevölkerung hängt der Astrologie an bzw. glaubt an diese und bedient sich ihrer. Egal wie, bezogen auf das Thema dieses Buches, haben wir den Kreis, die 12, den Anfang ohne Ende auch hier getroffen: Der Tierkreis ist auch ein Ziffernblatt einer Uhr mit 12 Stunden (Segmenten) und alles kann als magische Zahl, als magisches Symbol, ebenso als nüchtern mathmatisches Signum erkannt werden. Noch Fragen? Ja, Tausende.

Es gibt unzählige Horoskope, die exakt zugetroffen haben. Es gibt Pendler, die vermißte Menschen aufgefunden, ausgependelt haben. Es gibt Pendler und Strahler, die mittels mathematischer Formeln arbeiten, die jedem Mathematiker vertraut sind und es gibt jede Menge Wissenschaftler, die tagtäglich mit Zahlen berufsmäßig zu tun haben.

Strahlen, Formeln, Zahlen

Jede Strahlung, jedes akustische Geräusch, Licht das sichtbar ist, unterliegen den Gesetzen von der Wellennatur. Sie breiten sich wellenförmig aus, das Ausmaß der Wellenbewegung nach oben und unten ist mathematisch mit Zahlen und Formeln definierbar. Im weitesten Sinne handelt es sich um wellenförmige Strahlenbewegungen, die zum Großteil von Menschen erzeugt und genutzt werden können. Dieses Nutzbar-machen funktioniert aber nur, wenn wir die Mathematik und Physik entsprechend beherrschen. Ohne Schul- und Universitätswissen geht da gar nichts mehr weiter. Also vereinen sich hier Theorie und Praxis mit Parapsychologie. Die Menschheit akzeptiert diese Dinge und sieht darin alltägliche Erscheinungen (z. B. das Licht, das ein farbiger Halogenstrahler aussendet).

Umgekehrt existieren aber kaum wahrnehmbare Strahlungen kosmischer und terrestrischer (irdischer) Art, die nur von ganz wenigen Sensoren (Pendler, Handleser, Wünschelrutengänger etc.) wahrgenommen und gedeutet werden können. Dabei handelt es sich um meist negative Strahlen, die Krankheiten, seelische Mißstimmungen und Unwohlsein bis zu Siechtum und Tod verursachen. Inzwischen konnten feinste Strahlungen nicht nur von Pendlern aufgezeigt, auch von Physikern nachgewiesen werden. Wichtig ist jetzt eingangs dieses Buches nur, daß auch diese negativen Strahlungen der Wellennatur, damit den Zahlen und Symbolen von Mathematik und Physik unterliegen. Diese negativen Strahlen/Strahlungen aus dem Kosmos, aus dem Erdinneren kommend, können regelrechte Reizzonen bilden, in denen der Aufenthalt für den Menschen riskant ist.

Solche Reizzonen können inzwischen auch, zumindest unter Laborbedingungen, meßtechnisch auf wissenschaftlich saubere Weise nachgewiesen weden. Bis dato gelang dies nur mit überaus teuren Meßgeräten (Prototypen), während Pendler dem ganzen Spuk relativ simpel auf die Spur kamen. Aber auch hier: Schwingungen des Pendels oder Skalenanzeige eines elektronischen Gerätes sind mathematisch mit Zahlen und Buchstaben definiert.

Zahlen und Symbole in der Weite des Weltalls

Es ist tröstlich zu wissen, daß das Weltall zumindest in unserem "überschaubaren" Bereich mit Zahlen definiert werden kann. Immerhin, das ist beachtlich und tröstlich, weil es Trost bedeutet, wenn ein großes schwarzes Loch mit Glitzerpunkten darin (Sterne), sozusagen mit Zahlen definierbar ist. Wir stellen uns also vor, daß Astronomen mit dem Maßstab das uns bekannte Weltall vermessen können. Und im Grunde genommen geschieht ja auch nichts anderes. Auch dann, wenn wir unsere Mutter Erde gedanklich verlassen, geht nichts, absolut nichts ohne Zahlen, ohne Symbole, ohne Buchstaben. Andererseits ist das uns bekannte

Weltall nur ein winziges Nichts gegenüber jenem Weltall, das wir zwar erahnen, uns aber nicht vorstellen können. Da versagt noch auf lange Zeiten hin der menschliche Verstand. Eines aber konnten Wissenschaftler schon ansatzweise darstellen: Einflüße aus dem weltenfernsten Weltall, welche unsere Erde berühren, beeinflussen. Was immer man dabei an Energie oder Materie beweisen konnte, ging nur mit Hilfe von Zahlen und Symbolen.

Und weil sie uns tagtäglich so intensiv umgeben, sind sie uns so vertraut geworden, daß wir sie nicht mehr beachten. Sie wurden zur Selbstverständlichkeit. Daß Zahlen und Symbole aber alles andere als selbstverständlich sind, soll dieses Buch verdeutlichen. Wir wollen ein Defizit an feeling abbauen, um die Welt besser verstehen zu lernen.

"Die Zeit" und Zahlen und Symbole

"Die Zeit" ist noch mehr zur Selbstverständlichkeit geworden als alles andere in unserem derzeitigen, irdischen Leben. Aber kaum ein Mensch, weiß was Zeit ist, was Zeit bedeutet und welche Dimensionen ihr innewohnen. Ist Zeit ein-, zwei- oder dreidimensional - oder hat sie noch Millionen von anderen Dimensionen, die wir Menschen nicht erfahren können. Also: Wenn wir Zahlen und Symbole zum Definieren von Zeit verwenden, dann kommt das Faktum Zeit hinzu, das jeder Definition bis jetzt abhold war. In Kombination mit diesem Faktum (Zeit) werden Zahlen und Symbole und Buchstaben zu einem Wissensberg, den bis jetzt noch kein menschliches Gehirn fassen konnte. Das sollten wir nie vergessen, wenn unsere Gedanken "um die Zeit" kreisen. Es lohnt sich aber, darüber nachzudenken.

Weltberühmte Kaiser, Wissenschaftler, Philosophen, Geistliche etc. verfielen dem Zauber der Zeit, sammelten Uhren, arbeiteten unter der funktionierenden Zeitanzeige (Ziffernblätter) von oft weit über 100 Uhren. Aber auch sie kamen dem "Phänomen Zeit" nicht auf die Spur.

Stephen Hawkings Verdienst ist es, mit seinem fundamentalen Werk "Eine kurze Geschichte der Zeit" neue Pforten der Erkenntnis geöffnet zu haben. Eines bleibt aber auch hier festzustellen: Ohne Zahlen, Symbole, Buchstaben keine Zeitmessung und keine Fabrikation präziser Uhren. Und erneut kommen Technik, Wissenschaft, Schulwissen, industrielles Können mit Parawissenschaften zusammen. Das alles sind natürlich keine Zufälle, sondern sind Gesetzmäßigkeiten, die den Lauf der Welt bestimmen.

Wer über diese Gesetzmäßigkeiten mehr Kenntnisse hat, der wird unsere Welt besser verstehen können. Ich kenne niemanden, der sich das nicht sehnlichst für sich wünschen würde. Dazu soll dieses Buch dienen - wenigstens ein kleines Fenster aufzumachen, um den grünen Baum der Erkenntnis zu sehen. Dieser grüne Baum wird kein Entweder - Oder haben, sondern wird das eine und das andere zeigen: Schulwissen und Parawissen stehen friedlich nebeneinander, ergänzen einander - und bedingen einander. Q. E. D. schrieben in so einem Fall die Philosophen der Antike. Das bedeutete soviel wie QUOD ERAT DEMONSTRA-DUM - WAS ZU BEWEISEN WAR.

Inhalt, Stoff und Materie dieses Buches sind derart komplex ineinander verwoben, daß wir ohne intensive Querbezüge nicht auskommen können werden. Zahlen und Symbole könnte man natürlich rein schulmäßig dar-stellen, ebenso rein parawissenschaftlich. Beide Verfahren wären zwar legitim, würden der Sache aber nicht gerecht werden. Worum dreht es sich in unserer Zeit, die so viele Fragezeichen aufwirft, wie kaum eine Epoche vor ihr? Es geht um folgende drei (3!) Aspekte:
1. Wir stellen uns die Frage "wer bist Du Mensch?"
2. Wir lehnen eine rein technokratische Einengung ab, wollen aber deren Vorzüge gelten lassen.
3. Wir streben eine ganzheitliche Betrachtung an. Wir suchen zuerst die einzelnen Teile auf und bemühen uns danach, diese Teilchen zu einem großen Ganzen - ganzheitlich - zusammenzufügen. So sind die bisherigen Beispiele zu verstehen. Als Einführung in jene Art, in der dieses Buch zu lesen und zu verstehen ist.
Wenn wir uns selbst am Ende dieses Buches etwas besser zu verstehen gelernt haben, dann werden wir einen Schritt weiter voran getan haben. Insgesamt aber wird es uns so ergehen, wie dem Bergwanderer, der in steilem Felsschutt empor steigt: Wenn ihm im tiefen Schutt ein Schritt empor gelingt, so wird er dennoch zwei Schritte zurückrutschen. "Ein Schritt vor, zwei Schritte zurück". Das ist der steinige Pfad der Erkennt-nis. Am Gipfel angelangt, werden wir dennoch, oder weil wir uns so geschunden haben, viel mehr mehr sehen können.

1. Kapitel

Wissenswertes über die Zahlen
Begriffe, Geschichte, Definitionen, Meinungen

In den nachfolgenden Abschnitten beschäftigen wir uns mit "den Zahlen" in ganz klassischer Manier. Wir informieren über Begriffe und Geschichte, über (mögliche) Definitionen, sowie über unterschiedliche Meinungen. Die Leserinnen und Leser werden dabei feststellen, daß wir auch "älteres", "jüngeres" und "modernes" Wissen erwähnen, behandeln und vorstellen.

Interessant erscheint dem Verfasser zum Beispiel, daß diese gesamte Zahlenmaterie vor knapp 100 Jahren, also in der Wilhelminischen Epoche in Deutschland, sowie in der Francisco-Josephinischen Epoche der K. u. k. Monarchie Österreich-Ungarns, etwas anders gewichtet wurde als heute. Das heutige Basiswissen ist im Prinzip dasselbe wie vor 3 Generationen, also vor gut 100 Jahren. Dennoch hat sich in knapp 3 Generationen die generelle Sicht verändert: Man glaubt, daß rein technokratisches Zahlenwissen genügen würde, während das Zahlenwissen der Parawissenschaften zu negieren wäre. Interessanterweise waren die Parawissenschaften unter den als doch so konservativ angesehenen Monarchien sehr geschätzt. Insgesamt stellen wir also dieses Zahlenwissen - konzentriert in 3 Generationen - nun vor.

Die Geschichtswissenschaft berechnet übrigens, bezogen auf Jahrhunderte, pro Generation 30 Jahre. Drei Generationen bedeuten hier einen überschaubaren Wissensbereich von den Enkeln zu den Eltern und zu den Großeltern - jenen klassischen Bereich oraler Geschichte, der mündlichen Überlieferung.

Unter Zahl versteht man die natürlichen Zahlen (1, 2, 3, 4, 5, 6 usw.). Ebenso versteht man darunter alle Erweiterungen, also Zahlenmengen, die man in der Mathematik mittels dieser natürlichen Zahlen bilden kann. Erst durch Zählen bekommen wir diese natürlichen Zahlen. Die Subtraktion (Abziehen;Minus) ergibt die Null letztendlich und resultiert schließlich in den negativen Zahlen. Durch Addition, Zusammenzählen (Plus) bekommen wir positive Zahlen. Durch Dividieren, durch Division erhalten wir gebrochene Zahlen, Brüche, die auch als rationale Zahlen definiert werden können.

Wenn wir Wurzelziehen und algebraische Gleichungen behandeln,

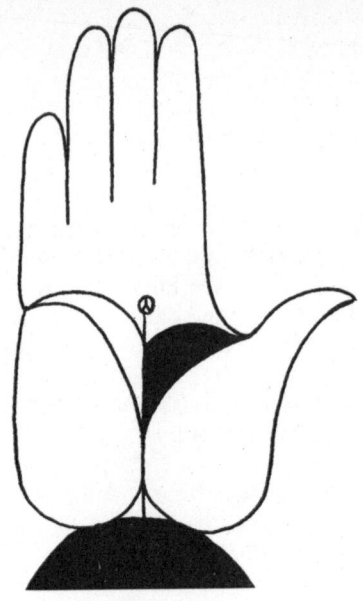

Hand

bekommen wir algebraische Zahlen, unendliche Dezimalbrüche. Ebenso existieren transzendentale Zahlen (viele Logarithmen, Winkelfunktionen).

Transzendentale Zahlen (auch irrationale Zahlen genannt) bilden zusammen mit den rationalen Zahlen die reellen Zahlen. Schließlich gibt es auch noch komplexe Zahlen im Bereich höherer Mathemtik als definierte Wurzeln bestimmter algebraischer Gleichungen.

Schon aus der Jungsteinzeit sind Zahlen und Zahlenvorstellungen bezeugt. Mit Sicherheit handelte es sich um praxisgerechte Zahlen und um kultische Bereiche der Zahlenwelt. Das simpelste Zahlensystem, auch heute noch bei primitiven Stämmen nachweisbar, ist das Dyadische Zahlensystem. Besser bekannt unter dem Begriff Zweiersystem. Beweisbar ist außerdem, daß diese einfachen Zahlensysteme einst wie heute bei den Buschmännern mittels bestimmter Gegenstände dargestellt wurden bzw. werden. Man verwendet Steinchen, Früchte, Muscheln etc.

In der Zahlenwissenschaft wird dargelegt, daß das heutige Zehnersystem dadurch entstanden ist, indem Menschen erstmals die 10 Finger einsetzten, um abzuzählen. Wenn das so gewesen sein sollte, so müßte es auch ein Achtersystem gegeben haben, denn der Daumen entwickelte sich entwicklungsgeschichtlich erst viel später als die ersten 4 Finger. Egal wie, es gab 5er und 10er, 4er und 8er Systeme aufgrund der anthropologischen Geschichte von Hand und Fingern.

In Indien wurde die Null erfunden, die gemeiniglich nicht als Zahl gilt und damit war das Zehnersystem mit Positionsbestimmung der heutigen modernen Welt vorgegeben worden. Dieses moderne Dezimalsystem ist in gewisser Weise auch Nachfolger berühmter Vorgängersysteme:
Die Babylonier setzten das Sexagesimalsystem (Sechzigersystem) ein. In Mittel- und Südamerika, sowie in den heutigen Südweststaaten der USA existierte durch Jahrtausende das Zwanzigersystem von Inkas, Mayas und Azteken - besonders hochentwickelt von den Bewohnern der Halbinsel Yucatan und von Guatemala.

Lassen Sie mich dazu noch näher kommentieren: Das Sechzigersystem ist gut erkennbar auf einem normalen Ziffernblatt einer Uhr. Stunden, Minuten, Sekunden lassen sich perfekt im Sechzigersystem darstellen - und darüber hinaus noch sehr genau, mit technisch relativ einfachen Mitteln. Das Ziffernblatt einer Uhr schließlich zeigt die Kreisform. Auf dieser Kreisform, genauer gesagt auf dem Umfang des Kreises werden Stunden, Minuten, Sekunden sehr genau, technisch wiederum ganz simpel, dargestellt.

Der Urgroßvater meiner Frau, ein Sägemeister in Tirol, hatte zum Beispiel mit einfachsten Werkzeugen, aus Holzresten und ganz wenigen Metallteilen, eine Schwarzwälder Uhr gefertigt. Diese Uhr zeigt natürlich keine Sekunden an, dafür aber Stunden und Minuten mit bis heute großer Genauigkeit. Was wollte ich damit sagen?

Eine Stunde hat 60 Minuten. Wenn wir pro Minutenanzeige einen Markierungsstrich (Index für den Zeiger) ansetzen, so können wir auf einem kompletten Kreisumfang 60 Striche markieren - symmetrisch rundum verteilt. Fertig ist die Uhrskala. Hätten wir dagegen nur ein Zehnersystem oder ein Zwanzigersystem geistig zur Verfügung, so würde das ein viel ungenaueres Zeitmeßsystem ergeben. Im Sechzigersystem läßt sich eine Minute wiederum in 60 Sekunden, also erneut sehr genau, gliedern bzw. unterteilen. Auch hier wäre ein Zehner- oder Zwanzigersystem total unterlegen. Wenn das Sechzigersystem entlang des Kreisumfanges immer noch mehr in weitere Sechziger-Einheiten zerlegt wird, läßt sich die Präzision noch schier ins Unendliche steigern, wobei sehr bald eine Grenze der theoretischen und praktischen Machbarkeit erreicht wird. Kompaße, Windrosen und die Schieß- und Zielvorrichtungen der Artillerie werden, je nach Land und Staat, bis heute auf einem Kreisumfang mit 360 Grad, auch 360 Strich genannt, definiert. Es gibt aber parallel dazu auch Systeme mit 400-Strich-Anzeige entlang des Kreisumfanges, die sich aber nie durchgesetzt hatten.

Ein Kreisumfang mit 60iger Teilung, ebenso mit 360iger Teilung, verdeutlicht außerdem noch folgende wissenschaftlich-mathematische, geometrische und geographische Fakten: Den Erdkreis mit den vier Sektoren, die vier Himmelsrichtungen und laienhaft gesagt das Oben (N), das Unten (S), das Links (W), das Rechts (O). Außerdem kann jede dazwischenliegende Richtung (Marschieren, Segeln, Outdoor, Survival) damit sehr genau definiert und nachvollzogen werden. Es ist durchaus vorstellbar, daß keineswegs die Babylonier die ersten Menschen mit Sechzigersystem waren, es könnte auch schon früher bekannt gewesen sein. Aber auch Babylon ist schon eindrucksvoll genug, da das nichts anderes bedeutet, als daß zumindest ein hoch entwickelter Teil der Menschheit Zeit, Ort, Richtungen, Entfernungen, astronomische Distanzen schon 3000 Jahre vor Christi Geburt, also etwa 5000 Jahre vor uns definieren konnte. In Babylonien wurden außerdem die Keilschrift, ein hochmodernes Zahlensystem, die Zeitrechnung erfunden (nebst vielen anderen Werten, wie z. B. einem hoch entwickelten Rechtssystem).

Als Grundzahl diente die Zahl 12, nicht die Zahl 10. Mit dieser Grundzahl 12 wurde eines der bis heute besten mathematischen Systeme geschaffen. Hinweise, warum die 12 als Grundzahl bevorzugt wurde, fehlen in der entsprechenden Literatur. Dagegen gibt es Überlieferungen der magischen Zahl 12. Magisch, ja heilig deshalb, weil sich in ihr die vier Himmelsrichtungen, die vier Segmente des Kreisumfanges (4 x 3) perfekt verbergen, weil sich damit die vier Himmelsrichtungen darstellen lassen und weil man mit der Grundzahl 12 im 12-Stunden-System entlang des Kreisumfnges die Zeit/Stunden genau definieren könnte.
Last not least, besitzt jeder Kreis ein Quadrat im Inneren, sowie ein Quadrat außen rundum anliegend. Mit dem Sechzigersystem (5 x 12) oder mit der Grundzahl 12 kann jedes Quadrat in vier Viertel zerlegt werden - identisch mit den 4 Himmelsrichtungen etc. etc. Das 60iger System der Babylonier lebt also bis in unsere Zeit weiter, gleichsam ewig jung und frisch. Mit diesem 60iger System wird bekanntlich auch die Winkelmessung definiert. Wiederum entlang eines Kreisbogens, ebenso entlang eines kompletten Kreisumfanges, der 360 Grad beträgt (= 6 x 60). Der halbe Kreisumfang beträgt 180 Grad, ein Viertel Kreisumfang wird mit 90

Grad beschrieben. Das entspricht von 360 bis 90 Grad immer dem Sechziger System bzw. Teilen davon, die durch 6, 3, 2 teilbar sind. Dieses faszinierende Grundwissen über die Zahlen und ihre Anwendung ist immerhin seit gut 5000 Jahren bekannt und unverändert vorhanden und nutzbar. Halten wir hier einmal fest: Das Wissen über die Zahlen und über Zahlensysteme ist seit gut 5000 Jahren bekannt. In dieser Hinsicht hat sich nichts geändert. Im Laufe der Jahrtausende war dieses so wichtige Zahlenwissen aber immer nur einer winzig kleinen Elite, meist den Priestern, eines Volkes oder Staates bekannt. Auch die Art, wie man Zahlen einsetzen konnte, war im Vergleich zum technischen Zeitalter gewiß sehr einfach und begrenzt. Rechenmaschinen in unserem Sinne scheint es nicht gegeben zu haben, obwohl wir diese Behauptung keineswegs beweisen können. Wir haben bei Ausgrabungen nur keine Rechenmaschinen gefunden. Das Wissen um die Welt der Zahlen wurde aber erst in den letzten 2 Jahrhunderten für alle Bevölkerungskreise zugänglich. Die Einführung von Schulen und der *Allgemeinen Schulpflicht* machten letztendlich das Zahlenwissen für alle zugänglich. Parallel dazu wurden und werden Rechenmaschinen, um das so banal ausdrücken zu dürfen, erst entwickelt und bis zur heute großartigen Krönung moderner Computeranlagen fortentwickelt. Umgekehrt, und das ist keine reine Spekulation, wäre es denkbar, daß längst vergangene Kulturen ebenso im Besitz vergleichbarer Computer gewesen sein können. Bei jüngsten mexikanischen und US-amerikanischen Forschungen auf der Halbinsel Yucatan verdichten sich derartige Spekulationen zu immer ernsthafteren, seriösen Hinweisen. Der Verfasser konnte darüber selbst in Yucatan ein langes und ausführliches Gespräch mit einem staatlichen, mexicanischen Wissenschaftler vor Ort führen. Falls diese verloschenen Kulturen keine Computer gekannt haben sollten, so müssen sie dennoch über vergleichbare "Rechenmaschinen" verfügt haben. Ansonsten hätten nahezu alle gefundenen Relikte nicht angefertigt werden können.

Archäologisch gesehen könnten Computeranlagen unserer Zeit keine 100 Jahre im Dschungelboden überdauern. Vor allem Datenträger z. B. eines PC würden sehr schnell zu feinstem magnetischem Staub zerfallen. Die Festplatte eines XYZ-Computers, ebenso visuelle Video-Aufzeichnungen auf TV-Band, ebenso Datentransfers auf externen Speicherplatten (Backups) würden genauso zerbröseln. Vielleicht druckten diese Kulturen auch auf Papier aus? Sowohl Materialien wie das Wissen dazu wären vorhanden gewesen. Das Fehlen jeglicher Text- und Datenfunde würde sogar darauf schließen lassen - zwingend, daß diese Kulturen mit PC-vergleichbaren Computern lebten und arbeiteten, bauten und forschten. Vorerst steht einmal nur eines fest: Wir konnten über alte Kulturen erst einen winzigen Einblick gewinnen - vielleicht weniger als 1 Promille dessen, was wirklich existierte.

Technisch gesehen wären viele Dinge auch vor mehreren tausend Jahren machbar gewesen, da grundsätzliche Energieträger, wie Sonne, Wärme, Wasser, Luft damals wie heute vorhanden waren bzw. sind.
Nichts spricht dagegen, daß man auch damals schon stark erhitzte Luft als Energiequelle, als Antrieb für Maschinen und Motoren zu nutzen verstand. In der jüngeren europäischen Geschichte der letzten 500 Jahre gibt es allein zur Erfindung eines sogenannten Luftmotors zahlreiche, seriöse Hinweise. Daß derartige Erfindungen oder besser gesagt, eher Wiedererfindungen, dann von den Menschen nicht genutzt wurden, das steht wiederum auf einem anderen Blatt. Epochale, technische Erfindungen, wissenschaftliche Leistungen (z. B. in Medizin, Physik usw.) können nur dann genutzt werden, wenn das gesamte zivilisatorische und staatspolitische und das soziale Umfeld stimmen.

Wenn ganze Völker und Staaten in Not, Hunger, Mangelernährung versinken, dann können modernste Erfindungen, Fortschritte der Wissenschaften nicht mehr umgesetzt, eingesetzt und angewandt werden. Menschen müssen in derartigen Situationen ihre letzte Reserven verwenden, um zu überleben. Allein aus diesem Grunde wurden und werden Kriege in allererster Linie geführt, um andere Völker-Staaten-Mitbewerber auf ein tiefes Niveau zurückzubomben. Sogenannte militärische Fachleute, sprechen dann vom "Zurückbomben um 3 Generationen". Wort, Terminus und Bomben-Mordtechniken entstammen der anglo-amerikanischen Kriegführung des Zweiten Weltkrieges und werden seit 1945, wo immer ein Krieg geführt wird, benützt, angedroht und ausgeführt. Krieg und andere Katastrophen haben in der Geschichte der Menschheit immer wieder ganze Hochkulturen auf tiefstes Niveau zurückgestuft. Umgekehrt bedeutet dies aber, daß unser heutiges Wissen in breiten Bereichen schon einmal existiert haben könnte. Das wird inzwischen weltweit in der Geschichtswissenschaft für plausibel gehalten. Reste einstigen Wissens über Zahlen und Zahlensysteme können ohne weiteres ernst, aber kritisch betrachtet und genutzt werden.

Zahlensymbolik

Eine Zahl besitzt also einen rein rechnerischen Wert. Zusätzlich hatten Zahlen in allen Kulturen, Religionen einen hohen Symbolwert, der bis heute gepflegt wird. Die Astrologie Ägyptens, Babylons operierte nur mit

Zahlensymbolik, unterstellte also gewissen Zahlen gewisse Kräfte und Eigenschaften. Unser europäisches Mittelalter führte diese Tradition zu neuer Blüte fort und legte so den Anschluß zu unserer Epoche. Die Zahlen dienten dabei bis heute vor allem dazu, um die Welt besser zu verstehen, um den großen Fragen des Lebens auf den Grund zu gehen. Magie, Aberglaube, Kulte und Mythologie bedienen sich alle der intensiven Zahlensymbolik.

"Aller guten Dinge sind 3", oder "die Heilige 7", oder "die böse 13" - das lebt auch heute noch fort, ebenso wie das "vierblättrige Kleeblatt" als Glücksbringer. Hier zeigt sich im vierblättrigen Kleeblatt der Umriß des Erdkreises, geteilt in vier Segmente, Himmelsrichtungen und in vier Dimensionen - ein Symbol für das Universum schlechthin.

Die Zahlensymbolik verwendet praktisch ausschließlich die Zahlen von 1 bis 13 und keine höheren Zahlen. Nur niedere Zahlen spielen in der Zahlensymbolik eine Rolle.

Die Heilige 3 wird zum Beispiel auf das Urprinzip von Vater-Mutter-Kind zurückgeführt und findet sich, allseits bekannt, in der Trinitas, Dreifaltigkeit, Dreieinigkeit des Christentums von Gott Vater, Gott Sohn und der Heilige Geist.

Die 4 des vierblättrigen Kleeblatts steht (siehe oben) aber auch für die 4 Himmelsrichtungen, für den Erdkreis von 360 Grad, für die 4 Sektoren zu je 90 Grad. Die Zahlen 5 und 10 werden in ihrer Symbolik auf die Finger der menschlichen Hände zurückgeführt.

Die Zahl 7 kommt einwandfrei aus dem Kulturraum des Vorderen und Mittleren Orients, also dem geographischen Raum von Israel, Syrien, Irak, Arabien bis nach Persien (Iran) um moderne Begriffe zu verwenden. 7 Tage hat die Woche, alle 7 x 7 Jahre ist ein Jubeljahr, also alle 49 Jahre.

Die Zahl 12 entspricht den 12 Stämmen Israels und darin wiederum den 12 Jüngern Jesus.

Sehr interessant die Symbolik der 13: Sie wird als Unglückszahl angesehen. In Schaltjahren wurde früher, in archaischen Zeiten, ein 13. Monat vermerkt, dem man als Zeichen (Tierkreis) den Raben zugewiesen hatte. Der Rabe wiederum ist sebst ein Unglückszeichen par excellence.

Von den höheren Zahlen wurden in vorchristlichen Zeiten die 40, 70, 72, 99, 100 als heilige Zahlen definiert. Eine Fortsetzung dieser Tradition in heutige Epochen fehlt jedoch. Hier ist der Faden der Überlieferung abgerissen. Leider!

Für die Anhänger des Buddhismus wiederum ist die Zahl 108 schlichtweg das Heiligste. Sollten Sie einmal einen Rosenkranz mit 108 Perlen in Händen halten, dann wissen Sie mit absoluter Sicherheit, daß es sich um einen buddhistischen Rosenkranz handelt. Diese bisher genannten Interpretationen, Deutungen oder auch Definitionen, entsprechen einer modernen Betrachtungsweise, wie man sie heute verbreitet antrifft. Diese moderne Betrachtungsweise ist meiner Ansicht nach eher nüchtern, technokratisch und in gewisser Weise bar jeden Gefühls, kalt, sachlich (so wie unsere Zeit glaubt, sein zu müssen). Ein ganz anderes, vielfältigeres und gefühlvolleres Betrachtungsbild existierte zur Zeit unserer Großeltern, in den Jahren vor dem Ersten Weltkrieg, zur Zeit der vorigen Jahrhundertwende vom 19. in das 20. Jahrhundert. Wir wollen nachfolgend nun diese Schwerpunkte deutlich herausarbeiten.

"Zahl, jedes Glied der durch Zählen hergestellten Reihe, deren Eigentümlichkeit darin besteht, daß jedem ihrer Glieder ein Platz zugewiesen wird, sodaß ein bestimmtes anderes Glied ihm vorangeht und ihm folgt. Man bestimmt die Anzahl, das heißt eine endliche, ganze Zahl, einer Menge von Dingen, indem man den einzelnen Dingen der Reihe nach die Glieder der Zahlenreihe zuordnet. Das letzte zugeordnete Glied bestimmt dann die Anzahl der Dinge". So lautete eine Definition aus der Zeit um die Jahrhundertwende. Diese Definition wird in der Mathematik übrigens immer noch voll akzeptiert. Auf diese Weise werden die benannten Zahlen gebildet, zum Beispiel 5 Äpfel. Im Gegensatz dazu gibt es auch unbenannte Zahlen, die auch als abstrakte Zahlen bezeichnet werden.

Zahlen in ihrer Reihung

Wenn man die Zahlen in ihrer Reihung betrachtet, so sprechen wir von Ordnungszahlen und meinen damit der erste, der zweite, der dritte usw. . Wenn wir dagegen die Zahlen ansehen, die eine Zählung beenden, als Angaben der Anzahl, so sprechen wir von Grund- oder Kardinalzahlen (1, 2, 3 usw.). Wenn wir mit den Zahlen rechnen, so entsteht ein erweiterter Zahlbegriff. Die ursprünglichen Zahlen werden natürliche Zahlen genannt, die erweiterten Zahlen werden als positive Zahlen bezeichnet. Über die irrationalen, gebrochenen, negativen und komplexen Zahlen haben wir vorher schon gesprochen.

Aus der Geschichte der Zahlen

Die Geschichte unserer Zahlen, und aller damit zusammenhängenden Dinge ist im Grunde genommen auch die Geschichte der Zahlensysteme und der Grundrechnungsarten. Diese Geschichte gewährt Einblick in die gesamte Menschheitsgeschichte, in das Zeiterlebnis, in das Raumgefühl, in die Metaphysik und Soziologie.

Auch heute noch finden wir bei fast allen Naturvölkern die Grundbegriffe des Zählens und Rechnens. Die Entwicklung der Zahlensysteme verlief im wesentlichen folgendermaßen:

Zuerst unterschied man zwischen der Einheit und der Mehrheit, also zwischen eins und zwei. Aus diesen beiden Begriffen entstanden durch Addition größere Zahlen. Eins + zwei ergibt drei, zwei + zwei ergibt die Zahl vier, zwei + zwei + eins ergibt die Zahl fünf. Auf diese Weise entstanden auch weitere Zahlen, die über eins und zwei hinausgingen. Ein entscheidender weiterer Schritt bildete die Schaffung der 3. Die 3 wurde zur wichtigsten Zahl, da man mit ihr weitere Zahlen durch Addition bilden konnte. 3 + 1 = 4, 3 + 2 = 5. Über die Zahl 5 hinaus wurde zunächst kaum gezählt. Es reichte mit Sicherheit durch Epochen, wenn man an einer Hand die 5 ersten Zahlen sozusagen darstellen konnte und wenn jede dieser Zahlen von 1 bis 5 auch einen eigenen Namen erhielt. Lange wurde die 4 als 2 + 2 dargestellt und damit erkannte man sofort ihre Entstehung.

Der nächste Schritt bildete das Zählen von 1 bis 10 an zwei Händen. Vorerst wurde aber immer nur an einer Hand von 1 bis 5 gezählt, die Zählung von 6 bis 10 setzte sich erst später durch. Die Multiplikation dürfte mit großer Wahrscheinlichkeit durch ein Zweihandsymbol gezeigt worden sein, in dem man zum Beispiel zweimal auf eine Hand klatschte, was soviel wie 2 x 5 bedeutete. In der letzten Phase dieser geschichtlichen Entwicklung wurden auch die 7, 8, 9. und 10 mit selbständigen Wörtern bezeichnet. Nun verfügte man somit über ein komplettes System von zehn Grundzahlen. Nachfolgend wurden bei allen Kulturvölkern Wörter für 100, für 1000, für 10.000 geprägt. Der Begriff Million kam bei den deutschen Völkern erst im 15. Jahrhundert in Gebrauch. Die Milliarde dagegen entstand überhaupt erst nach dem deutsch-französischen Krieg 1870/71. Mit diesem Begriff wurde die französische Kriegsentschädigung bezeichnet, die Frankreich an Deutschland zu zahlen hatte. Die Billion entstand wiederum nach dem Ersten Weltkrieg, als Symbol der ungeheuren Inflation in Deutschland.

Zahlensysteme

Viele Zahlensysteme gehen von der 6 als höchster Grundzahl aus. Diese Zahlensysteme wirken heute noch stark nach. Die anderen Systeme haben wir schon vorher besprochen. Im praktischen Leben heute hat vorerst einmal das Dezimalsystem gesiegt. Die alten Systeme mit 6, 8 oder 12er Teilung sind aber bei größeren Einheiten viel besser teilbar und viel praxisgerechter als unser Dezimalsystem. Wenn wir die 12 verkleinern, so gehen die Bruchzahlen 1/2, 1/3, 1/4 und 1/6 ganzzahlig auf. Von der 10 dagegen nur 1/2 und das seltene 1/5. Die Azteken entwickelten sogar das 20iger System zu einer reinen Hochkultur (nicht aber das Dezimalsystem).

Symbolische Inhalte der Zahlen

Von Anfang an wohnten den Zahlen symbolische Inhalte inne. Die Ursprungszahl ist die 1, eine ungerade Zahl, die früher vielfach mit einem aufgerecktem Finger, auch einem Phallus vergleichbar, gezeigt wurde. Die 1 gilt als Zeichen des Männlichen. Der 1 entsprechend sind dann die 3 und auch weitere ungerade Zahlen Glückszahlen. Die 2 wird weiblich interpretiert und das führt man darauf zurück, daß bei der Geburt aus der Frau 2 werden. Die 4 gilt als besonders starkes weibliches Symbol, ist also praktisch 2 x 2. Die 5 setzte sich ursprünglich aus 2 + 3 zusammen und verdeutlicht damit das Männliche und das Weibliche in der Zahlensymbolik. Die 6 ist die Zahl der Vielheit, der Vollendung, und des Vollendeten, sowie der Beendigung einer bestimmten Sache. Die 7 entstand als Summe von 3 + 4 und hat eine ähnliche Bedeutung wie die 5 und beinhaltet z. B. die himmlische oder die irdische Mutterschaft, die 7 Freuden und 7 Schmerzen Mariens. Die 7 zeigt vielleicht am schönsten die Verehrung des Weiblichen, für den Christen die Verehrung der Mutter Gottes. Ob Christ oder nicht, die Sehnsucht nach dem Weiblichen in allen Kulturen ist Zeichen nach der ewigen Suche der Menschen nach Schutz, Wärme, Geborgenheit - nach Frieden. Dafür steht die 7 besonders. Sie steht für Mutterliebe, für Frauenliebe, sie steht für weiblichen Eros und Ethos.

Die 8 gilt als die Vereinigung von 2 x 4 und soll die Vereinigung zweier gebärender Frauen darstellen. Die Zahlfiguren verdeutlichen oft noch den tieferen Sinn. Dafür wollen wir einige Beispiele bringen. Ein Kreis mit Kreuz darin verdeutlicht die Dreieinigkeit oder die Götterdreiheit. Der Kreis steht aber auch als Symbol für das ungeteilte All. Ein Kreuz im

Kreis ergibt Teilung des Kreises und das bedeutet soviel wie Schöpfer-
kraft, Vermehrung. Die Raute ist das alte Symbol für das Viereck oder für
die Zahl 4. Das Pentagramm ist das alte Symbol für die Zahl 5, das Hexagramm für die Zahl 6. Die Zahl 9 wird als 3 x 3 gesehen, die 10 gilt als
besonders vollständig und abgeschlossen, ebenso wie die 12. Die 11 und
die 13 sind dagegen immer um die Zahl 1 zuviel. Sie wurden seit eh und
je als unvollständige Zahlen, in sich nicht abgeschlossen, angesehen. Tiefenpsychologisch sehnen sich die meisten Menschen nach einem positiven Abschluß der Dinge des Lebens. Man wünscht sich sozusagen eine
konstruktive Abrundung. Das ist weder bei der 11 noch bei der 13 möglich, während 10 und 12 in sich abgeschlossene Zahlen sind, die z. B. aus
3 x 4 oder 2 x 5 entstanden sind.

Die Zahl 3 ist unter allen Völkern und Kulturen in zahlreichen Symbolen
am meisten verbreitet. Der dreieinige Gott, die drei Brüder, dreiköpfige
Götter bei den Slawen, drei Grazien, drei Urväter, usw. usw. Die 4 steht
als Symbol der Welt- und Himmelsgegenden, der Zeitalter, der Meere,
der Winde, der Elemente, der Jahreszeiten, des Kreuzes in allen Varianten. 3 + 4 werden gerne auch summiert (7 Planeten, 7 Götter, 7 Wochen-
tage, usw.). Werden dagegen 3 + 4 multipliziert, so entsteht die 12 als
Symbol der Tierkreiszeichen, der Monate etc. Insgesamt wurde in diesen
vorchristlichen Zeiten die 3 den männlichen Gottheiten, die 4 den weiblichen Gottheiten zugeordnet. Die geheimnisvolle, magische, heilige 7
setzt sich aus der 3, dem Männlichen, und aus der 4, dem Weiblichen, in
der Addition zusammen. Die 7 ist Männlich plus Weiblich in sich glück-
haft abgerundet.

Geheimnisvoll und starke Typen: Die Primzahlen

Die Primzahlen sind Zahlen, welche nur durch sich selbst teilbar sind,
also z. B. 1, 3, 5, 7, 11, 13, 17, 19, 23 etc. . Insgesamt werden die Primzahlen wegen ihrer Unteilbarkeit als geheimnisvolle, irrationale Symbole
angesehen. Interessant ist auch der Zusammenhang von Zahlen mit Farben, Tönen, Buchstaben bei den verschiedensten Völkern. Das Wesen
der Zahlen beschäftigte Generationen von Wissenschaftlern bis heute.
Die Erkenntnistheoretiker und Mathematiker beschäftigen sich in zahllosen Untersuchungen mit dem Wesen der Zahl, dem daraus abgeleiteten
Begriff der Zeit, und dem daraus ableitbaren Begriff der Menge und der
verschiedenen Mengen. Die Zahlenlehre ist in Form der Arithmetik
anzutreffen. Bei allen diesen Aspekten spielen die Primzahlen eine
bedeutende Rolle.

Zahlensysteme heute

Zahlensysteme sind Methoden, um große Zahlen mit wenigen Zeichen zu schreiben. Heute ist bei allen Kulturvölkern das 10er System üblich. Statt der 10 könnte man ebenso eine andere Zahl als Grundlage des Systems wählen. Das Zehnersystem wird auch als dekadisches System oder als Dezimalsystem bezeichnet. Es hat sich auch deshalb in den meisten Ländern durchgesetzt, weil es eine große Erleichterung ist, wenn das Maßsystem und das Zahlensystem dieselbe Grundzahl besitzen.

Zahlentheorien

Die Zahlentheorie ist ein Teil der Arithmetik und beschäftigt sich mit den Eigenschaften der ganzen Zahlen und mit den daraus folgenden mathematischen Aufgaben. Es werden grundsätzlich keine anderen Zahlen als Ganze zugelassen. Die wichtigsten Lehrsätze der Zahlentheorie über die Teilbarkeit der Zahlen stammen schon von Euklid. Bedeutende Zahlentheoretiker waren Euler, Gauss, Jacobi, Kronecker etc.

Geheime Zahlentheorien - oder die wirklichen Dinge

Im Grunde genommen können alle derzeit verwendeten Grundzahlen von 1 bis 10 jederzeit durch andere Symbole, Begriffe, Ersatz-Zeichen kompensiert werden. Zahlen lassen sich auch durch andere Zahlen ersetzen, das ist nur eine Frage der Wertigkeit, die man den einzelnen Zahlen neu zuordnen möchte. So kann man zum Beispiel festlegen, daß die Zahl 1 in Zukunft für den Zahlenwert 5 steht. Wenn dann in einer Geheimschrift geschrieben wird 1 m, so bedeutet dies in Wahrheit 5 m usw. usw. Die willkürliche Änderung der den Zahlen zugrunde gelegten Wertigkeiten führt zu völlig neuen Zahlensystemen und Zahlentheorien. Derartige Überlegungen standen am Ausgangspunkt zur Entwicklung codifizierter Zahlen- und Buchstabensysteme, die schließlich zu den ersten Programmier- und Computersprachen führten. Dabei ging und geht es nach wie vor darum, eine vorhandene große Masse an Begriffen oder an Zahlen so zu komprimieren, daß diese ungeheure Masse relativ mühelos gehandhabt werden kann. Dazu muß diese Masse natürlich in Standardbegriffe zerlegt werden, wobei diese Standardisierung überhaupt erst Basis eines neuen Begriffssystemes ist. Das, was im Zeitalter der Computer überhaupt gemacht wurde, war selbstverständlich auch vor 5000 Jahren den Babyloniern, den Sumerern, den Ägyptern bekannt und möglich. Der

Unterschied zu heute bestand aber in folgendem:

1. Dieses Wissen war nur einer zahlenmäßig winzig kleinen Elite zugänglich. Diese Elite wird gemeiniglich als "Priester" beschrieben. Dieser Ausdruck traf so gewiß nicht zu, sondern ist ein Spiegel dafür, daß wir europäischen Kulturvölker damit zum Ausdruck bringen wollen, daß es sich um Menschen mit großer Weisheit und Bildung gehandelt haben muß.

2. Die Anwendung dieses Wissens wiederum war daher nur auf einen ganz kleinen Macht- und Herrschaftskreis beschränkt.

3. Der Unterschied zu heute besteht darin, daß dieses Wissen über Zahlen, Zahlentheorien, Zahlensysteme zumindest in den industrialisierten Staaten jedermann zur Verfügung steht. Demzufolge steht auch die Anwendung dieses Wissens allen frei zu Diensten.

Jahrtausende lang bildeten "Wissen haben und Wissen anwenden" zwei erstens eng begrenzte und zweitens überaus limitierte Bereiche. Daraus folgte, daß sich die Ausübung von Macht, Herrschaft - im guten wie im schlechten - auf kleinste Kreise begrenzen ließ. Dieses archaische Prinzip, das natürlich völlig abzulehnen ist, finden wir übrigens noch heute in nächster Nähe zu Deutschland: In so manchen Balkanstaaten des Südens, aber auch in südosteuropäischen Staaten, speziell im geographischen Dreieck zwischen Bukowina, Ukraine, Rumänien, Bulgarien. Ergänzt sei hier übrigens, daß derartige Aussagen des Verfassers als völlig wertfrei anzusehen sind. Wir sollten uns hüten, bei uns bewährte und anerkannte Staatsprinzipien so einfach mir nichts, Dir nichts auf andere Staaten übertragen zu wollen.

Wer die Zahlen beherrscht, hat Macht

Eines aber verdeutlichen die obigen Überlegungen sehr wohl: Wer mit Zahlen umgehen kann, wer Zahlen anwenden kann, der verfügt über ein hohes Maß an Macht. Früher handelte es sich dabei in erster Linie um politische Macht, um Herrschaft, um Regieren bis hin zur Diktatur. Heute handelt es sich in den hochzivilisierten Industriestaaten dagegen um Karriere im Beruf, um Aufstieg, um mehr Einkommen, oder sogar um sehr viel Geld. Und Geld bedeutet in unserer Zeit fast durchwegs mehr Macht zu haben, auch wenn dies keineswegs als positiv oder vorteilhaft anzusehen ist, wie das Neureichs gerne sehen würden. Primär kommt es darauf an, auf welche Weise viel Geld erworben wurde und was man damit macht. Außerdem, einer der eindrucksvollsten Tiroler Sprüche lautet: Das Totenhemd hat keine Taschen. Das besagt soviel wie, daß wir das Jenseits mit leeren Händen betreten werden müssen.

Eine langjährige Studie deutscher Regierungsstellen über das Ausbildungsziel von Schulabgängerinnen/Abgängern ergab, daß folgende Voraussetzungen die besten Chancen für Beruf und Karriere bieten werden: Zwei Fremdsprachen in Wort und Schrift; perfekte Beherrschung moderner Computersysteme - und eine solide, kaufmännische, betriebswirtschaftliche Ausbildung. Bei dieser Studie wurden unzählige Firmen befragt. Keineswegs wurde ein Universitätsstudium verlangt. Aber eines sehen wir in diesem für Deutschland repräsentativen Ergebnis:
Wer mit Zahlen perfekt umgehen kann, wer mehrere Sprachen (Buchstaben) sprechen, schreiben, lesen kann - der erfüllt die besten Voraussetzungen für zukünftigen Berufserfolg. Kleine, mittlere und große Firmen wurden befragt. Wichtig ist auch, daß alle befragten Firmen obiges Grundwissen als ideal ansahen, da spezielles, berufsspezifsches Wissen ohnedies im Rahmen innerbetrieblicher Ausbildung des zukünftigen Arbeitgebers erfolgt. Also Zahlen mittels kaufmännischer Ausbildung; Zahlen und PC-Computer-Codes in Wort und Schrift, Fremdsprachen - das ist der Stein der Weisen für die Kids des ausgehenden 2. Jahrtausends nach Christi Geburt.

Wissen ist Macht, so lautet eine alte Volksweisheit. Wissen ist wichtig, ist aber nicht alles. Das Fühlen und das Gefühl sind schlichtweg ebenso bedeutsam. Im Falle der Zahlen ist das die Symbolik, die den Zahlen innewohnt.
Die wichtigsten Symbolgehalte der Zahlen haben wir hier erläutert. In vielen Interpretationen dieses Buches werden wir darauf stoßen. Wie ein roter Faden zieht sich der Symbolgehalt der Zahlen durch die Kultur nahezu aller Völker und Hochzivilisationen.

Wenig beachtet und doch wichtig: Die Ziffern

Das Wort Ziffer stammt vom lateinischen cifra ab. Dieses wiederum leitet sich vom arabischen Wort sifr ab. Sifr bedeutet soviel wie Null. In der griechischen Antike wurden Buchstaben als Ersatz für Ziffern verwendet. Dieser Brauch findet sich auch in der frühen Geschichte der Semiten, also des jüdischen Volkes. Durch die Ausdehnung des Imperium Romanum, des Römischen Reiches nördlich der Alpen bis hin zum germanischen Limes, sind in Bayern, Österreich, der Schweiz, sowie im ungarisch-pannonischen Raum (Westungarn) zahlreiche Zeugnisse hoher römischer Zivilisation, sowie der römischen Ziffern übrig geblieben. Nachdem Latein außerdem die Hochsprache der Römisch-Katholischen Kirche und des Vatikanstaates ist - bis heute, werden auch diese römischen Ziffern bis heute verwendet. In der kirchlichen Welt Roms, außerdem in vielen künstlerischen Werken zur Angabe der Jahreszahl - zum Beispiel als Wandschmuck im oberbayerischen Raum (Lüftlmalerei). Im großartigen, multinationalen Habsburgerreich schließlich wurde Latein als alleinige Amts- und Behördensprache in den ungarischen Teilen Habsburgs bis zum Ende der Regierungszeit Maria-Theresias, der Römisch-deutschen Kaiserin und der Erzherzogin von Österreich, verwendet. Latein lebte in Ungarn bis zum Regierungsantritt Josephs II. , des großen Aufklärers und Sohnes Maria-Theresias als lebendige Schriftsprache fort. Bis vor knapp 200 Jahren war Latein eine Hochsprache in einem Teil des Habsburgerreiches, der damals wichtigsten und bedeutendsten Weltmacht. Kaum jemand weiß das.

Die Ziffer, cifra, sifr ist im Grunde genommen ein Geheimzeichen, mit dem sich nahezu alles codieren (= verschlüsseln) läßt. So wie jeder Code (Verschlüsselung eines Textes) erscheint auch dieser Zifferncode nach außen hin "wie kein Code". Im Gegenteil Textpassagen die aus Ziffern bestehen, wirklich völlig logisch, offen, zugänglich. Das aber trifft nur zu, wenn es sich um die Angabe von Jahreszahlen handelt. Realiter kann man damit aber auch wunderbare Geheimcodes erstellen. Diese werden auch heute noch in vielen Teilen der Welt von meist kirchlichen, seltener weltlich-profanen Stellen benützt. Wenn man diesen kirchlichen Zifferncode beherrscht, so kann man damit hervorragend mit entsprechenden Würdenträgern des entsprechenden diplomatischen klerikalen Dienstes, den es offiziell gar nicht gibt, kommunizieren. Der Überraschungseffekt ist zwar gelegentlich beachtlich, aber die Kommunikation funktioniert ad hoc (sofort) und wird diskret, auch mitten im gesellschaftlichem small talk, gehandhabt. Wer diesen Zifferncode aus Ziffern und Buchstaben beherrscht, der wird eo ipso (von selbst) als Insider identifiziert. Wege und Menschen öffnen sich, Kommunikationen der schönsten Form werden wahr. Dinge, deren Existenz ein leitender Industriemanager nie für möglich halten würde. Im Grunde ist dieser leitende Industriemanager ein Gefangener seiner selbst, ein armes Nullum, ein klägliches Nichts. Es ist mit Sicherheit anzunehmen, daß dieser Ziffern-Buchstaben-Code aus dem Imperium Romanum stammt, wo er in der Zeit der Christenverfolgung entstanden ist. Der Code ersetzt die römischen Ziffern durch Buchstaben und die Buchstaben durch römische Ziffern. Basis des Codes ist das römische Ziffernsystem, das mit nur 7 Ziffern aus-kommt. Das Codieren muß natürlich auswendig, ohne Hilfsmittel, beherrscht werden. Meister dieses Geheimcodes sprechen und übersetzen in den Code und aus dem Code fließend und rasend schnell. Die Botschaften im Code werden nur mündlich übermittelt, die codierte Botschaft wird nur einmal gesprochen. Damit das funktioniert, muß man mit Sicherheit wissen, daß der Empfänger der Geheimbotschaft den Code ebenso fließend beherrscht.

Die römischen Ziffern bedienten sich der uns vertrauten Symbole von 1 bis 10. Allgemein wird unterstellt, daß diese 10 Ziffern Roms das Ergebnis der 10 Finger seien. Nicht nur ich bestreite das, denn die wissenschaftlichen, technischen, juristischen, sozialen, wirtschaftlichen, militärischen Leistungen des antiken Roms waren so enorm hoch, daß diese Behauptung geradezu eine Beleidigung wäre. Experten der lateinischen Sprache und der Geschichte Roms sind sich heute weltweit einig, daß die in Rom praktizierte Intelligenz so hoch war wie unsere heutige - nur eben anders eingesetzt. Anzunehmen ist eher, daß im Römischen Weltreich nur für ganz eng begrenzte Aufgaben diese 10 Ziffern verwendet wurden. Für alle anderen Bereiche, in denen man ebenfalls Zahlen einsetzen mußte, wurden andere mathematische Systeme - maßgeschneidert - bevorzugt. Man hatte mit Sicherheit im antiken römischen Weltreich für alle Aufgaben des Wiegens, Messens, Zählens, Rechnens spezielle paßgenaue Systeme. Ihnen gemeinsam dürfte aber das Dezimalsystem, das Zehnersystem gewesen sein. Allein schon deswegen, um untereinander vergleichen und umrechnen zu können. Werbetexter unserer Zeit würden sagen: Kompatible ergonomische Systeme....

Im alltäglichen Leben Roms wurde meist mit Fingern gerechnet. Mit nur 7 simplen Ziffern kamen die Römer aus, und das in einem Weltreich, das von Nordafrika bis England und Schottland reichte, von der Bretagne bis weit in den Osten, und Südosten Europas und schließlich im Orient sich manifestierte.
Mit nur 7 Ziffern kamen Wissenschaftler und Kaufleute, Verwaltungsbeamte, Gelehrte und Militärs vieler Völker/Stämme/Sprachen perfekt und gerecht (!) miteinander aus: Divide et impera - Teile und herrsche...
Auch hier das Teilen, die Zahl, die Ziffer....
I = 1, V = 5, X = 10, L = 50, C = 100, D = 500, M = 1000 - so lautete und lautet das römische Ziffernsystem, das man bis heute auch Ziffernalphabet nennt. Und so übersetzt man diese Ziffern:
1. Stehen gleiche Ziffern nebeneinander, so werden sie addiert. XX = 2 x 10 oder 10 + 10 in Rom, macht 20.

2. Stehen kleine Ziffern nach größeren, so werden diese auch addiert. XI = 10 + 1 = 11.

3. Stehen kleinere Ziffern vor größeren Ziffern, so werden diese subtrahiert (abgezogen). XL = 50 (L) minus 10 (X) = 40. XL ist also keine römische T-Shirt-Größe.

Die frühen arabischen Ziffern kamen mit nur 3 Ziffern von 1 bis 3 aus. Die anderen frühen arabischen Ziffern von 4 bis 9 sollen indischen Ursprungs gewesen sein. Letztlich wäre dies sekundär, denn mit den Ziffern 1, 2, 3 lassen sich alle rechnerischen Aufgaben darstellen und bewältigen.

Dabei ist zu beachten, daß "Viel" nicht unbedingt gut, sinnvoll sein muß. Wenn wir heute also mit PCs und Computern unendlich viele Zahlenkolonnen darstellen, berechnen und lesen können, so muß darin noch lange kein positiver Sinn liegen. Im Gegenteil, weniger ist meist mehr. . .

Zahlen und Ziffern: Linien der Geschichte...

In allen geschichtlichen Untersuchungen von Zahlen und Ziffern treten zwei Kriterien prinzipiell auf. Es gab lange Epochen hindurch nur Zahlen/Ziffern von 1 bis 3. Und es gab Epochen, in denen zusätzlich 4 mit 9 bzw. 4 mit 10 verwendet wurden. Die Dimension 1 mit 3 ist aber sämtlichen Völkern aller Epochen dieser Erde gemeinsam - bis auf den heutigen Tag.
Jene Zahlen und Ziffern, die nach der 3 folgen, sind demgegenüber zweitrangig, wenn auch wichtig, aber man kann ohne sie auskommen. Tatsächlich sind "aller guten Dinge 3".
Stammt dieser schöne und im Deutschen so altehrwürdige Spruch vielleicht aus jenen fernen Welten, in denen man mit 1, 2, 3 tatsächlich rechnerisch, mathematisch und kultisch auskommen konnte? Ich vermute fast, daß das so war. . . Und mit nur 3 Fingern, oder mit 3 Stäbchen, mit 3 Steinchen, mit 3 Muscheln usw. ließen sich die rechnerischen Aufgaben gut lösen.
Um das Ganze zu verewigen, genügte den stolzen Römern ein Ziffernskelett von nur 7 Ziffern. Wer war nun geistig reicher? Das antike römische Weltreich? Oder wir papierfressenden Mäuse einer Gesellschaft, die in jeder Hinsicht dort zu viel produziert, wo viel zu wenig Sinn auszumachen ist. Mit wie wenig kamen unsere Vorfahren aus und dennoch haben sie beeindruckende Zeugnisse hoher Zivilisationen hinterlassen.
Unsere Zeit wird mit Sicherheit nichts dergleichen den Nachfahren hin-

terlassen - außer Krieg, Verwüstung, Zerstörung der natürlichen und menschlichen Lebensräume. Und wenn wir Gott ganz verlassen haben werden, so wird auch Er uns verlassen haben...

Auch das Wissen um Zahlen, Ziffern, Buchstaben, Runen, Symbole schwindet jetzt immer mehr, obwohl es durch Jahrtausende hinweg überdauern konnte. Was kommt dann noch an Bewahrenswertem? Es liegt an uns, zu wenden und uns zu besinnen, Vergangenes zu bewahren, Neues zu schaffen und zu vererben.
Wenn wir uns die Kürzel (= Codes) für die 7 römischen Ziffern ansehen, so sehen wir nur Buchstaben. Sind diese römischen Ziffern nun Buchstaben, oder sind diese römischen Buchstaben nun Ziffern? Niemand kann diese Fragen in Wahrheit beantworten. Wir sagen "Ziffern", sehen aber "Buchstaben". Dieses Beispiel zeigt Ihnen, liebe Leserinnen und Leser, vielleicht am eindrucksvollsten, welche Chancen, Möglichkeiten und variablen Deutungen "hinter" den Zahlen und Symbolen stecken. Wenn dieses Exempel verstanden wurde, dann ist das Tor zum Verstehen von Zahlen und Symbolen ganz weit geöffnet worden. Pars pro toto sagten die Römer und meinten damit, daß es oft sinnvoller ist, einen nur kleinen Teil einer bestimmten Materie zu zeigen, damit man das große Ganze verstehen könne.

Algebra:
Schreckgespenst für Schüler

Wie so vieles, stammt auch dieser Fachausdruck aus dem Arabischen. Die Algebra ist ein Bestandteil der klassischen Mathematik. Es handelt sich um die Lehre, wie man mit Gleichungen rechnet. Algebra kann man durchaus auch als Buchstabenrechnen betrachten. Eine algenbraische Gleichung besteht aus Buchstaben und aus Zahlen. Sie verbindet beide uralten Symbole und führt empor zu höheren Stufen angewandter Mathematik. Die Unbekannte einer algebraischen Aufgabe heißt X, die Aufgabe selbst wird als Gleichung bezeichnet. Wenn wir die Unbekannte X ermittelt haben, so sprechen wir davon, daß wir die Gleichung gelöst haben. Einer der Stammväter der modernen Algebra ist Gauß (wie könnte es auch anders sein?). Die höhere Algebra unserer Zeit beschäftigt sich vor allem damit, wie man unterschiedliche Themen oder Materien mathematisch verknüpfen, sowie kombinieren kann. Elemente, Dinge, Gruppen, Strukturen spielen im Konzept höherer Algebra eine große Rolle. Diese angewandte, höhere Algebra stellt die wechselseitigen Beziehungen obiger Strukturen dar.

38

Die Krönung der Algebra ist sicher im Werk Albert Einsteins zu sehen, dessen Relativitätstheorie primär darauf basiert. Auch seine Quantentheorie gründet sich maßgeblich auf der Algebra. Wissenschaftlich gesagt, ist die Algebra eine hochinteressante Verknüpfung von Zahlen und Buchstaben, ebenso könnte man auch von der Verbindung von Zahlen/Ziffern mit Symbolen sprechen.

Wir sehen also, daß viele Themen der Parawissenschaften in der höheren Mathematik einen seriösen Platz gefunden haben. Nicht zuletzt deshalb ist das Gespräch mit passionierten Mathematikern mit das Anregendste, das ich kenne.

Der geschichtliche Weg der Algebra ist hochinteressant: Bereits im 9. Jahrhundert nach Christus verfaßte Mohammed ibn Muza Alchwarizmi das arabische Lehrbuch ALDSCHEBR WALMUKABALA. Schon damals beschäftigte sich der Autor mit mathematischen Transformationen und übersprang damit kühn mathematische Grenzen, die bisher ganz allgemein als starr und unverrückbar galten.

Traditionell gilt die Algebra als Schreckgespenst für Generationen von Schülern, da diese den täglichen Praxiswert (meiner Ansicht nach zu Recht)) bezweifeln. Umgekehrt gilt aber ebenso, daß der algebraische Unterricht (wie Latein) mit zu den besten Trainings für Verstand und Intelligenz zählen. Also können wir im algebraischen Unterricht durchaus einen großen Wert erkennen. Doch wie sage ich es unseren Schülern?

Das Odium des Schreckgespensts ist eher auf Generationen starrsinniger, verkalkter wilhelminischer Pauker zurückzuführen, deren didaktische Fähigkeiten das Niveau preußischer Klippschulen hatten. Erst die grundlegenden bundesdeutschen Reformen der siebziger Jahre in Unterricht, Lehrstoff und Didaktik, sowie die Umwandlung der Schulen zu liberaleren Orten, vermochten, der Algebra, Geometrie, Mathematik und Logarithmen ihre Schrecken zu nehmen. Immerhin hat ja auch dieses, unser Volk der Klippschulpauker, der furchtbaren Richter und Juristen es geschafft, genau jenen Mann, der die Algebra auf Weltniveau anhob, nämlich Albert Einstein, zu vertreiben und sein Volk fast auszurotten. Auch das steht hinter der Algebra, hinter der Geschichte von Zahlen und Symbolen. Die Algebra, diese ganz klassische Rechenmethode des Schulwissens, diente Albert Einstein aber auch dazu, um die Quantentheorie zu schaffen, womit Einstein zu den Unsterblichen wurde.

Das landläufige Bild breitester Kreise über Zahlen, Rechnen, Mathematik gründet sich fast ausschließlich auf dem sogenannten Schulwissen.

Ohne dies abwerten zu wollen, müssen wir feststellen, daß dieses Schulwissen starr begrenzt ist. Abhängig vom Alter der Schüler und von Staat und Bildungsziel, werden Querbezüge völlig außer acht gelassen und ignoriert. Als Resultat dieses Prinzips meinen dann ganze Völker und Menschen aller Kontinente, daß Zahlen und Mathematik ganz starre Dinge seien. In Wirklichkeit aber verhält es sich genau konträr. Zahlen und Symbole werden unter dem Aspekt des Schulwissens, weiters der Parawissenschaften und drittens in universitärer Forschung und Lehre ganz unterschiedlich beurteilt, benützt und gewichtet.

Ohne Zahlen undenkbar:
Die Geometrie

Die Geometrie ist die Lehre von den Eigenschaften räumlicher Figuren. Räumliche Figuren sind beispielsweise ein Zylinder, ein Kegel, ein Würfel, ein Quader, ein Kubus, ein Torso, ein Ei, eine Kugel usw. Wir unterscheiden zwischen der ebenen Geometrie (Planimetrie) und zwischen der räumlichen Geometrie, richtigerweise körperliche Geometrie oder Stereometrie genannt. Die höheren Stufen der Geometrie bis hin zur Differentialgeometrie wollen wir hier nicht behandeln. Zahlen und mathematische Symbole, Formeln spielen in der Geometrie eine große Rolle, da vor allem auch die Längenmessung (mittels Zahlen natürlich) wesentliche Basis jeder geometrischen Überlegung ist.

Die praktische Anwendung der Geometrie stand bereits bei den Ägyptern hoch im Kurs. Ägypten gilt auch als Wiege der Geometrie. Man bediente sich ihrer vor allem als Feldvermessung von Flächen, Ackerland, Weideland und von Hochbauten, wie z. B. der Pyramiden. Geometrie entstammt also einem menschlichen Grundbedürfnis: Um Flächen in Land- und Forstwirtschaft, Ackerbau usw. gerecht und präzise zu vermessen. Geometrie diente also erstens zur Lagebestimmung z. B. einer bestimmten Parzelle und zweitens zur Ermittlung der Fläche dieser Parzelle (z. B. in Schritt). Die Leute, die diesen Beruf schon im Altertum ausübten, werden im Deutschen ursprünglich als Feldvermesser oder Geometer bezeichnet. Die Anwendung der Geometrie dazu nannte man Feldmeßkunst. Geometer, Feldvermesser mußten und müssen verständlicherweise über hohe charakterliche, unbestechliche Eigenschaften verfügen, um den menschlichen Versuchungen standhalten zu können. Schon im Altertum zählten Geometer daher zu den wichtigsten Ständen eines Staatswesens. Die Kunst der Feldvermessung und damit der Geometrie gelangte von Ägypten in das antike Griechenland, lange vor Christi Geburt. Von Griechenland zum antiken Rom und schließlich in das Abendland war es dann ein logischer Weg.

Zahlen, Zahlensysteme, Zahlentheorien sind gleichsam die Seele der Geometrie. In der Praxis der Feldvermessung bedienten sich die Geometer bis noch vor knapp 200 Jahren derselben Methoden wie 4000 Jahre vorher die ägyptischen Feldvermesser: Der Daumensprung, der Rückwärtseinschnitt, der Vorwärtseinschnitt, das Schrittmaß, das Ellenmaß, das Fuß-Maß´ waren die präzisen Instrumente. Die Feldvermesser schufen mittels der Geometrie auch die entsprechenden Landkarten, Netzpläne, Lagepläne und entwickelten hochstehende Navigationssysteme zu Wasser. Diese praktische Anwendung der Geometrie basierte zu 100% auf Zahlen und auf sonst nichts. Erst die Entwicklung der optischen Vermessungsgeräte (von Fraunhofer bis zum Theodoliten) revolutionierte dieses jahrtausendalte Zahlensystem. Inzwischen ist die geometrische Optikanwendung völlig ersetzt worden durch rechnergestützte (CPU) Vermessungsgeräte mit Aufzeichnung und Vermessung via CCD-Systemen.

Geometrische Symbolik

Elemente der Geometrie vor allem fanden schon ganz früh im ägyptischen Altertum Eingang in die bildende Kunst, wo sie bis heute ihren festen Platz haben. Zirkel, Lineale, Kreise, Monde, Halbmonde, Sichelmonde, Rauten, Mäander (Schlangenlinien) und Kreuze aller Varianten sind da zu finden und schmücken Tongefäße, Wandmalereien, Teppiche und Gebrauchsgegenstände des täglichen Lebens. Viele Werkzeuge klassischer Berufe (Steinmetz, Zimmermann, Schreiner, Maurer, Jäger, Bauern, Geistlichkeit etc.) sind mit geometrischer Ornamentik versehen. Hier finden wir vor allem Glückssymbole, die sich aus der 3, 4 oder 7 zusammensetzen Diese Symbole sollen den Benutzer der Werkzeuge schützen, ihm Glück und Erfolg verheißen.

Der Logarithmus

Abgekürzt wird er als log. , er ist der Exponent einer Potenz. Wenn wir die Gleichung nehmen 53 = 125, dann entspricht die Zahl 3 dem Logarithmus, während 125 der Numerus und 5 die Basis ist. Es gibt Logarithmensysteme, Logarithmentafeln, sowie natürliche und dekadische Logarithmen. Die dekadischen Logarithmen (auch Briggsche Logarithmen) werden mit *lg* abgekürzt, die natürlichen Logarithmen mit *ln* oder *log nat.* Logarithmen spielen vor allem in der Physik eine wichtige Rolle.

Der Logarithmus ist eine Zahl, genauer gesagt eine Verhältniszahl, er beschreibt und definiert das Verhältnis einer Zahl zur Basis. Der Logarithmus 3 im obigen Beispiel bestimmt präzise das Verhältnis zur Basis 5. Als Resultat kommt 125 heraus wie wir gesehen haben. Dieses Resultat errechnet man wie folgt: 5 x 5 = 25. 25 x 5 = 125. Der Logarithmus 3 besagt ja, daß wir die Basis 3 x zu multiplizieren haben bzw. das jeweilige Zwischenresultat.

Die ersten Logarithmentafeln stammen vom Italiener Leonelli (1803), die dann von Gauß 1812 fortentwickelt wurden. John Napier rechnete aber bereits 1614 mit Logarithmen, stützte sich allerdings vermutlich auf die Arbeiten seines Vorgängers Josef Bürgi, eines Eidgenossen, also eines Schweizers. Die Logarithmen stellen also mit der Algebra und Geometrie die wichtigsten Teile der Mathematik dar. Sie alle stützen sich nur auf Zahlen, auf Symbole, ebenso auf Buchstaben, die man hier aber auch als Symbole sehen darf. Die große Mutter von Algebra, Geometrie und Logarithmen aber ist die Mathematik, die wir fast als Übermutter der Zahlen definieren könnten.
Deutsche Schülerinnen und Schüler, Pennäler und Studenten sagen übrigens traditionell "Mathe" - und das klingt schon viel freundlicher, sanfter, als dieses harte, strenge Wort "Mathematik", dessen Sound sozusagen mit Punktum, Basta, Aus endet. Dazu seien nun auch noch einige Worte gesagt. Denn wenn wir uns schon mit Zahlen beschäftigen wollen, sollten wir über die wichtigsten Grundzüge der Mathematik Bescheid wissen.

Eine facettenreiche Disziplin:
Die Mathematik

Dieser Begriff stammt vom griechischen Mathesis ab, der Wissenschaft von den Zahlen und der Größenlehre. Zur Mathemtik gehört auch die Wissenschaft von den Figuren, die Mengenlehre und die mathematische Logik. Der wichtigste Zweck der Mathematik ist die Untersuchung der Beziehungen zwischen diesen oben angeführten Größen und der diesen Dingen innewohnenden Strukturen. Die Mathematik ist also ein reines Beziehungsgeflecht. Mit Hilfe der Mathematik wird natürlich auch gerechnet und gemessen. Die Mathematik stellt weiters sogenannte Verknüpfungsregeln auf, den meisten Schülern als Axiome bekannt.

Wir unterscheiden die reine Mathematik und die angewandte Mathematik. Geometrie, Analysis, Zahlentheorie, Algebra, Topologie, Mengenlehre, Grundlagenwissenschaft zählen zur reinen Mathematik. Die angewandte Mathematik wiederum verwendet die Erkenntnisse der reinen Mathematik. Die angewandte Mathematik wird dazu eingesetzt, um bestimmte Zusammenhänge aufzudecken so zum Beispiel in den Ingenieursberufen, Versicherungswesen, Statistik, Physik, Chemie, Astronomie, Vermessungswesen, Bank- und Finanzwesen, , etc.

Die reine und die angewandte Mathematik bedienen sich einer Reihe von Zeichen, deren bekannteste jene der vier Grundrechnungsarten sind. Längst hat die Mathematik intensiven Eingang in die Informationswissenschaften, die Kybernetik, in das gesamte Computerwesen gefunden. Heute konstruieren wir kommunikationswissenschaftliche Denkmodelle und lassen uns von der Mathematik in faszinierende, theoretische Experimente entführen. Wenn je eine Wissenschaft die Theorien des Anfangs ohne Ende, des Endes ohne Anfang, in sich geborgen hatte, so trifft dies auf die modernste Mathematik zu. Sie erreicht inzwischen derart abstrakte Ebenen, daß viele Wissenschaftler sich in die Welt der Metaphysik flüchten, um überhaupt noch Zugang zu potentiellen Erklärungsmodellen zu finden. Am extremsten wird Mathematik heute in der Astronomie betrieben, die wiederum unter allen klassischen Wissenschaften weltweit den ungestümsten Expansionsdrang besitzt. In keiner anderen Wissenschaft werden die noch gestern gültigen Grenzen täglich so sehr überschritten wie in der Astronomie. Ohne Mathematik hätte niemals diese Expansion der Astronomie stattfinden können.

Damit ist die Mathematik als die reine Lehre von den Zahlen heute wieder dorthin zurückgekehrt, wo sie dereinst startete, nämlich zur griechischen Antike, zu Platon. Platon verwendete den Begriff Mathematik noch für "Wissenschaft", die antike Mathematik war reine Wissenschaft an sich. Etwas später erst kamen die Musik und die Astronomie dazu und damit fanden die Zahlen ihren großen Eintritt in die Mathematik.

Das geistige Zentrum jeder Mathematik ist der Zahlbegriff. Die Philosophie dagegen erforscht das Wesen der mathematischen Gegenstände, wobei man sich mittels der Erkenntnistheorie dem Problem zu nähern versucht. Dazu ein Beispiel, welches das ganze Problem am besten beleuchtet: Die Zahl 3 stellt etwas ganz anderes dar als zum Beispiel 3 Gegenstände. Kennzeichen jeder mathematischen Disziplin ist weiters, daß jeder dieser Disziplinen eine Anzahl von Festsetzungen (Axiomen, Forderungen)) innewohnt. Aus diesen Axiomen läßt sich nachfolgend das jeweilige mathematische Terrain genau definieren und beschreiben.

Die ältesten Zeugnisse der Mathematik stammen aus der Zeit 2000 vor Christus, und wiederum war Mesopotamien, das Zwischenstromland zwischen Euphrat und Tigris, bzw. Babylonien die Geburtsstätte der modernen Mathematik. Aus fast derselben Zeit stammt auch das älteste Rechenbuch des Ahmes aus Ägypten.

Die griechischen Mathematiker der Antike - Pythagoras, Platon und Euklid, sowie Archimedes - erhoben die Mathematik zu jener wichtigen wissenschaftlichen Disziplin, die sie noch heute darstellt. Schon damals waren Astronomie und Mathematik inhaltlich auf das engste verknüpft, schon damals, mehrere Jahrhunderte vor Christus, wurden großartige astronomische Berechnungen mit großer Präzision durchgeführt. So vereinigten sich bereits in der frühen Mathematik und Astronomie irdische Dinge und der Blick zu den Sternen, fanden Wissenschaften und Parawissenschaften zueinander, gleichsam Fakten und Träume als Geschwister...

Inder und Araber verliehen dann nach Christi Geburt der Mathematik die nächsten, großartigen Impulse, wobei bis heute darüber diskutiert werden könnte, ob der indische oder der arabische Anteil größer war. Egal wie, es kam zur Einführung der Null, der negativen und der irrationalen Zahlen. Aus dem damals blühenden arabischen Kultur- und Geisteskreis gelangte die Mathematik mit den Mauren nach Spanien, um dort, vereint mit Astronomie und Medizin, Chemie und Pharmazeutik, eine bis heute beispiellose Blüte zu erleben - gepaart mit bis heute unglaublicher Toleranz, der arabischen, der jüdischen, der islamischen und der christlichen Religion und deren Anhängern zu erleben... In der Geschichte Europas wurden niemals mehr so viele Zahlen und Symbole mit magischem Gehalt verwendet wie damals. Und niemals mehr gab es in Europa und im vorderen Orient eine derart befruchtende Gemeinsamkeit, gepaart mit Toleranz, von Judentum, Christentum, Islam und den ihnen angehörenden Völkern. Diese jüdisch-maurisch-katholischen Jahrhunderte der iberischen Halbinsel gehörten zu den fruchtbarsten Epochen des Abendlandes - ehe Haß, Intoleranz, Dogmatismus alles Gemeinsame zerstörten und die Geschichte Europas bis heute, und auf den jüngsten Tag, mit Blut geschrieben wird.

Das Italien des 13. Jahrhunderts war dann die nächste Station der stürmischen Fortentwicklung der Mathematik und sollte es durch mehrere Jahrhunderte auch bleiben. Algebra, Zahlen und Buchstaben wurden verfeinert, die Dezimalbruchschreibweise wurde eingeführt, die Logarithmen des Descartes (Cartesius) tauchten auf. Dann kam das Zeitalter von Leibniz und Newton, deren Infinitesimalrechnung die Welt veränderte. Geometrie und Trigonometrie gesellten sich hinzu. Insgesamt aber ist zu betonen, daß seit relativ langer Zeit die Mathematik verharrte. Wesentlich Neues kam nach Einstein nicht mehr hinzu. Unvorstellbar optimiert wurden aber Einsatzmöglichkeiten der Mathematik mittels Computertechnologie. Im Grunde genommen waren es nur wenige, aber dann jedes mal sehr große Schritte, mit denen die Mathematik innerhalb von vier Jahrtausenden vorangetrieben wurde. Auch wenn ein Mathematiker unserer Zeit heftig bestreiten dürfte, daß seit Einstein kaum noch Großes in der Mathematik geschaffen wurde, so trifft dies dennoch unbedingt zu.

Entscheidend verbessert wurden aber die Einsatzmöglichkeiten, die Ergebnisgenauigkeit und die Berechnungsdichte der Mathematik. Da hat sich in den letzten 150 Jahren enorm viel getan. Kontinuierlich verlief die Entwicklung der mechanischen Rechenmaschinen innerhalb dieser Zeitspanne, explosiv geradezu verlief die Einführung und Fortentwicklung der Computertechnologie, deren Endstand überhaupt noch nicht abzusehen ist. Lassen Sie mich dazu ein Beispiel geben:
1. In der Optik und Fototechnik war Deutschland weit über 100 Jahre einsame Weltspitze. Besonders bei der Berechnung fotografischer Aufnahmeobjektive schufen deutsche Objektivbauer Produkte von Weltklasse. Noch bis in die fünfziger und sechziger Jahre dieses Jahrhunderts wurden neue Objektive letztlich händisch, wenn auch mit Rechenmaschinen gerechnet: Man berechnete einige tausend Strahlengänge pro Objektiv - im Zentrum, an den Rändern -, um Fehler zu korrigieren bzw. um beste Abbildungsleistung zu erzielen. Mit dieser teuren, mühsamen, zeitraubenden Methode konnten aber nur repräsentative Strahlengänge - von einigen Millionen vorkommenden - berechnet werden. So ein Objektiv war rechnerisch gesehen immer ein Kompromiß.
2. Durch die Einführung von Computer-Rechenanlagen - die erste von Konrad Zuse -, konnten nun erstmals pro zu konstruierendem Objektiv - alle millionenfach vorkommenden Strahlengänge berechnet werden. Noch dazu im Vergleich zu bisher in kürzester Zeit, sehr preiswert und noch viel, viel genauer. Dadurch entstanden die besten Großserienobjektive aller Zeiten.
3. Fassen wir zusammen: Das Prinzip der Objektivberechnung blieb unverändert dasselbe, nur die Durchführung der Rechenoperationen wurde auf bis dato unvorstellbare Weise revolutioniert. . Das hat sich primär in der Mathematik geändert. Revolutioniert wurde in der Mathematik auch das Prinzip mittels Einführung standardisierter Rechenprogramme mit maßgeschneiderter Software für jeden PC, für jedes Computer-Network und für jeden landläufigen Zweck und Aufgabenbereich.
Immer noch aber sind es jene simplen Zahlen, deren sich die Menschheit

seit Jahrtausenden bedient. Um das abstrakte Problem etwas zu erläutern, sei demonstriert: Die Zahlen von 1 bis 10 blieben dieselben, nur die Rechenmaschinen und deren jüngste Generation, die Computer, stellten alles bisher dagewesene in den Schatten, ja auf den Kopf. Heutige Personal-Computer (PC), wie sie in bald jedem Haushalt stehen, würden locker mit den einst vorhandenen Zahlen 1, 2, 3 perfekt auskommen. Die Rechnungsdichte pro Millisekunde eines solchen Kaufhaus-PCs ist so unvorstellbar hoch, daß nur 3 Zahlen ausreichen würden, um auch schwierigste Aufgaben bewältigen zu können.

Im Grunde genommen sind wir wieder dort angelangt, wo wir vor Jahrtausenden starteten. Wenn allerdings über der Erdoberfläche eine einzige elektrische Riesenentladung stattfände, die dann außerdem noch sich um den Globus ausbreitete (z. B. ein atomarer Schlag aus dem Kosmos), dann wären sämtliche elektrischen und elektronischen Anlagen der Menschheit auf Dauer zerstört, funktionstot. Eine Reparatur wäre unmöglich. Und schon stünden wir dort, wo vor ungefähr 150 bis 200 Jahren das Zeitalter der Rechenmaschinen begann. Derartige Schocks sind in der Geschichte der Erde durchaus vorstellbar, vorstellbar wäre dann aber auch, daß Epochen vor uns bereits Kulturen mit unserem technischen Wissen existiert haben könnten. Das Wenige, das sie uns hinterlassen haben, deutet auf die Richtigkeit meiner Behauptung hin.

Fagen, Antworten, Meinungen:
Wie man dieses Buch lesen und verstehen sollte

Die Erde ist nicht allein. Sie ist nur ein Staubkorn im Kosmos, dessen Anfang und Ende niemand kennt. Außer Gott. Wir Menschen, wir Irdischen, glauben, daß das, was wir sehen, hören, wissen, der Stein der Weisen ist. Die geistige und seelische Begrenztheit unserer menschlichen Existenz ist das größte Hindernis, um am Weg der Erkenntnis, des Lernens, des Übens, des Erfahrens fortzuschreiten. In Wahrheit aber gibt es auf dieser Welt Dinge, die weit über unser konventionelles, das ist unser eng begrenztes Weltbild, hinausreichen.

Die 4 (!) Elemente

Feuer, Erde, Wasser, Luft sind die 4 Elemente. In ihnen versinnbildlicht sich die Zahl 4, das 2 x 2, das abgerundete, in sich abgeschlossene weibliche Urprinzip. Die 4 ist aber auch das Kreuz, der Kreis - das sind die 4

Quadranten, die 4 Stuben der 4 Elemente Feuer, Wasser, Erde, Luft. Die 4 ist auch die Windrose, der Erdkreis, die Welt. Die 4 ist Sinnbild für den Kreis, für 360 Grad, für Orientierung im Gelände oder in der Wüste oder auf hoher See, in Nebel, Sturm, Arktis, Einöde. In der 4 ist auch rationale Mathematik, nüchterne Wissenschaft, scharfe Intelligenz eines brillanten Verstandes. Die 4 Elemente Erde, Feuer, Wasser, Luft lassen sich allesamt auch streng wissenschaftlich mit den Methoden der Mathematik, der Physik, der Chemie definieren, beschreiben, darstellen und reproduzieren. Alle 4 Elemente haben positive und negative Eigenschaften gleichermaßen in sich. Alle 4 Elemente sind Wissenschaft oder Gefühl zugleich.

Schulwissen und Wissenschaften

Alle Aussagen dieses Buches über Zahlen und Symbole in der täglichen Anwendung gehören zum Schulwissen, zum Lehrstoff der Universitäten und des öffentlichen wie privaten Ausbildungswesens. Zahlen, Symbole, Mathematik sind nüchterne Dinge des täglichen Lebens, um dieses meistern zu können. Wer sich damit zufrieden gibt, kann damit leben. Ebenso können wir Fragen nach dem Hintergrund stellen. Auf Dauer gesehen stellen fast alle Menschen Fragen nach dem Warum, Woher, Weshalb, Wieso, Wodurch. Und jetzt beginnt das Suchen, Irren, Finden. Genau so sollte man dieses Buch lesen und verstehen. Es hat zwei Seiten, wie eine Münze.

Verstand, keine Etiketten, nicht esoterisch

"Esoterisch" wird momentan ziemlich stark als Schlagwort mißbraucht. Nicht alles, das hinterfragt wird, hat einen esoterischen Background. Wir sollten diesen Terminus daher sparsam und sehr zurückhaltend anwenden. Also halten wir es hier so. Der engagierte Esoteriker wird ohnedies spüren, wann der Terminus zutrifft. Eher aber dürften das die Frauen spüren, die im Begreifen ohnedies uns Männern haushoch überlegen sind.

In der modernen Industriegesellschaft, speziell aber auch im deutschen Kulturkreis, besteht die Neigung, allem und jedem ein Etikett anzukleben, zu schubladisieren, alles in einer Schublade abzulegen. Erst dann sind wir zufrieden und glücklich, denn jetzt "hat alles seine Ordnung". Diese Sucht zur Etikettierung und zum Ablegen in Schubladen versperrt uns den Blick auf das Wesentliche. Dieses Wesentliche ist im Geistigen, im Seelischen, im Beruflichen, im Technischen zu finden. Diese Etikettierung hindert uns, kreativ zu sein. Diese Sucht zum Ablegen in Schubladen ist mit der Grund, warum die deutsche Industrie, Wirtschaft und Administration, Politik in ihrer größten Krise seit Jahren stecken:

Man hat den Menschen das Denken, Fühlen Handeln abgewöhnt. Brave Kriecher sind gefragt, aber nicht Leute, die sich im weitesten Sinn Gedanken (und Sorgen) machen um das Wohlergehen ihrer Familien, Arbeitsplätze, Firmen und des Staates. Wegschauen, das Nicht-denken, das Weghören, das Schweigen - das sind die neuen Tugenden.

Auf die andere Seite der Dinge sehen zu wollen, dazu gehört durchaus Mut, Kühnheit und Offenheit. Die Antworten, die uns dann aber zuteil werden, sind nicht immer bequem, denn sie können uns auch in Frage stellen Diese Antworten machen aber unser Leben farbig, facettenreich, spannend. Das Nicht-denken, das Nicht-fragen dagegen bedeuten geistige, seelische Öde, Leere und Kälte.

In diesem Buch gibt es mehrere Wahrheiten

Den Zahlen und Symbolen kann man sich von verschiedensten Seiten nähern. Zum Beispiel von der Gegenwart, von der Geschichte, von der Art der Anwendung her. Die uns allen doch so vertraute Mathematik wurde auch deshalb vorher weitschweifiger behandelt, weil sie Dutzende von Möglichkeiten bietet, wie man mit den Methoden der Mathematik bestimmte Dinge behandelt. Es gibt eben nicht nur eine einzige mathematische Methode. Und genauso verhält es sich mit den Zahlen und Symbolen.
Ich versuche, mit verschiedensten Methoden mich dem Thema zu nähern. Es wird oft große Sprünge geben müssen zwischen Wissenschaft, Schule, Antike, Gegenwart und Kulturen. Und jede Antwort wird eine zutreffende sein.

Frauen-feeling, Männer-ratio...

Dieses Buch behandelt mit die ältesten Themen der Menschheit. Jedem Thema dieses Buches kann man sich von der Frauenseite her nähern, von der Männerkomponente her, aber auch von der Mann + Frau-Einstellung.

Viele Aussagen, die gelehrt werden, die überliefert sind, lassen sich bei näherer Untersuchung einem der 3 Pole zuordnen:
Dem Frauen-Pol, dem Männer-Pol, dem Männer + Frauen-Standort. Jeder dieser Pole oder Standorte hat seine hundertprozentige Existenzberechtigung. Jeder dieser Standorte kann Neues einbringen. Konkret bedeutet dies, daß wir die meisten sachlichen oder emotionellen Aussagen dieses Buches mit mindestens 3 Standorten "belegen" können. Ich selbst halte dabei den weiblichen Pol als den mit Abstand wichtigsten. Frauen werden und können das Gefühl, die Liebe, die Sorge, das tiefe Wissen einbringen. Männer gehen die Sache mit Ratio, mit Verstand und Kälte an, aber auch mit zupackender Energie, deren es auch bedarf im Leben.

Die Wissenschaft, der Kreis, der Stab, die Spirale

Platon, Euklid, Archimedes, Gauß, Einstein gingen als Wissenschaftler an die Dinge dieses Buches heran. Zugleich sagten Zeitgenossen, daß diese Genies auch Philosophen gewesen sind. Da haben wir schon den Widerspruch, der dennoch keiner ist. Der Kreis ist das Urweibliche, der Kreis ist auch die Null und er ist auch die Quadratur der 4 Himmelsrichtungen. Der Stab ist die 1 und er ist der Phallus und er ist das Urmännliche. Der Stab als 1 aber ist mit die wichtigste aller Zahlen, von denen es ohnedies in Form von 1, 2, 3 nur drei Allerwichtigste gibt. Die Spirale, eindimensional gezeichnet, abgebildet, gedruckt ist Symbol des Lebens, des Anfangs ohne Ende, des Endes ohne Anfang, ist Weiblichkeit, Geburt und ist auch sich ständig wiederholendes Zahlensymbol der 6, der 8. Die abgebildete Spirale ist auch Symbol für Schwingungen, die es bekanntlich als Schwingungen der Physik, aber auch der Seele gibt. Jede Schwingung, jede Frequenz ist durch ihre Amplituden definiert, so wie unsere Seele auch zwischen himmelhoch jauchzend und zu Tode betrübt schwingt. So möge dieses Buch diese Aspekte darstellen, um Antworten zu erleichtern. Dieses Buch soll vor allem demonstrieren, daß es für alle Grundfragen des Lebens mindestens 2 richtige, meist aber exakt 3 richtige Antworten gibt. So ist das Leben auch eine Gleichung mit mehreren Unbekannten und mit mehreren Antworten.

Zahlen-Systeme, Symbolik und Numerologie

Im deutschsprachigen Kulturkreis, also speziell in Deutschland, Österreich und der Schweiz, ist die Numerologie etwas ins Abseits geraten.

Diese Lehre, auch Wissenschaft von den Zahlen, beschäftigt sich in erster Linie mit der Deutung der einzelnen Zahlen. Man sollte hier eher von Parawissenschaft sprechen, um den Unterschied zur universitären Wissenschaft zu verdeutlichen. Zahlen-Systeme (z. B. Dezimalsystem, Zehnersystem) und Symbolik der Zahlen (z. B. die negative 13) und die Numerologie hängen ganz eng zusammen. Die Numerologie versucht, bestimmte Zahlen zu entschlüsseln und sozusagen zu ermitteln, welchen "Wert" eine bestimmte Zahl hat. Unter Wert ist hier wiederum zu verstehen, ob dieser Zahl gute oder schlechte Kräfte innewohnen, ja man versucht sogar mittels Numerologie Vergangenheit und Zukunft eines Menschen zu entschlüsseln.

Numerologie wird vor allem bei den slawischen Völkern eingesetzt und spielt dort im täglichen Leben eine nicht zu unterschätzende Rolle. Die Anhänger der Numerologie sind felsenfest davon überzeugt, daß Zahlen innere Werte aufweisen, die das Resultat von Schwingungen sind. Wir finden hiermit erneut einen Begriff der Physik, der Akustik, der Optik, also wiederum einen Terminus, der ganz eng mit Mathematik, mit Zahlen verbunden ist.

Die Schwingungen einer Zahl können andere Energien beeinflussen, können die Schwingungsenergie sozusagen übertragen auf Menschen, Gebäude, Natur und unsere Umwelt. Die Schwingungen einer Zahl können aber ebenso selbst die Energie anderer Energiequellen aufnehmen und somit die Schwingungsenergie einer Zahl vergrößern. Dieser ganze Themenkreis ist natürlich eine Sache der esoterischen Interpretation und damit ein Prinzip der totalen Verinnerlichung, denn das Wort Esoterik ist ein Synonym für unsere innere Welt.

Wer esoterische Betrachtungsformen anwendet, geht im Grunde genommen immer denselben Weg, an dessen Ende man sich Antworten auf die großen Fragen erhofft: Geburt, Tod, Leben, Gesundheit, Herkunft, Reinkarnation - was hat es damit auf sich? Esoterik ist für viele Laien ein großes Fragezeichen, während es sich in Wirklichkeit um eine ziemlich handfeste Sache handelt, an die man letztlich nur "glauben" kann, so wie ein überzeugter Christ sich auch primär nur auf seinen "Glauben" stützen kann.

Die Prinzipien der Numerologie

Vier Regeln bestimmen diese Welt der Numerologie: Erstens die Tatsache, daß jedes Ding 2 Seiten hat (wie eine Münze); zweitens die schon erwähnten Schwingungen (könnte man als Energie "übersetzen"); drittens eine ganzheitliche Betrachtung unserer Erde; und viertens das sogenannte Karma. Damit wird gemeint, daß wir selbst in diesem Leben oder in einem früheren Leben alles das, was sich mit uns ereignet, gesät haben und daß unser jetziges Leben die Wirkung jener Ursachen ist. Karma bedeutet aber auch, daß wir selbst unentwegt bestimmte Gedanken, Taten (Untaten?)) haben bzw. begehen, so daß sich daraus ein ständiger Kreislauf von Ursache und Wirkung ergibt. Umgekehrt bedeutet dieses Karma (Kreislauf) aber auch, daß wir durch gezieltes Denken und Tun unserem Lebensweg einen besseren Touch geben können. Man ist also, Esoterik hin, Esoterik her, durchaus eigenverantwortlich.

Unter Zugrundelegung numerologischer Denkweisen, wollen wir einmal nachfolgend bestimmte, wichtige Zahlen zu deuten versuchen.

Die Zyklen des Kosmos (z. B. die Mondphasen, die vier Jahreszeiten) waren mit Sicherheit der ursprüngliche Anlaß für die Menschheit, in den Zahlen etwas Göttliches, Überirdisches, Gottgewolltes zu sehen. Man nahm und nimmt an, daß diese göttliche Zahlenordnung das Signum einer großen Allmacht, eben von Gott ist. Je nach Standort und Epoche werden dabei auch mehrere oder zahlreichen Gottheiten unterstellt, der Atheist spricht natürlich nicht von Gott, sondern sucht sich seine eigenen Begriffe (z. B. eine Macht, von der alles ausgeht). Letztlich geht das aber immer auf dasselbe hinaus.

Die 1 ist Symbol für den Schöpfer, für die Allmacht, von der alles ausgeht. Die Zahl 2 ist Symbol für das Sowohl als Auch, dafür, daß jedes Ding 2 Seiten hat. Die 2 steht somit auch für Dualismus. Die 3 wiederum ist quasi ein dialektisches Symbol der Rede, der Gegenrede und des Komprimisses (These, Antithese, Synthese). Die 3 ist also Symbol für Harmonie, Ausgleich, Spannung und friedvolle Auflösung - daher auch Symbol der Dreieinigkeit, Trinitas, für das harmonische Dreieck. . Die 4 ist die doppelte 2, machte die 2 doppelt so stark und doppelt so harmonisch. Die 4 setzt sich aber auch aus 3 + 1 zusammen und bringt mit der 1 damit wieder den Urschöpfer, auch den Phallus ins Spiel. Die 4 ist das Quadrat, der Erdkreis, die Himmelsrichtungen usw. und ist auch das Kreuz, dessen 2 Balken vier Felder ergeben. Die 5 ist 4 + 1, oder 2 + 3 und ist entsprechend diesen Zahlen deutbar. Ihren klassischen Ausdruck findet die 5 im Pentagramm, dem Drudenfuß, den wir im Kapitel Sternsysmbole noch näher behandeln. Die Zahl 6 ist berühmt in Form des sechszackigen Sterns in verschiedenen Varianten, dem Hexagramm, das auch als das Siegel von König Salomo interpretiert wird. Die Zahl 7 ist

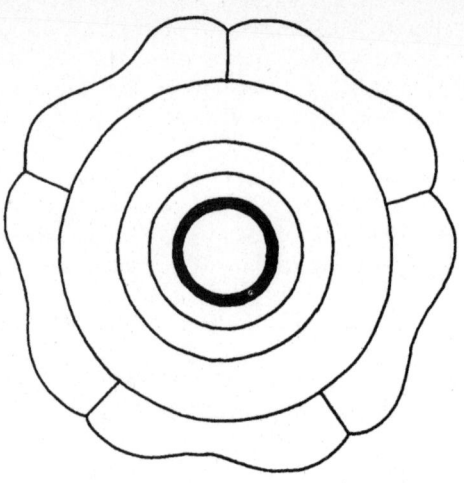

Die 5

zum Beispiel 5 + 2, 2 x 3 + 1, 3 + 3 + 1, oder 4 + 3. Die 7 ist heilig, hat magische, positive Kräfte - der 7 haftet nur Gutes an, Glück, Freude, Kraft. Alles Negative ist der 7 fremd. Warum das so ist, dafür gibt es leider überhaupt keinen historischen Beweis. Wir können uns dabei nur helfen, indem wir die Teilzahlen, aus denen sich die 7 zusammensetzt, interpretieren.

Die Zahl 8 wird mit der Auferstehung Christi gleichgesetzt. Frühchristliche Gegenstände, sogar Taufbecken haben daher oft achteckige Grundrisse bzw. Formen. Nachweisbar ist, daß im antiken Rom vor allem Venustempel achteckige Grundrisse und Formen hatten. Das Christentum bevorzugte dagegen für Kirchen den Grundriß des Kreuzes mit Langschiff und Querschiff, sowie eine klare Ostung der Kirche - Altar im Osten, Eingang im Westen. Die weltberühmte Gnadenkapelle in Altötting (Bayern), einem der bedeutendsten Marienwallfahrtsorte der ganzen Welt (völlig vergleichbar in seiner Bedeutung mit Fatima, Lourdes), ist achteckig und gilt allein schon deshalb in der christlichen Architektur als sensationelle Rarität. Bei Grabungen unter der Gnadenkapelle fand man jüngst Fundamentreste eines achteckigen Tempels aus der römischen Besiedlung Bayerns. Für mich besteht kein Zweifel, daß die Gnadenkraft, die von Altötting ausgeht, real ist, greifbar und spürbar. Auch wenn wir uns völlig vom äußeren Gepränge des Gnadenortes lösen und ganz abstrakt über die Gnadenkraft der Altöttinger Muttergottes meditieren (beten), werden wir diese Kraft deutlich spüren können. Mir drängen sich da schon sehr interessante Spekulationen auf: Vorchristlicher achteckiger Venustempel - dann christliche Gnadenkapelle exakt darüber - Nachfolgerin des heidnischen Glaubens. Venus - Muttergottes - Marienverehrung - Schutz, Liebe, Behütet sein.

Mutter (Maria) ist gleich Hilfe in Not, Krankheit, bei Sorgen, ist Güte und Weisheit - der Schoß des Lebens. Fortsetzung der Heiligen Gnade und Heiligen Kraft exakt des Ortes, auf dem die Gnadenkapelle steht bis in unsere Zeit. An bestimmten Stellen der Gnadenkpelle heben sich übrigens sämtliche Kräfte des Erdmagnetismus auf. Wer auf diesen Stellen betet, findet tiefsten Zugang zur Gnadenmutter, kann aber bei labilem Kreislauf durchaus ohnmachtsähnliche Zustände bekommen. Für mich ist dieser geographische Ort heilig und begnadet. Das ist also die 8, die 2 x 4, oder die 4 x 2.

Die 9 wird durchwegs als 3 + 3 + 3 oder als 3 x 3 definiert. Die Zahl 9 wird mit dem Wirken von Engeln kombiniert.

Interessant ist auch die Zehn. Sie besteht aus der Addition von 1 + 2 + 3 + 4. Die Zehn gilt als harmonische Abrundung, als etwas perfektes. Interessant auch die im Mittelalter so beliebte Zahlenspielerei, durch Zusammenzählen einer Ziffernsumme mehr über eine Zahl zu erfahren. Bei 10 ergibt 1 + 0 wiederum die göttliche 1. Die 10 steht natürlich auch für die 10 Finger unserer 2 Hände, für die 10 Gebote, sie steht aber auch für 10 geheime Namen, von denen jeder Gott ausdrücken soll (altbiblische Denkweise).

Die 11 ist eine der am wenigsten gedeuteten Zahlen. Ihr haftet allgemein das Unglück an. Ganz anders dagegen verhält es sich mit der 12. Sie gilt als ausgesprochene Glückszahl und ist mit starken, positiven Begriffen besetzt. Man denke dabei nur an die 12 Apostel, an die 12 griechischen Gottheiten, an die 12 Stunden, an die 12 Sternbilder. Ganz wichtig ist die 12, wenn wir uns das Hexagesiumalsystem/das Sechzigersystem vor Augen halten. Hier ist die 12 unverzichtbarer Hauptteil eines ganzen Zahlensystems. Die 12 ist gut, stark, großzügig, souverän, über den Dingen stehend.

Die 13 dagegen ist wohl die schlimmste Unglückszahl überhaupt. Die 13 bringt Unheil, Krankheit, sie verursacht angeblich Unfälle und vieles schlechte mehr. In vielen Hotels gibt es daher keine 13 als Zimmernummer und die Stadt Jena hatte in früherer Zeit des vorigen Jahrhunderts die Verwendung der 13 als Hausnummer verboten. Häufig wird auch der

Rabe mit der 13 identifiziert und ist somit ein Unglückssymbol.

Die 13 hat gegenüber der harmonischen 12 eine 1 zuviel, ebenso wie die 11 eine 1 zuviel hat gegenüber der harmonischen 10. Die 11, noch mehr die 13 gelten als disharmonische Zahlen, als Unglücksboten, als Boten des Unheils. 13 Menschen saßen beim ersten Abendmahl zu Tische und jeder überlegte, ob Christus oder Judas der dreizehnte sei. Immer wieder ist auch die Meinung zu hören, daß die Abrundung auf 12 Apostel ein Hinweis darauf sei, daß besagte 13 als Unheil zu sehen ist. .

Die Numerologie beschäftigt sich zum überwiegenden Teil mit den Zahlen von 1 bis 10, wenig mit der 11, viel mit der 12, geringer mit der 13. Größere Zahlen, die über die 13 hinausgehen, kommen selten in numerologischen Betrachtungen vor. Einige davon seien hier aber noch skizziert.

Die 24 ist Symbol von 2 x 12 oder von 12 + 12, steht für abgerundete Harmonie, ist Symbol des Tages und von Tag + Nacht (je 12 Stunden), also auch für die Polarität der Dinge. Polarität heißt numerologisch gedacht, daß jedes Ding eben 2 Seiten hat. Polare Begriffe wären zum Beispiel das Gute, das Böse, das Schöne, das Häßliche usw. Die 33 steht für Jesus und ist identisch mit seinen Lebensjahren. Die Zahl 40 steht für Fasten, für das antike Todesmahl, für die biblische Geschichte von Moses, aber auch für jüdische Weltbilder (40-Tage-Wanderung). Alle diese hier nur angedeuteten Symbolgehalte der 40 haben aber damit zu tun, daß jemand etwas bestimmtes leisten muß. 40 steht also für Ausdauer, Mut, Zähigkeit usw. Erwähnenswert schließlich noch die 70, deren Bedeutung immer dieselbe ist wie jene der Zahl 7.

Wir wollen Ihnen hier auch noch eine Reihe weiterer Zahlendeutungen bieten. Die 8 stammt vor allem aus der ägyptischen Welt und soll die Ruhe der Schöpfung darstellen. Symbole für die 8 sind Frösche und Schlangen sowie die Sonne gewesen. Auch in der chinesischen Geisteswelt hat die 8 eine große Bedeutung und wird mit der Fledermaus identifiziert, oder mit einem Phönix und mit verschiedenen chemischen Substanzen.

Alpha und Omega sind in gewisser Weise, auch wenn es sich um den ersten und letzten Buchstaben des griechischen Alphabetes handelt, Symbole für Zahlen und bedeuten Anfang und Ende. Man könnte also auch sagen, die 1 und die 12 etc. Sie stehen aber auch eben für Gott, in dem sich Anfang und Ende vereinigen. Alpha und Omega wurden oft als Schmucksymbole für christliche Darstellungen verwendet, sie finden sich auf Grabplatten und Altären.

Alpha und Omega

Der Apfel ist ein der grafischen Darstellung auch als Kreis zu identifizieren, aber auch als Null und damit zum Beispiel als Teil der Zahl 10. Als Apfel gilt er als Symbol für Weisheit, Fruchtbarkeit sowie der körperlichen Liebe zwischen Mann und Frau. Der Apfel gilt auch als Symbol von nie endender Jugend, von Schönheit der Frau, er steht auch für Verführung. In vielen Epochen wurde in den Kreis des Apfels ein Kreuz hineingezeichnet. Dies ist darauf zurückzuführen, daß der Apfel ein ursprünglich heidnisches Symbol ist, das durch das Kreuz gleichsam christlich gemacht wurde. Der Apfel an sich in der grafischen Darstellung ist mit Sicherheit nicht nur Symbol, sondern kann ebenso oft als Teil der Zahlensysteme gewertet werden.

Die Axt ist aus heidnischer Zeit überliefert und ist ein Symbol der Arbeit, der Verteidigung, und des Krieges. Die Axt kann auch als stilisierter Hammer abgebildet werden. Die Axt war in römischen Zeiten das Symbol der Justiz. Von diesem leitet sich dann später das Liktorenbündel ab, welches schließlich in faschistischen Anschauungen weiterlebte. Wesentlich wichtiger aber ist, daß die Axt ein Symbol für die 7 ist und dann den Gehalt dieser Zahl hat. Die 7 gilt als Harmonie und Glück. Demzufolge findet sich die Axt, meiner Ansicht nach als 7 gemeint, in vielen heiligen Abbildungen.

Das Dreieck ist eines der ältesten Zahlenzeichen. Es ist die Verbindung von drei Punkten durch gerade Linien. Es kommt in der gesamten bildenden Kunst der Menschheitsgeschichte vor. Das Dreieck ist 1 + 1 + 1 oder 2 + 1. Die zugehörigen Deutungen haben wir bereits vorher besprochen. Das Dreieck kann aus drei gleich langen Linien bestehen, ebenso aus unterschiedlich langen Seiten. Mehrere Dreiecke werden oft ineinander verschlungen dargestellt und können übergeordnete Bedeutung erlangen. Das Dreieck war immer schon Symbol der Mathematiker, der Zahlenkundigen und von geheimen Gesellschaften (zum Beispiel Freimaurer). Das Dreieck ist auch Symbol für die weibliche Scham oder für das Hexagramm. Bei diesem werden zwei Dreiecke ineinander verschoben und ergeben einen sechszackigen Stern.

Das Dreieck bedeutet aber auch die Dreifaltigkeit, die Dreieinigkeit, die Trinität und hat damit Eingang gefunden in die christliche Religion. In religiösen Darstellungen kommt dem Dreieck daher die Bedeutung der

Dreieck

Dreifaltigkeit zu. Ein Dreieck auf einem Altarbild symbolisiert immer Gott Vater, Gott Sohn und den Heiligen Geist.

Die 5 war immer schon auch ein religiöses Zeichen, ebenso aber auch ein heidnisches und antichristliches Signum. Das Spektrum der 5 reicht vom Alten Testament zu den 5 Broten Christus, zu seinen 5 Wundmalen, zu den 5 Kreuzen eines Altars bis zu den 5 Elementen (Holz, Feuer, Erde, Metall und Wasser) bis hin zu den 5 Sinnen des Menschen. Die 5 steht aber auch für den Drudenfuß oder für das Pentagramm und gilt als Zeichen der Schwarzen Magie. Die Übernahme der 5 aus dem heidnischen Leben in das christliche Denken soll mit Sicherheit der schwarzmagischen 5 ihre böse Kraft nehmen.

Der Kreis und der Mond sind in der grafischen Darstellung keineswegs nur Symbole sondern können ebenso als Teile von Zahlen in Form der Null identifiziert werden. Der Kreis ist also das wandelbarste Symbol überhaupt, das wir aus der Welt der Zahlen kennen. Der Kreis ist Mond, ist eine Null, er ist der Mond und dann wird er zum Symbol für Fruchtbarkeit. Der Kreis ist aber auch Zeichen für die Erde und wenn wir in den Kreis ein Kreuz zeichnen, dann wird daraus eine kleine Ansammlung von vier Feldern, die den Himmelsrichtungen zugeordnet werden. Jetzt ist der Kreis auch die Erde. Ebenso aber wird der Kreis zum Symbol des Lebens und des Lichtes, zur Sonne wenn wir ihn mit einem Strahlenkranz umgeben. Der Kreis wird dann zum Zeichen für Licht, Wärme, Hoffnung auf einen neuen Tag des Glücks. Er ist somit das Gegenteil von Nacht, Dunkelheit und ewiger Finsternis des Todes. Die Darstellung des Rades oder eines Ringes entspricht ebenfalls den verschiedenen Bedeutungen, welche dem Kreis zugeordnet werden können.

Im Zusammenhang mit Zahlensystemen werden auch immer wieder Abbildungen des Zirkels verwendet. Der Zirkel wird in gespreizter Form, ähnlich einem A, dargestellt. Mit dem Zirkel können wir einen Kreis ziehen und sind damit wiederum bei diesem uralten Symbol angelangt. Der Zirkel ist aber auch Symbol für Arbeit, für geheimes Zahlenwissen, für geheime politische Gesellschaften (von den Freimaurern angefangen bis hin zu frühkommunistischen Verschwörungsgruppen).

Im Grunde genommen kann jede Zahl unter mindestens 3 Ebenen betrachtet werden: Das wäre einmal ihr reiner mathematischer Einsatz; das wäre ihre vorchristliche Bedeutung; und das ist ihre Bedeutung unter christlicher Weltanschauung. Alle drei Ebenen können sich natürlich überlappen und zu einem bunten Deutungsbild führen. Wir haben hier nur die allerwichtigsten Ansatzpunkte geschildert. Es gibt übrigens einschlägige Literatur in großer Menge, welche die numerologischen Bedeutungen einer Zahl auflistet. Wer sich näher mit Numerologie beschäftigen möchte, der kann ohne diese oft lexikalisch aufgebauten Nachschlagwerke gar nicht auskommen.

Zahlen in Politik und Geschichte

Welche Rolle Zahlen in Politik und Geschichte spielen können, das sei hier an einigen kleineren Beispielen geschildert. Die Schilderung dieser Beispiele möge Anregung zu eigenem, weiterem Nachdenken werden. Zahlreiche, vorerst auch geheime politische Gesellschaften, hatten sich von Anfang an einem Zahlensymbol untergeordnet. Die meisten dieser geheimen Gesellschaften verfolgten verschwörerische Ziele, wollten Staaten und gesellschaftliche Odnungen zerstören, um schließlich selbst die Macht zu erringen. Die Ziele enden meist in grausamer Diktatur, in Blut und Orgien.

Viel Unheil hätte verhindert werden können, wenn die Zahlensymbole jener Vereinigungen durch Politik und Behörden erkannt worden wären. Das gilt übrigens bis heute. Ebenso gaben sich geheime Vereinigungen, die Gutes verfolgten (z. B. Demokratisierung, Freiheit, Menschenrechte) auch magische Zahlen und Symbole, um sich derer positiver Kräfte zu bedienen. Kommen wir nun zu den Beispielen.

Bis heute gibt es keine Erklärung für die Verwendung des Sowjetsternes, der von Anfang an Zeichen des frühen Kommunismus im zaristischen Rußland war. Der Sowjetstern war und ist in seiner Grundform ein heidnisches Zeichen der Schwarzen Magie, mit deren Hilfe man Menschen vernichten kann (glauben die Anhänger der Schwarzen Magie). Unabhängig davon, was man von Schwarzer Magie halten mag, so gilt dennoch, daß ihre Anhänger extrem negative, böse Ziele verfolgen. Sie maßen sich selbst das Recht an, über Leben und Schicksal anderer Menschen bestimmen zu dürfen. Aus der geheimen Gesellschaft mit dem Sowjetstern wurde schließlich das größte Verbrecherregime aller Zeiten errichtet. Die schwarzmagische Botschaft des Bösen, der Vernichtung ging völlig auf. Leider!

Interessant auch, daß der von Tito gewählte Stern, ebenfalls eine Variation des heidnischen Drudenfußes oder Pentagramms bezüglich Ursprung, Herkunft und Symbolik in der an sich reichhaltigen Titoforschung völlig unbeachtet bleibt. Der Stern wurde aber von Tito persönlich so geformt und gezeichnet, er hatte mit Sicherheit einen ganz klar definierten Zweck. Gleichzeitig wählte der Kroate Josip Broz, der einstige K. u. k. Berufsunteroffizier Habsburgs, einen neuen Namen, nämlich Tito, also die italienische Form des antiken, römischen Namens Titus. Auf einer einsamen, mir bekannten Alm in den Julischen Alpen, fällte Tito in einer Vollmondnacht mit ganz wenigen Getreuen diese beiden Entscheidungen, um im Partisanenkampf gegen die nationalsozialistischen Besatzer bestehen zu können. Es gelang ihm die Befreiung gegen stärkste Unterdrückung. Das Geheimnis, warum er sich dem schwarzmagischen Stern sozusagen unterstellte, das hat er in sein Grab mitgenommen. Hier hat der magische Stern Gutes bewirkt, indem es gelang, einen militärischen Feind und Okkupator niederzuringen. Die Stelle in den Julischen Alpen ist unter mythologischen Gesichtspunkten hochinteressant: Ein kreisförmiger Hain in größter Bergeseinsamkeit, verborgen, fast versteckt, mit einem magischen Zauber, den man sofort spürt. In gewisser Weise mit Sicherheit ein heilig-magischer Ort.

Zahlen sind Buchstaben und zugleich auch Botschaften

Diese Behauptung ist eine Annahme, die mit großer Sicherheit stimmen dürfte. Seit altersher haben Menschen Zahlen anstelle von Buchstaben verwendet, um gewisse Botschaften zu codieren, um sie unkenntlich für die breite Masse zu machen. Das geheime Wissen war somit auf wenige beschränkt, auf die Priester und damit auf kleine, aber starke Machteliten. Es gibt bis heute ernstzunehmende Religionswissenschaftler, die die Meinung vertreten, daß die häufige Verwendung von Zahlbegriffen im Alten und im Neuen Testament, in der Bibel nicht Zufall, sondern Absicht war. Diese in der Bibel verwendeten Zahlen haben ganz bestimmte Botschaften, von denen wir die meisten nicht einmal erahnen können. Im Endeffekt bedeutet dies, daß uns viele Teile der Bibel unverständlich sein müssen und daß die Botschaft der Bibel für uns nicht in allen Teilen faßbar ist. Interessant ist weiters auch, . daß die in der Bibel verwendeten Zahlen durchwegs in Verbindung mit anderen Symbolen von hoher Deutungskraft kombiniert vorkommen. Zahlen und Bäume, Zahlen und Wege sind nur einige davon. Die in der Bibel jedenfalls verwendeten Zahlen bergen mit Sicherheit Botschaften in sich, die wir nicht kennen.

In atheistischen, religionsfeindlichen Kreisen hält sich übrigens hartknäckig die Meinung, daß Teile der Urfassung der Bibel im Vatikan unter Verschluß gehalten werden würden und daß zahlreiche Deutungsmöglichkeiten ebenfalls in den vatikanischen Archiven schlummern würden. Dies gilt angeblich vor allem für die Verwendung von Zahlen, Schwingungen und Schwarzer Magie (Macht des Bösen). Die Kirche will also die Menschen vor dem Bösen, vor sich selbst schützen und die Kirche hat natürlich in 2000 Jahren eine ungeheure Fülle an wertvollem psychologischem Wissen angesammelt.

Daraus folgt für die Kirche vielleicht, daß die Menschen sich nicht alles seelisch zumuten dürfen, daß man Geister, die man ruft, nicht mehr los wird und daß uns Menschen gewisse Dinge sehr schnell über den Kopf wachsen würden. Ich stimme dieser Annahme völlig zu und meine, daß jeder für sich selbst genau prüfen sollte, was er sich an Parawissen zumuten möchte. Denn wie gesagt, auch hier gibt es einen point of no return, einen Punkt, ab dem nicht mehr umgekehrt werden kann. Daraus entstehende seelischen Lasten können defakto zur Qual werden.

Die Macht des Bösen, auch erkennbar in Zahlen und Symbolen, ist zweifelsfrei eine große und ernst zu nehmende Gefahr für die Entwicklung der Menschheit. Bedeutende Denker, Philosophen, Kirchenväter haben sich des Themas bis heute angenommen und verfassen oft brillante Abhandlungen zu diesem so wichtigen Thema, das hier nur kurz angerissen werden kann. Schon Augustinus bewies glaubwürdig in seinen unsterblichen Werken, daß das gesamte und auch das einzelne Leben von uns Menschen ein immerwährender Kampf des Bösen gegen das Gute ist. Das stimmt zweifelsfrei, wenn wir uns den Gang der Dinge anschauen.

Auch hier zeigt sich die esoterische Polarität aller Dinge des Daseins (Gut und Böse). Alle Aussagen dieses Buches sollten auch unter diesem moralisch so wichtigen Gesichtspunkt gesehen werden. Wir dürfen nicht einfach so dahin leben, sondern wir haben moralische Verantwortung gegenüber allen Menschen, dem Leben, der Natur und gegenüber unserer so malträtierten Erde. Diese Verantwortung wahrzunehmen, sollte für jedermann zum selbstverständlichen Gebot werden.

Auch wenn das Hauptthema dieses Buches die Zahlen und Symbole sind, so müssen wir uns dennoch auch kurz mit den Buchstaben und den Runen beschäftigen. Schon mehrmals wurde hier angedeutet, daß Buchstaben codierte (verschlüsselte) Zahlen sein können und Zahlen können ebenso anstelle von Buchstaben verwendet werden. Man kann mit Zahlen ganze Romane "texten", das ist kein Problem jemals gewesen.

Die Buchstaben des Alphabets haben, jeder für sich, ganz bestimmte Eigenschaften. Jedem Buchstaben können positive oder negative, gute oder schlechte Eigenschaften zu geordnet werden. Man kann dadurch einen Namen von Menschen oder Tieren, von Objekten entschlüsseln. Auch dazu gibt es lexikalisch aufgebaute Kompendien, denen man die Eigenschaften eines Buchstabens entnehmen kann. Buchstaben haben also demzufolge einen beachtlichen Symbolgehalt. Lassen Sie mich 2 Beispiele herausgreifen, das E und das K, zwei häufig vertretene Buchstaben.

Das E ist ein Synonym für Tatkraft, Klugheit, Intelligenz und für die Fähigkeit, schnell zu entscheiden. Das E ist tatsächlich auch ein Zeichen für große Energien. Gleichzeitig ist das E aber auch ein Zeichen für Unkonzentriertheit, für leichte Ablenkbarkeit, für zu schnelle, sprunghafte Entscheidungen.
Das K ist der Buchstabe für schöpferische Eigenschaften schlechthin. Alles, was heute unter "kreativ" läuft, gehört zum K. Fleiß, Arbeitswut sind dazu vereinigt, ebenso Durchsetzungsvermögen mit lange haltbarem Leistungsniveau. K steht somit auch für Workaholics und für Arbeitsbesessene.
Andererseits steht das K auch für Stimmungsschwankungen, für Gemütsprobleme, für Melancholie, für depressive Gemütskrankheiten. In gewisser Weise sind das erste Anzeichen bei einem Menschen, der vermutlich noch wesentlich stärkere seelisch-geistige Störungen bekommen könnte.
Diese kurzen Abhandlungen zeigen, welche vielfältigen Kriterien den Buchstaben zugeordnet werden können.

Buchstaben können aber auch durch Zahlen ersetzt werden. Je nach esoterischem Background gibt es da verschiedene Zahlensysteme, um Buchstaben zu ersetzen. Normalerweise arbeitet man dann mit den Zahlen von 1 bis 10, auch mit weniger Zahlen, sodaß meiste eine einzige Zahl, mehrere Buchstaben ersetzen kann. Aus Thailand ist mir ein System bekannt geworden, das mit 50 Zahlen zur Codierung von Buchstaben auskommt. Die Codierung von Buchstaben durch Zahlen wird außerdem, je nach Fremdsprache und zugehörigem Volk, ganz anders gehandhabt. Die Engländer verfügen da über andere eigene numerologische Kriterien als die Deutschen oder die Russen.
Aber auch den einzelnen Zahlen lassen sich bestimmte Eigenschaften zuordnen. Auch darüber existieren umfangreiche Sachwerke, die sich damit beschäftigen. Zahlen und/oder Buchstaben lassen sich somit verschlüsseln, mit bestimmen guten oder schlechten Eigenschaften eingrenzen. Diese Theorien dienten und dienen ursprünglich dazu, um jene Energie, die allen Dingen und Lebewesen innewohnt, zu ermitteln, zu beschreiben und zu nutzen. Man möchte natürlich gute Energien ken-

nenlernen und zum eigenen Vorteil verwenden. Umgekehrt kann man negative Energien nur dann abwehren, wenn man ihre Existenz überhaupt erst kennt.

Schließlich und endlich lassen sich vorhandene Vornamen, Familiennamen durch eine sogenannte Namenszahl entschlüsseln. Man erfährt durch eine solche numerologische Analyse, welche Eigenschaft zum Beispiel der eigene Namen hat. Vor allem bei den slawischen Völkern hat diese Namenszahl große Bedeutung. Zeigt sich, daß die Namenszahl auf ungünstige Eigenschaften deutet, so änderte man vor allem früher seinen eigenen Namen. Man legte sich einen neuen Namen zu, um bestimmten zukünftigen Arbeiten, Hoffnungen, Träumen besser folgen zu können.

Der Brauch, Namen zu ändern, ist uralt. Er findet sich heute besonders bei Künstlern aller Richtungen, Widerstandskämpfer, Politiker, im Untergrund abgetauchte Personen, bis hin zu Ganoven legen sich bei Bedarf neue Namen zu. Sehr oft wird dazu ein Numerologe eingeschaltet, um einen Namen zu entwickeln, dem man numerologisch die gewünschten Kriterien zuordnen kann. Namensänderungen finden statt, wenn jemand einem geistlichen Orden beitritt, wenn man Priester wird, der Papst nimmt einen neuen Namen an, ebenso kommt das bei Rabbinern, Weisen, Heilern, Sehern vor. Und, glauben Sie mir, es kommt viel, viel öfter vor, als wir uns vorstellen können.

Ungezählte Menschen sind sich also sehr wohl der Symbolik bewußt, die in Namen stecken kann. Mit einem neuen Namen erwirbt man auch ein neues Leben, neue Chancen, neue Hoffnungen und durchaus eine neue geistige, seelische, charakterliche Identität. Zahlen dienen dann dazu, um den Symbolgehalt eines alten oder neu zu wählenden Namens zu ermitteln. Das zählt übrigens zu den numerologischen Hauptarbeitsgebieten. Ein erfahrener Numerologe/Numerologin können durchaus aus einem Namen Charaktereigenschaften des Namensträgers ermitteln, ohne diesen je gesehen zu haben. Das wird in der freien Wirtschaft bei der Besetzung leitender Funktionen häufig so gehandhabt (ähnlich einem graphologischen Gutachten).

Numerologen ermitteln nicht nur eine Namenszahl, sondern auch eine sogenannte Herzzahl und darüber hinaus eine Persönlichkeitszahl. Beide Begriffe dienen erneut dazu, um noch mehr über einen bestimmen Namen und dessen Träger in Erfahrung zu bringen.

Ergänzt sei hier aber auch, daß eine Namensänderung primär dazu dient, um das eigene Karma zu verbessern. Es bedarf enorm großer numerologischer Erfahrung, um einen neuen Namen so zu definieren, daß dieses Ziel der Verbesserung des Karmas auch einwandfrei gewährleistet ist. Eine Verschlechterung des Karmas durch neue Namensfindung ist natürlich nicht der Sinn der Sache. Dieselben Überlegungen, die mit dem Namen, der Herzzahl, der Persönlichkeitszahl numerologisch angestellt werden, gibt es, wie könnte es anders sein, auch für das Geburtsdatum. Auch dieses ist Ziel von numerologischen Untersuchungen. Die Numerologie weist schließlich den Zahlen auch ganz bestimmte Farben, bestimmte Gesteine, bestimmte Mineralien und bestimmte Metalle zu. Sehr interessant darunter ist die Aufdeckung der Zusammenhänge zwischen Zahlen und Farben. Dabei geht es keineswegs nur um die Farben auf der Erde, sondern noch viel mehr um jene Farben, welche die Gestirne aussenden. Jede dieser kosmischen Farben ist für jedes Gestirn physikalisch präzise meßbar, definierbar und reproduzierbar. Es handelt sich um kosmische Gesetzmäßigkeiten von so großartiger Präzision, daß sogar der größte Skeptiker beginnt, an eine Allmacht, an Gott zumindest zu denken - an die ordnende Kraft, die über allem steht. Diese Farben des für uns sichtbaren Spektrums haben aber ganz bestimmte Auswirkungen, sind durch Zahlen, Frequenzen, Schwingungen, Amplituden wissenschaftlich definierbar und üben großen Einfluß auf Lebewesen und Natur aus. Diese positiven oder negativen Einflüsse werden inzwischen längst auch in der universitären Wissenschaft anerkannt und beschrieben. Sie beeinflussen das seelische und körperliche, sowie geistige Wohlbefinden von Menschen und Tieren, beeinflussen Wachstum und Ertrag in der Landwirtschaft, steuern die Milchproduktion von Kühen etc. etc.

Die Numerologie versucht auch hier wiederum, diese so wichtigen Zusammenhänge zu erfassen, darzustellen, begreifbar zu machen und zu nutzen. Der Nutzen liegt primär darin, positive oder negative Energien in Erfahrung zu bringen. Die Numerologie, diese Wissenschaft, auch Parawissenschaft, gehört zu den ältesten geistigen Disziplinen, die wir Menschen kennen. Es bedarf langjähriger Ausbildung und Schulung, um sie betreiben zu können. Wir haben hier versucht, Grundzüge der Numerologie darzustellen.

Buchstaben und Alphabet

Wir haben bisher gesehen, daß Buchstaben (und Runen) in der Welt der Zahlen und Symbole sozusagen beheimatet sind. Wir wollen daher eine kurze Übersicht über diese wichtigen Begriffe geben.

Buchstaben sind die Zeichen für einzelne Laute einer Sprache. Ursprünglich handelte es sich um Stäbe aus Buchenholz, um die Runenschrift abzubilden.

Das Alphabet stammt von den ersten zwei Buchstaben, von Alpha und Beta des griechischen Alphabets ab. Man versteht darunter das ABC, die gesamte Buchstabenreihe einer Sprache. Das Alphabet kann sowohl das Zeichen, als auch die Laute einer Sprache darstellen. Die Buchstabenfolge unseres Alphabets geht auf das griechische Alphabet zurück, das sich wiederum vom noch viel älteren semitischen Alphabet ableitete.

Die Schrift

Auch sie ist Bestandteil von Zahlen und Symbolen und soll hier kurz zumindest gestreift werden. Die Römer in Bayern hatten schon vor gut 2000 Jahren eine hohe Schriftkultur. Sie schrieben auf Steinplatten und Töpfen, auf Papyrus, auf Pergament, benutzten Tinte und metallische Schreibgeräte. Den Notizblock unserer römischen Vorfahren aber bildete eine Holztafel, mit Wachs beschichtet. In das Wachs wurde der Text mit einem Griffel geritzt. Diese Wachschrift konnte gelöscht, wiederholt, erneuert und korrigiert werden. Wachs und Holz standen reichlich zur Verfügung, dieses Schreibverfahren konnten daher defakto alle Leute nutzen und relativ einfach erlernen.

Unter dem Bgriff Schrift versteht man jene Zeichen, mit denen das gesprochene Wort festgehalten wird. Am Anfang der Entwicklung der Schrift standen Bilder, dann folgte die Silbenschrift, deren früheste Form auf Kreta entstand. Die Urschrift der von uns noch heute verwendeten Buchstabenschrift war die semitische Schrift, die in Ägypten entwickelt wurde. Die ältesten Schriftdenkmäler aus dieser semitischen Schrift sind auf das 13. Jahrhundert vor Christus datiert, also gute 3300 Jahre alt. Phönizier, Hebräer und Aramäer entwickelten diese semitische Buchstabenschrift fort. Über das antike Griechenland schließlich erreichte diese moderne Schrift das Römische Reich und gelangte so nach Mitteleuropa. Im Grunde genommen ist unsere Schrift, ist unser Buchstabenalphabet schon seit mehr als 2000 Jahren im Gebrauch. Die Änderungen sind nicht annähernd so bedeutend gewesen, wie man meint. Es hat sich nicht viel verändert. Als eigentlich doch erstaunlich, nicht wahr?

Den ersten großen Fixpunkt in der Geschichte der Entwicklung der Schrift, bildete Griechenland. Auf dem Boden der römischen Kirche wurde die lateinische (unsere) Schrift maßgebend, während im slawischen Bereich die kyrillische Schrift bis heute dominiert. Nur die Polen und die Tschechen schlossen sich als einzige slawische Völker der lateinischen Schrift an. Die ältesten römischen Schriften stammen aus dem 6. Jahrhundert vor Christus und gehören als Schriftsteine zu den großen Kostbarkeiten menschlicher Kultur. Schon zu Zeiten Roms entstanden auch die Großbuchstaben. Nach dem Abzug der Römer aus den Gebieten nördlich der Alpen, nach dem Zusammenbruch dieses einmaligen Großreiches, , verblieben die Reste dieser römischen Schriftkultur zum Beispiel im Süden des heutigen Deutschlands. In dieser Zeit, einige Jahrhunderte nach Christus, entstanden kurzfristig einige Schriftsysteme verschiedener Völker (Langobarden, Goten), die sich aber nicht halten konnten.

Um circa 780 nach Christus führten die Karolinger eine Schrift ein, die bis heute Gültigkeit hat: Die karolingische Minuskel. Insbesondere den Bestrebungen Kaiser Karls des Großen ist es zu verdanken, daß die karolingische Minuskel im ganzen Großreich dieses außergewöhnlichen Europäers vereinheitlicht und intensiv gelehrt, gepflegt, eingesetzt wurde. Die Größe von Kaiser Karls Reich, seine Blütezeit in geistig-wirtschaftlich-religiöser Hinsicht bildete den idealen Nährboden, um eine moderne Schrift flächendeckend verbreiten zu können. Diese karolingische Minuskel findet sich praktisch unverändert in der Buchstabenreihe unserer lateinischen Schreibschrift. Stilistisch haben die Buchstaben natürlich viele Formen durchlaufen, Gotik, Rennaissance, Humanismus prägten das Schriftbild. Das Grundgerüst der karolingischen Minuskel aber ist geblieben.

Die katholischen Klöster bildeten dann bis zur Säkularisation vor knapp 200 Jahren die Zentren von Schrift, Schriftkultur, Schriftgelehrten. Sie waren Stätten der Ausbildung und Lehre, der Fortbildung, der Archivierung (Bibliotheken) und der Verbreitung an geeignete Personen. Bei der Säkularisation (Aufhebung der Klöster und kirchlichen Betriebsformen) wurden nicht nur Blutbäder an Pfarrern, Nonnen, Ordensleuten angerichtet, sondern unersetzliche Schätze an Schriftdokumenten verwüstet, verbrannt, zerstört. Fachleute schätzen, daß gut 80% des in Klosterbibliotheken archivierten abendländischen Wissens damals auf ewig verloren gingen. Plünderung, Brandschatzung, rasender Mob zerstörten "flächendeckend" in Österreich und Deutschland den Großteil der europäische Schriftbestände, Schriftgeschichte und Wissensansammmlungen in Buchform. Es gibt da nicht den geringsten Anlaß, die Säkularisation als Positivum darzustellen, wie das von antiklerikalen Kreisen gerne nach wie vor versucht wird. Bei der Säkularisation wurden auch die meisten Sammlungen von Büchern über Zahlen, Zahlenmagie, Smbolik vernichtet. Die Klöster und kirchlichen Ausbildungsstätten archivierten dieses europäische Erbe bis zuletzt, setzten außerdem bei der Buchmalerei nahezu alle positiven Symbole als Schmuckbilder ein, sie pflegten diese alte Tradition, indem sie diese in den christlichen Alltag integrierten. Schätze sind damit unwiderruflich verloren gegangen. Der Haß jener Kreise, die hinter der Säkularisation standen, richtete sich primär gegen jene Fachleute, die mit Schrift, Zahlen und Symbolen umgehen konnten. Rein vordergründig war das ganze Unternehmen als antikirchlich deklariert worden, um eine angebliche Allmacht der Kirche(n) zu brechen. Bei genauer Betrachtung richtete sich die Wut des Mobs, der Plebs aber gegen die geistig-kulturelle Elite des eigenen Volkes. Diese Elite handelte und dachte damals gesamteuropäisch, nicht national-kleinstaatlich, war polyglott und international eingestellt.

Die Säkularisation bildete den Anfang vom miesen, schmutzigen Kleinstaaten-Nationalismus, der Europa schließlich mit einer Serie von Kriegen nahezu zerstören sollte. Damit ging auch sehr viel an Zahlen- und Symbolikwissen verloren. In vielen Bereichen sind wir heute nur noch auf Überlieferung und Legenden angewiesen.

Gar nicht geheimnisvoll: Die Runen

Kitschige Gemüter denken an nordisch-blonde Riesenweiber, die mit wogenden Brüsten und mit wallendem Blondhaar sich der Aufzucht zahlloser Blondlinge widmen, wenn von Runen die Rede ist. Die Wahrheit dagegen ist sehr sachlich und nüchtern-realistisch.

Das Wort Rune bedeutet "geheimnisvolle Botschaft" und soll mit dem deutschen Wort raunen verwandt sein. 24 Runenzeichen bildeten die älteste, bekannte germanische Schrift, die ersten 6 Zeichen wurden futhark genannt. Diese 24 Runenzeichen wurden mit Sicherheit auch als Zaubersymbole eingesetzt, vermutlich bei kultischen Handlungen, um Zukunft zu erfahren, um geheime Botschaften zu empfangen. Ganz toll finde ich dabei, die Zahl 24. Hier erkennen wir die 12 + 12, oder die 2 x 12, die 24 Stunden des Tages, die 12 Stunden von Tag bzw. der Nacht, hier erkennen wir aber auch auf Anhieb das Hexagesimalsystem. , das Sechziger Zahlensystem, das dem Zehnersystem an Genauigkeit haushoch überlegen wäre. Erst die technischen Geräte der allerjüngsten Zeit machen solche Behauptungen weniger wichtig, da im Computerzeitalter ein Dezimalsystem genau genug darstellbar ist.

Diese Runenschrift war hoch entwickelt. So wurde zum Beispiel jede Rune mit einem Eigennamen bezeichnet, dessen erster Buchstabe zugleich die Lautung der Rune bildete. Der Eigenname einer Rune war also gleichzeitig auch Lautschrift (phonetische Darstellung). Die Runenschrift wird in ihrer Entstehung auf den Zeitraum um Christi Geburt datiert. Völlig unklar ist, wo die Runen zuerst entstanden waren. Da schwanken die Meinungen zwischen Etrurien, dann der heutigen Gegend um Basel bis hin nach Dänemark und Ostsee. Runendenkmäler finden sich heute vor allem in überwältigender Fülle und Schönheit in Dänemark, Norwegen und besonders in Schweden. Ihr Alter erstreckt sich zum Teil bis gegen das 2. Jahrhundert nach Christus. Ebenso ist eine regelrechte Hochkultur der Runenschrift in Skandinavien bis weit gegen das 9. Jahrhundert nach Christus belegbar. Prachtvolle Runendenkmäler stammen sogar aus der Zeit nach der ersten Jahrtausendwende (Dänemark).

Das erste und älteste Runenalphabet hatte also 24 Runenbuchstaben. Später gab es auch Variationen mit 16 Runen (2 x 8) bestehend. Die unseren Buchstaben entsprechenden Runen des 24teiligen Runenalphabets waren:
f, u, p, a, r (R), k, g, w, h, n, i, j, p, y, s, t, b, e, m, l, n, g, d und o. Man kann davon ausgehen, daß die Runenschrift in einem beachtlichen Teil Europas, vor allem aber in Nordeuropa durch fast 1000 Jahre Standard war. Tausend lange Jahre, in denen Runen zum Alltag zählten. Das ist schon mehr als beachtlich. Mit Hilfe von Runen, Stabreimen, Runenliedern und Runen-Legungen wurden nahezu alle wichtigen spirituellen Fragen der Menschen behandelt. Einblicke in Vergangenheit, Gegenwart und Zukunft, Geheimnisse der Schöpfung, Leben, Liebe, Tod - es gab nichts, das nicht mit Runen gedeutet worden wäre. Es gab Runentänze, Runenorakel, Runenliteratur (besonders in Reimform) und lebendige Geschichte mittels Runenschrift.

Als großes Glück der Geschichtsforschung muß wohl gelten, daß die Runen in Steine geritzt, geschlagen wurden. Diese Runensteine überlebten ohne weiteres die Zeit bis zu uns und können nun von einer geheimnisvollen Welt berichten. Die ältesten Denkmäler der Runenschrift stammen aus Skandinavien, die jüngsten aus Norddeutschland. In abgelegenen Teilen Norwegens wurden Runen als Hausinschriften und Haussymbole noch bis im vorigen Jahrhundert an Bauernhäusern angebracht (eingeschnitzt in Holzbalken).

Bis heute ist es strittig, ob die Runen eine eigenständige Neuentwicklung waren, oder ob es sich um eine Umbildung des griechisch-lateinischen Alphabets gehandelt hat. Für beide Theorien gibt es Hinweise, aber auch Gegenargumente. Beides wäre durchaus vorstellbar. Immerhin, schon Tacitus berichtet in seiner "Germania" über Runenorakel.

Runen wurden weniger als Zeilen, dafür aber als sogenannte Schriftbänder "geschrieben". Beliebt waren schlangenartig gewundene Schriftbänder, oft sogar ineinander verflochten. Viele Runendenkmäler befinden sich auf Grabplatten in Schweden, von denen inzwischen tausende bekannt und beschrieben sind. Daraus geht eindeutig hervor, daß Runen keineswegs nur für magisch-kultische Zwecke verwendet wurden. Mittels Runen nannte man den Namen des Bestatteten, beschrieb Todesursachen, Todesort, Todesart und textete Flüche in den Stein, um Grabräuber abzuschrecken.
Ebenso finden sich auch magische Beschwörungsformeln und kultische Sequenzen auf derartigen Runendenkmälern. Der heutige Trend, in Runen nur Kultus und Magie zu sehen, um Heil und Heilung zu finden, ist meiner Ansicht nach schwer haltbar, da die Runendenkmäler auch ganz normale Anwendungszwecke demonstrieren.

Eines aber trifft auf diese Welt der Runen schon zu: Runenschriftbänder zeigen durchwegs eine reiche, schöne Ornamentik und eine prachtvolle Symbolik, die jeden in ihren Bann schlägt. Vielleicht sollten wir es so formulieren: Die einzelne Rune wirkt in ihrer Form schlicht und würdig. Die Rune als Schriftband dagegen beeindruckt durch unvergleichliche Ornamentik und Symbolik, wie sie von anderen frühen Schriften her nicht bekannt sind. Überaus bemerkenswert ist außerdem, daß Runen vorwiegend in Stein "geschrieben" wurden. Da ist durchaus eine tiefe Symbolik zu erkennen. Wurden bestimmte Steine als Schriftträger deshalb ausgewählt, weil man in diesen Steinen positive Energien erkannte? War die Auswahl geeigneter Steine eine weitere, uns unbekannte kultische Handlung? Bestand sogar zwischen der Runen-Inschrift und dem Stein als Schriftträger eine zusätzliche Verbindung, die in eine weitere (magische) Botschaft mündete? Wir wissen es nicht und werden es wohl nie mehr erfahren.

Warum wurden Runenschriftbänder, Runensteine nicht auch in jenen unzähligen Ländern hergestellt, welche von den damaligen Skandinaviern besucht wurden? Es gibt kaum eine europäische Küste, die nicht von jenen begnadeten Seefahrern zivil, gelegentlich auch kriegerisch besucht wurde.
Warum wurden zuhause Runensteine hergestellt, nicht aber beispielsweise in Süditalien? Runen und Runenschrift lassen jedenfalls mehr Fragen offen als uns lieb sein kann. Schade!

Ob man mit Runen wirklich so viele Heilungen bezweckte, ob man sie wirklich fast nur zum Suchen und Bündeln positiver Energien einsetzte, wie so oft behauptet wird, darf bezweifelt werden, kann auch nicht belegt werden.

Runen regen mit Sicherheit auch deshalb unsere Phantasie so sehr an, weil wir viel zu wenig über sie wissen. Der äußerst enge Zusammenhang zwischen Runen und Stein als Trägermaterial für die Schrift ist unübersehbar und darf niemals als Zufälligkeit gedeutet werden.

Schalensteine

Steine, Felsen, geformte Steindenkmäler gehören seit Urzeiten zu den großen kultischen Gegenständen des menschlichen Lebens. Allein aufgrund des relativ unverwüstlichen Materials stellen Steindenkmäler aus einer Zeit, die Jahrtausende zurückliegt, wichtigste geschichtliche Quellen dar.

Eine erstmalige lückenlose Erfassung, Kartierung und Vermessung aller Schalensteine in Südtirol, erfolgte durch meinen langjährigen Freund Dr. med. Franz Haller/Meran, mit dem ich viele Jahre auf das engste in anderen Disziplinen der Geschichtswissenschaft zusammenarbeitete. Über 50 Jahre forschte Haller an diesen Schalensteinen. Die Vermessung erfolgte durch Institutsvorstände der berühmtesten technischen Hochschule der Schweiz.

Neben vielen anderen Resultaten am Ende jahrzehntelanger Forschung stand unter anderem der Nachweis, daß die Anordnung der Schalen auf den Steinen dazu diente, um Entfernungen zwischen Erde und Gestirnen mit höchster Präzision vermessen zu können. Wohlgemerkt, diese Nachweise, führten Professoren, die ansonsten kühne Großbauwerke betreuten und denen jede esoterische Einstellung total fremd war. Im Jahre 1978 verlegten meine Frau und ich Hallers Lebenswerk bzw. gaben es heraus. Seither haben zahllose Leute, die meinten, "esoterisch" über Südtirol schreiben zu müssen, davon abgeschrieben, ohne je dieses Standardwerk der internationalen Schalensteinliteratur zu zitieren, ohne es quellenkundlich zu erwähnen.

Runensteine können ursprünglich ohne weiteres für ganz bestimmte mathematisch- astronomische Vorhaben angeordnet worden sein. Wenn man mehrere Runensteine, ebenso die Schalen von Schalensteinen, mit gedachten Linien verbindet, so entstehen mathematisch-geometrische Formen, die zu weiteren nüchternen Berechnungen führen. Uhrzeiten, Jahreszeiten, Mondphasen und Entfernungen zu Gestirnen konnten damit mit höchster Genauigkeit eruiert werden. Wer aber dazu fähig war, der konnte aber noch mehr leisten. Das ist meiner Ansicht nach eine Deutung zur Anordnung von Runendenkmälern, der große Wahrscheinlichkeit zukommt. Die Schalensteinforschung in Europa wurde durch Hallers Fundamentalwerk stark vorangetrieben. Zahlreiche Universitäten in Skandinavien und Rußland, sowie England konnten inzwischen Hallers und der Professoren Aussagen xfach belegen. Übrigens, diese Schalensteine entstanden mehrere Jahrtausende vor Christus!

2. Kapitel

Wissenswertes über die Symbole
Begriffe, Geschichte, Definitionen, Meinungen

Der Begriff Symbol stammt vom griechischen symbolon, was soviel bedeutet wie Verbindung, Übereinkunft, Kennzeichen. Ursprünglich meinte die griechische Antike damit ein Kennzeichen, das sich aus zwei oder mehreren Teilen zusammensetzte. Das griechische symbolon diente auch als eine Art von Ausweis, der meistens aus zwei Teilen bestand. Man konnte zum Beispiel zwei Personen je einen Teil geben. Bei einem Gespräch, bei der Abwicklung einer vertraulichen Angelegenheit, konnten sich beide Gesprächspartner dadurch gegenseitig legitimieren, indem sie die beiden Teile zusammenfügten. Dasselbe Verfahren wurde auch mit mehr als zwei Teilen des symbolons gemacht, falls die Anzahl der Gesprächspartner größer war. Dieses Verfahren zur Legitimation wurde in der griechischen Antike bevorzugt, um vertrauliche Dinge im Staats- und Geschäftsleben abzuwickeln. Aus diesem Urzweck entwickelte sich dann das uns bekannte Symbol.
Wir sollten heute den Begriff Symbol eher mit "Sinnbild" übersetzen. Ein Symbol zeigt Details, die auf den Inhaber des Symbols, oder die auf dessen Verwendungszweck deuten. Ein Maurermeister könnte zum Beispiel ein Maurerlot, eine Kelle, und einen Zollstab in einem Symbol verwenden.

Die Geschichte der Symbole ist also gut und gerne einige Jahrtausende alt, reicht aber bis in unsere heutige Zeit. Im modernen Geschäftsleben sprechen wir heute von einem Logo und meinen damit auch nichts anderes als ein Symbol. Das Logo eines Spediteurs zeigt beispielsweise grafische Elemente, die auf Schnelligkeit, Sicherheit und Zuverlässigkeit hindeuten. Das ist nichts anderes als ein Symbol.

Überlieferte Symbole wurden im Laufe der Zeit immer mehr umgewandelt, umgedeutet, oft auch aus geschmacklichen Gründen variiert. Oft ist dann der ursprüngliche Zweck verloren gegangen. Die Verwendung eines derartigen Symbols ist somit zur oberflächlichen Routine geworden, die nichts weiter bedeutet, als daß sich ein Mensch über eine bestimmte Darstellung freut. Ebenso legen Menschen in Symbole ihre eigenen, privaten Deutungen und Meinungen hinein. Hauptsache, man glaubt daran. Denn der Glaube versetzt bekanntlich Berge.

Ich erinnere mich noch sehr gut an meine Zeit als Knabe in der Volksschule, wenige Jahre nach Beendigung des Zweiten Weltkrieges: Jeder Skifahrer, egal ob alt, oder ob jung, mußte damals unbedingt einen Ullr tragen. Dieser Ullr (sprich: uller) bestand aus einer kreisförmigen Scheibe von ungefähr 5 cm Durchmesser, aus einfachem Metall gepreßt. Der Ullr war ein medaillenartiges Symbol, das zwei geprägte Seiten aufwies. Auf einer Seite sah man immer eine Darstellung des Ullr in Form eines urtümlichen Waldmenschen, aber mit Skiern und Stöcken. Die Darstellung war markig, dynamisch, voller Kraft. Auf der anderen Seite befanden sich Schmuckornamente und ähnliches mehr. Der Ullr wurde mit einem kleinen Lederriemchen am Hosenbund in einem Knopfloch befestigt. Wir alle, besonders wir Knaben, waren begeisterte Skifahrer und glaubten felsenfest daran, daß der Ullr uns vor allen sportlichen und alpinen Gefahren der Natur schützen wird und daß der Ullr uns zu erstklassigen Skifahrern machen würde. Wer zwei oder drei Ullr sein eigen nennen konnte, der war natürlich dreimal so oft geschützt.

Der Ull oder Ullr war ein altnordischer Kultgott. Er galt als exzellenter Schneeschuhläufer und Bogenschütze. In der nordischen Mythologie ist der Ullr der Stiefsohn des Thor. Damals, in den späten vierziger und frühen fünfziger Jahren, muß sich jemand mit der Herstellung von Ullr-Anhängern eine goldene Nase verdient haben. Diese Mode des Ullr zeigt uns aber auch ein schönes Beispiel über die unkomplizierte, ja liebenswerte Verwendung von Symbolen in der heutigen Zeit.

Frühgeschichtliche Vorstellungen über Symbole besagen aber auch, daß das Symbol in sich, durch seine Darstellungen über einen Bildzauber verfügen würde. Dieser Bildzauber ist bis heute wesentlicher Bestandteil des Symbols an sich geblieben und man sollte das nicht als "primitiv" abtun, wie das so gerne von unseren sogenannten Wissenschaftlern, die primär Universitätsbeamte und weniger Forscher sind, gehandhabt wird.

Da offenbart sich eine unglaubliche Meinungsarroganz, ein dumm-kolonialistisches Gehabe. Der innere Gehalt eines Symbols kann, darf und soll auch in heutiger Zeit sozusagen eine Art von Bildzauber, von magisch-positiven Kräften beinhalten. Wesentlich, das aber dann wirklich, ist, daß der Besitzer des Symbols sich niemals seelisch von solchen Vorstellungen abhängig machen darf. So lange ein Symbol Bestandteil unseres Lebens, der Kunst, der Ästhetik ist, ist alles in Ordnung. Wer dagegen mit abstrusen Überlegungen menschliche Abhängigkeit schafft, handelt beinahe kriminell. Der Weg zu kriminellen Sekten ist dann nur noch sehr kurz. Also bitte alles mit Maß und Ziel.

Im Laufe der Geschichte hatten Symbole oft noch eine ganz andere Bedeutung: Sie dienten dazu, um einander zu erkennen. In den Zeiten der Christenverfolgungen, verwendeten die im Untergrund lebenden Christen bestimmte Symbole, um einander zu erkennen. Das war im wahrsten Sinne des Wortes lebensnotwendig, da das Erkanntwerden durch einen nichtchristlichen Römer durchaus den Tod bedeuten konnte.

Sobald Menschen gezwungen sind, Geheimgesellschaften zu gründen, um bestimmte, auch legitime Ziele zu verfolgen, so lange wird es Symbole als Erkennungszeichen und Schutz geben. Demzufolge haben beispielsweise fast alle Widerstandskämpfer in den besetzten Staaten Europas während des Zweiten Weltkrieges Symbole verwendet. Der Großteil militärischer Symbole, die an Uniformen und Kappen getragen werden, gehen übrigens auf derartige Erfahrungen zurück. Das vorerst versteckt geführte Symbol ist klein, unauffällig und nur bei Bedarf sichtbar. Wenn die "eigene Bewegung" schließlich die Oberhand gewinnt, werden dieselben Symbole größer, farbenfroher und zuletzt führt man sie beispielsweise auf der Kappe als Kokarde.

Es gibt heidnische Symbole; christliche Symbole; jüdische Symbole; Symbole bestimmter Religionsgemeinschaften; Tiersymbole gibt es, weiters Pflanzensymbole, Farbensymbole, Zahlensymbole, allegorische Symbole, Berufssymbole (z. B. Handwerkszeichen), um nur die wichtigsten zu nennen.
Erwähnen sollten wir hier auch die Existenz der "chemischen Symbole", auch wenn sie nicht Inhalt dieses Buches sind.

Unter Symbolik versteht man erstens die Lehre über die Symbole und zweitens deren Anwendung. Ursprünglich war die Symbolik ein Zweig er Theologie, der sich vor allem mit den Glaubensbekenntnissen einer bestimmten Religion befaßte. Inzwischen ist die Symbolik aber nicht mehr nur auf die Theologie beschränkt. Die evangelische Symbolik hat eine große Tradition und beschäftigt sich intensiv mit den Bekenntnisschriften der Augsburgischen oder der Helvetischen Konfession. Hier zeigt sich letztlich auch, daß diese evangelisch-kirchliche Anwendung der Symbole und Symbolik versucht, den (kirchlich-religiösen) Dingen auf den Grund zu gehen.

In folgenden weiteren Begriffen finden wir ebenfalls den Begriff Symbol. Wir wollen das der Vollständigkeit halber anführen: Symbolische Bücher einer bestimmten Religionsgemeinschaft sind die Bekenntnisschriften;

Symbolisieren heißt, etwas bildlich darzustellen; der Symbolismus - in der Bildenden Kunst - bedient sich der Symbole zur maßlosen, künstlerischen Übertreibung - der Begriff ist heute eher negativ besetzt; die Symbolisten waren Anhänger einer französischen Dichterschule der zweiten Hälfte des 19. Jahhunderts, die sich auch der Malerei bemächtigten. Der Symbolofideismus diente früher zur Betonung des bildlichen Charakters religiöser Vorstellungen. Das Symbolum Quicunque war das Athanasische Glaubensbekenntnis.

Nach dem bisher Gesagten unterscheiden wir in großen Zügen zwischen dem Symbol zur Abbildung bestimmter Dinge des künstlerischen Geschmacks und zwischen Symbolen, denen eine gewisse Kraft, Wirkung zugeschrieben wird. Zu letzteren zählen auch die religiösen Symbole.

Hochinteressant sind schließlich die Symbole des Unbewußten, die erstmals von Siegmund Freud entdeckt und erforscht wurden. Diese Symbole des Unbewußten treten vor allem im Traum auf und sollen Rückschlüsse auf die uns unbekannten Tiefen, auf das Unbewußte, vermitteln. Die Symbole des Unbewußten gehören inzwischen längst zu den grundlegenden Elementen der Tiefenpsychologie, der Traumdeutung und der Psychoanalyse.
Bei den Symbolen des Unbewußten sehen wir auf Anhieb, daß die Dinge eben doch nicht simpel sind, sondern daß es durchaus ernsthafte Querverbindungen gibt, die eine Brücke zwischen Bewußtsein und Unterbewußtsein ergeben. Wer hätte das von den Symbolen so gedacht?
Schon diese kurzen, einführenden Betrachtungen über Symbole beweisen erneut, daß die "große Vereinfachung" und daß die "großen Vereinfacher" meistens irren. Ganz abgesehen davon, daß eine Vereinfachung sich gefährlich auswirken kann, da man die Dinge viel zu oberflächlich sieht.
Die Verwendung von Symbolen diente zu allen Zeiten bis heute auch dazu, um Präsenz zu demonstreieren. Staaten zeigen ihre symbolträchtigen Wappen an den Grenzen, Militärs lieben den Fahnenkult (= Farbsymbole), und die römischen Legionen huldigten den Göttern, indem sie an allen ihren Standorten Symbole der Kriegsgötter Mars und Victoria errichteten. Beliebt waren zur Zeit des römischen Weltreiches auch die Symbole von Apollo (Gott der Künste und der Medizin), der Venus (Göttin der Schönheit und Familie).

Insgesamt aber darf man heute schon sagen, daß die Symbole bezüglich ihrer magischen Kraft und Ausstrahlung stark zurückgedrängt wurden, was keineswegs positiv ist. Dazu ein kleines Beispiel: Bergsteiger, Wanderer, Reisende bekreuzigten sich noch vor wenigen Jahren vor jedem Kruzifix, jedem Bildstöckl, jedem Marterl, das sie antrafen. Die Bekreuzigung galt (und gilt) primär dem Kruzifix, dem Gekreuzigten Christus. Wir sprechen von Kreuzverehrung. Ein schöner alter Brauch tiefer Gläubigkeit, aber auch des Schutzsuchens, des Innehaltens und des Anhaltens.

Der Christ hält Zwiesprache mit Gott, der Wanderer bittet um Schutz auf seinen Wegen, denn Wanderer sind wir alle zwischen Geburt und Tod. Das Anhalten, um zu beten, sich zu bekreuzigen kommt immer auch einem Innehalten gleich. Geist, Seele und Körper ruhen sich kurz aus, kommen zur Besinnung. Wir nehmen Abstand von den Tagesgedanken, vom vielleicht mühsamen Tagesgeschäft, wir bekommen Distanz zu den allzu irdischen Sorgen. All das ist Balsam für die Seele. Wir werden nachdenklicher, verlieren die Oberflächlichkeit und sehen die Dinge von zwei Seiten. Wir ziehen daraus persönlichen Nutzen.
Aber immer weniger Menschen wissen überhaupt noch, was Kreuzverehrung bedeuten kann. Achtlos gehen sie an den großen, uralten Symbolen des Christentums vorbei. Ihre Seele bleibt kalt, gleichgültig, herzlos. In kurzer Zeit werden daraus Menschen, die anstelle eines Herzens einen Stein haben, denen Kinder, Mitmenschen, Alte und Behinderte so gleichgültig sind wie nur irgendetwas.

Sehr oft noch wurden diese religiösen Symbole mit weiteren Symbolen verknüpft: Das Kruzifix wird zusätzlich mit einer kleinen Muttergottesstatue geschmückt; ein Heiligenbild gesellt sich dazu - und Frauen der Umgebung stellen Feldblumen in einem simplen Einmachglas zu Füßen des Gekreuzigten auf. Was für Symbole - das Kreuz, der Gekreuzigte (und Auferstandene; Reinkarnation?) - Bilder von Heiligen mit Heiligenschein (Aura!) - Blumen als Symbol des Lebens und des Friedens (die Unschuld der Blume!). Beliebt auch die Kombination des Kreuzes mit St. Christophorus, der einen Bach überquert, das Jesukind auf den Armen tragend. Und die Figurendarstellung von einem Heiligenschein umgeben. Der Bach symbolisiert hier den Grenzfluß zwischen dem Leben und dem Tod. Der Bach symbolisiert auch, daß alles Leben fließt, der Bach ist Anfang ohne Ende und umgekehrt.

Der Heilige Christophorus symbolisiert außerdem den Wanderer, den Pilgersmann: Wir alle sind Wanderer und Pilger und wir wissen nicht, wohin unser Weg fahren wird. Wir benötigen himmlischen Schutz, Gnade und Heil. Unsere Seele würde ansonsten erstarren. Was für eine tiefe Symbolik steckt doch in diesen Symbolen drinnen. Menschen, die das nicht erkennen, sind arme Wesen, voller Ängste, Unsicherheiten und seelischer Kälte. Fast immer kennen diese Menschen nur sich selbst, ihr Lieblingswort ist "Ich". Kirchliche Werte sind durchwegs auch moralische, positive Werte.

Indem wir die zugehörigen Symbole respektieren, besser gesagt akzeptieren, nehmen wir diese positiven Wertvorstellungen in uns auf. Wenn wir diese Werte ignorieren, verroht unsere Seele.

Zahlen und Symbole in der Küche

Schon immer beschäftigten sich die Menschen sehr intensiv mit der Zubereitung von Speisen, früher mehr als heute und meist mit mehr Liebe und Ausdauer. Dabei war es einerlei, ob es für die tägliche Ernährung oder für besondere festliche Anläße war.

Das nachfolgende Kapitel stammt von Rosemarie Mann. Sie ist eine Fachautorin, die über alle Themen der Ernährung publiziert. Sie hat sich speziell mit den Aspekten der Symbole bei der Herstellung bestimmter Speisen beschäftigt.

Heute in der modernen Zeit muß alles sehr schnell gehen, während man sich früher genau überlegen mußte, was man wann und zu welchem Anlaß machte. Die Tradition wurde bewahrt. In früheren Zeiten haben die vielen Feiertage und die Verehrung zahlreicher Heiliger das Jahr brauchtumsmäßig und auch kulinarisch abwechslungsreich gestaltet.

Besonders viel Mühe gab man sich mit den Gebäcken. Sie behielten ihre Form auch nach dem Backen und waren länger haltbarer als Speisen. Häufig war ihr Aussehen mit einer gewissen Symbolik verbunden, und der damalige Symbolglaube wurde mit eingebacken. Gemeint sind damit speziell die Brauchtumsgebäcke bzw. die Gebildbrote, die nur zu besonderen Anlässen und Festtagen gebacken wurden. Alle diese Gebäcke haben einen bestimmten Ursprung und eine individuelle Bedeutung. Was es damit auf sich hat, wird nun an einigen Beispielen durch Rosemarie Mann dargelegt.

Ulmer Spatz

In Ulm und um Ulm herum, nämlich auch im Allgäu und im gesamten Bodenseegebiet, gibt es ein fröhliches Erinnerungs-Gebildbrot. Der

Ulmer Spatz ist ein Laugengebäck, das auf folgende Art entsteht: Ein Teigstück wird ausgelängt, so daß ein Strang ensteht. Daraus wird ein Knoten gemacht. Das eine kürzere Ende wird zugespitzt und das andere längere Ende wird so aufgeteilt, daß die Form eines Vogels entsteht. In das zugespitzte Ende, dem Schnabel des Vogels, wird quer ein Streichholz eingedrückt.

Dieses lustige Gebäck soll stets daran erinnern, daß beim Bau des Ulmer Münsters die Handwerker tatsächlich versuchten, ohne Erfolg, mit einem starken Balken quer durch eine Fensteröffnung zu kommen.

Fliegendes Fleisch

40 Tage nach Ostern ist Christus in den Himmel aufgefahren. Dieser hohe Feiertag heißt auch heute noch Christi Himmelfahrt. Neben kirchlichen Bräuchen gab es an diesem Tag auch kulinarische.

In Altbayern und im Bayerischen Wald gab es in übertragenem Sinn das sogenannte fliegende Fleisch. So gab es nichts Schwimmendes oder Laufendes, sondern nur Hühner, Brathendl, Ganserln und Tauben, also nur Geflügel.

Diese Vögel symbolisierten die Auffahrt des Herrn und man nannte sie auch Auffahrts- oder Himmelfahrtsvögel. Wenn kein Geflügel vorhanden war, dann wurden sogenannte Brotvögel, also vogelartig geformte Brotlaiberl, aus einem mit Rosinen versehenen und gewürzten Teig gebacken. In manchen Allgäuer Gegenden wurden diese Brotvögel nach der festlichen Nachmittagsandacht als Spende des Wirts im Gasthaus verspeist.

Ganz pfiffige Bäcker erfanden ein Mittelding zwischen fliegendem Fleisch und Brotvögeln. Sie wurden falsche Tauben genannt und waren entweder mit Fleisch gefüllte Semmeln oder in Brotteig eingebackene Fleischknödel.

Diese herzhaften Gerichte hatten es in sich und waren bald ein beliebtes, ordentliches Herrenessen, ein spezielles Himmelfahrtsessen mit vielen Heil- und Würzkräutern. Mit der Zeit hat sich dann, nicht zuletzt durch norddeutschen Einfluß, aus dem Herrenessen die sogenannte Herrenpartie am Himmelfahrtstag ergeben. Durch das zunehmende Eingreifen der Wein- und Spirituosenindustrie wurde aus dem Festtag der altbekannte Vatertag.

ABC-Gebäck

Es stand für die Buchstaben-Gebildbrote des gesamten Alphabets, und zwar in großen und in kleinen Buchstaben. Sie wurden aus süßem Gebäckteig hergestellt und waren besonders für Kinder als Belohnung gedacht. Diese fühlten sich bemüßigt, schnell lesen zu lernen, und sich in der Schule anzustrengen. Schon römische Lehrer belohnten ihre Schüler für gutes Lesen mit dem ABC-Gebäck. Und Eltern beschenkten ihre Kinder zum Schulanfang damit. Das waren die Vorläufer der Schultüten für Erstklässler. Schultüten gibt es zwar heute noch, doch hat deren Inhalt nur selten mit dem früheren Brauch zu tun.

Nicht nur als wohlschmeckende Belohnung war das ABC-Gebäck beliebt, sondern auch wegen seiner magischen Kräfte. Durch seinen Genuß sollten die Lernbegierde und das Auffassungsvermögen gesteigert werden. So bekamen die Buben vor dem ersten Schultag im Badischen alle Buchstaben, die groß und kleingeschriebenen, zu essen. Besondere Zauberkraft hatten die Buchstaben, wenn sie kleingedruckt waren, und mit einem Ei, das am Karfreitag gelegt war, vermischt wurden (früher begann das Schuljahr nach Ostern). Aber auch Stubenvögel bekamen ABC-Gebäck fein zerteilt ins Futter gemischt. Dadurch sollten die Vögel schneller und schöner singen lernen.

Große Zauberkraft wurde dem Gebäck auch in Irland beigemessen: Der heilige Columban, der auch am Bodensee missionierte, bekam von seinem Lehrer einen Kuchen, auf dem das ABC geschrieben war. Nach dessen Verzehr konnte der heilige Columban plötzlich alles lesen und in Vertretung von seinem abwesenden Lehrer das Misericordia Dei in der Kirche singen.

So ganz vergessen ist das ABC-Gebäck auch heute noch nicht. Denken wir an das sogenannte "russische Brot", das aus lauter Einzelbuchstaben besteht. Schade, daß es seine frühere Bedeutung verloren hat.

Neunkräuterküchlein

Die meister Kräuter gibt es im Sommer. Wenn sie zart und frisch sind, haben sie natürlich auch ihre stärkste Heil- und Zauberwirkung. Man muß sie nur zur richtigen Zeit sammeln und genießen. Eine magische Bedeutung hat hierfür der Johannistag bzw. die Sommersonnenwende am 24. Juni.

Für die Neunkräuterküchlein sollten die neunerlei Kräuter am Johannistag gesammelt werden. Trifft das zu, so haben sie dann besonders starke Schutzkraft gegen Hexen und Zauberei, gegen Blitzschlag und den bösen Blick. Übrigens ist die Zahl neun neben der Zahl sieben eine heilige Zahl, der große Zauberkraft beigemessen wird.

Für die Neunkräuterküchlein wurden die Blätter von neun verschiedenen Kräutern in einen dünnflüssigen Ausbackteig getaucht und in heißem Fett ausgebacken. Beliebt waren Kräuter wie Brennessel, Gundermann, Holunder, Kuckucksklee, Rauke, Sauerrampfer, Beinwellblätter, Weinblätter und Löwenzahnblätter. Natürlich konnten auch andere Kräuter genommen werden, aber es mußten Grüne sein.

Martinshorn

Am 11. November wird überall das St. Martinsfest gefeiert. St. Martin ist einer der bekanntesten und beliebtesten Heiligen, weil er gleichzeitig einen Namen als Märtyrer, als Heiliger, als Wetterprophet und als Bischof hat. Er war in Ungarn geboren und lebte die meiste Zeit in Frankreich. Er war der Gönner der Armen, weil er seinen Mantel mit einem Bettler teilte. Deshalb erkoren die Schneider ihn auch zu ihrem Patron. Es hat sich im Volksbrauch so durchgesetzt, daß an seinem Ehrentag die sogenannte Martinsgans verzehrt wird. Wer macht das nicht gerne, denn wer eine Gans an St. Martin ißt, hat das ganze Jahr über Geld. Das wichtigste Gebäck an diesem Tag war das Martinshorn. Es gab es mit Nußfüllung oder einfach so, nur sehr groß mußte es sein. Es mußte so groß wie ein Hufeisen sein, denn es sollte die Nachbildung des Hufeisens des Pferdes von St. Martin darstellen.

Spekulatius

Beim Spekulatius handelt es sich um ein Bildgebäck, das aus der holländisch-rheinischen Gegend stammt. Es ist am Nikolaustag, der ja besonders in Holland gefeiert wird und bei uns zur Weihnachtszeit nicht mehr wegzudenken. Wurde der Spekulatius-Teig früher mit Honig zubereitet, so ist dieser im Laufe der Zeit durch Zucker ersetzt worden. Auch gab man gerne in den Teig verschiedene Gewürze wie Nelken und Kardamom. Der Teig wird auch heute noch in verschiedenen Modeln mit den unterschiedlichsten Motiven vom heiligen Nikolaus bis hin zum modernen Auto versehen.

Daß der Nikolaus oft abgebildet wird, hat auch etwas mit dem Namen zu tun. Die einen sagen, der Name Spekulatius kommt von Spekulator, dem Späher. Es gab einen Bischof namens Nikolaus, der neben seiner Aufgabe als Kirchenoberhaupt sich auch als Kinderbischof betätigte. Er schaute durch die Fenster nach den Kindern, ob sie auch brav waren und eine Belohnung verdienten. Die zweite Auslegung kommt von dem lateinischen Wort "Speculum" und bedeutet Spiegel. Es war ja ein buntbemaltes Modelgebäck mit einer Schauseite, das in Holland **am** Nikolaustag verspeist wird.

Holunderküchlein

Es gilt auch heute noch als eine Delikatesse und man darf sich glücklich schätzen, wenn man eines angeboten bekommt. Das Holunder- oder Hollerküchlein ist ein Brauchtumsgebäck, das seine stärkste heilsame Kraft zur Sommersonnenwende hat. Die ist bekanntlich im Juni, und in diesem Monat blüht auch der Holunderbusch. Im Volksglauben gilt der Holunderbaum als heilig und unverletzlich. In Süddeutschland und in Österreich nennt man ihn Hollerbaum oder Hollerstauden. Die guten Dämonen, die Haus und Hof beschützen, haben darin ihren Sitz.

Holunder ist ein gutes Heilmittel gegen viele Krankheiten. Eine ganz besondere Wirkung hat er am Johannistag. Wird an diesem Tag um 12 Uhr mittags eine in Butter gebratene Holunderdolde unter der Feueresse, dem Sitz der Hausgeister gegessen, dann bekommt derjenige in den folgenden Jahr kein Fieber und bleibt das gesamte Jahr gesund... Außerdem verleiht das Hollerküchlein dem Genießer die Kraft, am höchsten über das Johannisfeuer zu springen. Kein Wunder, denn der Ausbackteig für die Hollerblüten wird mit Weißwein, statt mit Milch angerührt.

St. Galler Brotschneck

Dieses Gebildgebäck dürfte eines der ältesten sein. Sein Ursprung geht bis in das 9. Jahrhundert nach Christus zurück. Auf einer Elfenbeintafel im Kloster St. Gallen befindet sich die älteste, erhaltene Brotdarstellung der Schweiz. Es gibt dazu eine Legende, die folgendes besagt:

Der heilige Gallus belohnt seinen Bären, der ihm das Bauholz herbeigeschafft hatte, mit einem Brot. Auf der Tafel wird die Brotübergabe gezeigt.

Dem Brot kam schon immer im Kloster von St. Gallen eine große Bedeutung zu. Bei einem Erweiterungsbau des Klosters (816 - 837) wurde nach alten Berichten der Backofen so vergrößert, daß 1000 ringförmige Brote auf einmal gebacken werden konnten. Im Kloster wurde besonders gerne ein Brot gebacken, das schön locker und knusprig war. Es wurde St. Galler Brotschneck genannt, und war der Zeit entsprechend sehr praktisch. Man konnte das Brot in mundgerechte Bissen von der Schnecke herunterbrechen. Dafür wurde aus Brotteig zuerst ein langer Strang geformt, der dann zu einer großen Schnecke aufgerollt und gebacken wurde.

Gründonnerstagskringel

Dieses Gebäck war einst in Ostpreußen beheimatet, hat sich aber inzwischen fast in ganz Deutschland ausgebreitet. Leider nur heute dort, wo noch das Brauchtum vergangener Zeiten eingehalten wird. Die von den Bäckern gebackenen Kringel wurde von Frauen oder jungen Männern in der Umgebung und vor allem in entfernten Dörfern verkauft. Je nach Gebiet und landwirtschaftlichem Einfluß waren sie in der Zusammensetzung der Zutaten und in der Form leicht unterschiedlich. Meistens handelte es sich um runde Kringel oder Brezel in verschiedenen Größen. Die einen waren mit Rosenwasser, Anis oder Marzipan und mit Zuckerguß überzogen, oder mit gehackten Mandeln bestreut.

Den Gründonnerstagskringeln sagte man eine gewisse Zauberkraft nach. Sie galten auch als Mittel gegen Durchfall und Fieber. Man mußte dafür die Kringel 1 Jahr lang aufheben und nur ein kleines Stückchen abschaffen und einnehmen.

Osterei

Das Ei hat seit eh und je schon viele Denker und Gelehrte beschäftigt, die nicht zweifelsfrei klären konnten, was nun zuerst da war: Das Ei oder die Henne. Man entschied sich für das Ei und so kommt ihm bis heute die allerhöchste Bedeutung für neues Leben zu. Es kann Leben in jeder nur erdenklichen Form entfalten und birgt so in sich eines der größten Geheimnisse der Schöpfungsgeschichte. Was den wenigsten bekannt ist: Das Ei hält auch dem Vergleich mit dem Weltall und den 4 Elementen stand, sieht man die Rundung der Schale als das Himmelsgewölbe und den Dotter als das Feuer, das Eiweiß als Wasser, die Blase darüber ist die Luft und die Schale der Erde.

Warum das Ei gerade zu Ostern so verehrt wird, hat viele Gründe. Ostern gilt als Auftakt des Frühlings, als Abschied vom Winter, wo die neue Garten- und Feldarbeit beginnt und das Grün in der Natur erwacht. Ostern gilt ebenso als christliches Hochfest und als religiöser Höhepunkt. Es kann wieder neue Hoffnung geschöpft werden, Freude und Genuß lösen die lange Fastenzeit ab. Der Hauptgrund jedoch ist ganz einfach, denn in der Frühlingszeit ist der Eieranfall höher als sonst. Schon Mitte des 17. Jahrhunderts erwähnte der altbayerische Pfarrherr Andreas Strobel das Osterei. Inzwischen ist es Ausdruck österlicher Gaben und hat viele lustige Bräuche hervorgerufen.

Schon in frühen Jahren galt ein gefärbtes Ei als Glücksbringer, als Liebesbote und Orakel. Die rote Farbe spielte dabei eine besondere Rolle. Seit 1630 wissen wir, daß Ostereier bei uns verschenkt werden. Warum man sie rot färbte, liegt daran, daß Rot die Farbe des Herzblutes ist. Deshalb mußten die Sendboten des Herzens rot sein. So gefärbte Eier wurden zuerst an die Patenkinder, Bedienstete und Dienstleistende wie Postboten oder Kaminkehrer verschenkt. Es war zu empfehlen, daß auch ein Mädchen seinem Freund beim Abendbesuch ein rotgefärbtes Ei gab, denn dann konnte sie damit rechnen, daß sie bei Hochzeiten und Kirchweih einen lieben Tanzpartner hat.

Im Laufe der Jahre wurden die Eier immer bunter. Es gab nicht nur verschiedene Farben und Ornamentik. Sie wurden mit lustigen Sprüchen versehen und bis heute gibt es wahre Verzierungskünstler. Auch gibt es Nachbildungen des Ostereis aus Gold, Silber, Halbedelsteinen, Holz und vielen anderen Materialien.

Ein lustiges Kinderspiel mit hartgekochten Eiern ist das sogenannte Eierpecken. Zwei Kinder pecken mit den Eispitzen gegeneinander. Wessen Ei ganz blieb, hatte gewonnen und bekam einen kleinen Preis. Wehe dem, der meinte ganz schlau zu sein und ein Gipsei nahm. Wurde er dabei erwischt, mußte er alle Preise abgeben und wurde verprügelt.

Gebackene Handschuhe

Früher wurde ein Hochzeitsvertrag mit Handschlag zwischen Brautvater und Bräutigam besiegelt. Als Symbol dieser Geste wurden Handschuhe als Modelgebäck gebacken. Sie sind ein sehr interessantes Hochzeitsgebildbrot. Der Braut wurde nämlich stellvertretend für die Hand und als Zeichen der Treue vom Bräutigam der gebackene Handschuh als bleibendes Unterpfand überreicht. Weiterhin galt dieser Handschuh auch als Zeichen dafür, daß nach der Hochzeit das, was ihm gehört auch ihr gehören wird und natürlich umgekehrt.

Kastlbrot

Für das Hochzeitspaar wurde in Niederbayern das Kastlbrot als Beigabe zur Hochzeit gebacken. Von dem Brautpaar wurde es als Heilbrot für alle Notfälle im Wandschrank aufgehoben. Kam es vor, daß es zu Schimmeln begann, dann war das kein gutes Omen. Schimmelte es zuerst auf der Unterseite, dann mußte die Frau damit rechnen, daß sie zuerst starb. War der Schimmel zuerst auf der Oberseite zu sehen, dann überlebte sie ihren Mann.

Marterbrot

Es ist ein Gebildbrot der Karwoche. Es wurde speziell für Karfreitag oder am Karfreitag gebacken. Obwohl dieser Tag der Trauer der Kirche gehörte, und jede Art von Lärm und Beschäftigung vermieden werden mußte, ließ man sich das Backen nicht nehmen. Es wurde das sogenannte Marterbrot, ein schlichter Laib aus Hefeteig, oder das Kreuzbrot aus Semmelteig gebacken. Es wurde so eingeschnitten und die Enden aufgebogen, daß sie aussahen wie Kreuze. Durch ihre Form sollten sie an den Kreuzestod Christi mahnen. Dieses Kultgebäck wurde bereits auf einer Darstellung des Abendmahls im Codex Egberti aus dem 10. Jahrhundert abgebildet. In manchen Gegenden wurden diese Gebäcke das Jahr über aufgehoben, weil sie so vor Krankheit und Feuer schützten.

Allgäuer Funkenring

Hierbei handelt es sich um ein bekanntes Brauchtumsgebäck zur Fastenzeit aus dem Allgäu. Zum Funkensonntag, dem 1. Fastensonntag, wird der Funkenring in größerer oder kleinerer Form als Küchlein gebacken. Entweder ist der Funkenring ein in Schmalz ausgebackener geflochtener Kranz oder ein aus Laugenteig gedrehter Ring. Nach dem Sieden in der Lauge bekommt der Ring nochmals eine Schicht aus frischem Teig. Beim Backen in heißem Schmalz bricht die Oberfläche auf und ähnelt durch das zackige Äußere einem flammenden Funkenring. Am Funkensonntag werden viele Frühlingsfeuer gemacht.

Gleichzeitig ist der Funkenring auch ein Liebesgebäck. Junge Mädchen verschenken die Funkenküchlein an die Burschen, die sie in den Fasnachtstagen zum Tanz geführt hatten. Die Mädchen sollten die Küchlein nicht selbst essen, es sei denn, sie wünschten sich viele Kinder.

Lebkuchen

Er ist eines der ältesten Weihnachtsgebäcke und er wird auch fast ausschließlich um diese Zeit gegessen. Der Name wird von dem lateinischen Wort librum, das ist der Fladen, abgeleitet. Lebkuchen gibt es so lange, wie es schon Honig gibt und der gehört zu den ältesten Nahrungsmittel des Menschen. Die einfachste Form des Lebkuchens ist Mehl und Honig miteinander zu verkneten, den Teig flach zu drücken und zu backen. Erst später kamen die vielgeliebten Gewürze aus Ostasien dazu.

Zuerst wurden die Lebkuchen von Nonnen in den Klöstern hergestellt, aber bald bildete sich ein eigenes Gewerbe, das Lebzelterhandwerk. Schon vor einigen Jahrhunderten erkoren die Lebzelter die Stadt Nürnberg zu ihrem Hauptsitz. Durch die günstigen Boden- und Klimaverhältnisse gab es dort hervorragenden Honig. Außerdem blühte in Nürnberg traditionell der Handel und man kam leicht an die beliebten exotischen Gewürze heran. Nürnberg ist auch heute noch die Hochburg der Lebkuchenherstellung.

Ursprünglich waren die Lebkuchen von ganz einfacher Form, bis es die ersten Formstecher gab. Als besonders fortschrittlich galt es, als die Lebkuchen mit Mandeln und Nüssen verziert wurden. Bei vielen Lebkuchenbäckern wurde natürlich auch der Kunstsinn geweckt. Es gab so immer mehr schöne, aus Holz geschnitzte oder auch Ton geformte Modeln.

Die schönsten Stücke kann man heute in Museen besichtigen. Die so verzierten Lebkuchen mit den prachtvollen Bildmotiven wurden auch gerne als Andenken oder Zimmerschmuck aufgehoben. Besonders beliebt wurden später die mehr oder weniger großen Lebkuchenherzen mit den aufgespritzten Liebesbeteuerungen auf den Jahrmärkten. Gibt es ein schöneres Symbol der Liebe und Verehrung? Natürlich wurde dem Teig des Lebkuchens besondere Wunderkraft zugeschrieben, Enthält er doch viele gute Zutaten.

Lebkuchen symbolisieren Fruchtbarkeit und reiche Ernte. In der

Schweiz werden am Weihnachtsabend in manchen Bergkantonen Lebkuchen von Mann und Frau gemeinsam als Zeichen der Verbundenheit gegessen. Dadurch würden sie auch im nächsten Jahr friedvoll miteinander leben. Einen Beweis gibt es dafür aber nicht.

Lebkuchen waren auch mit einem positiven Heilzauber belegt. Aß man sie nach einem bestimmten Ritual, so vertrieben sie das böse Fieber oder Rückenschmerzen traten nicht mehr auf.

Gebildbrote

Sie werden mit freier Hand oder auch mit Modeln reichhaltig gestaltet. Ihre Motive sind häufig kultischen oder religiösen Ursprungs. Man findet Gebildbrote als Grabbeigaben schon bei germanischen Volksstämmen, sowie bei den Ägyptern. So hat man auf Menschen- oder Tieropfer verzichten können. Konnte man doch die dem Toten zu Lebzeiten glückbringenden Dinge in den Grabbeigaben durch Teignachbildungen wenigstens teilweise ersetzen. Daher rühren auch die vielen verschiedenen Motive bei heute noch gebräuchlichen Backwaren, zum Beispiel die Tierformen.

Bei Freilegungen von Gräbern oder Grüften im Asasi-Tal in Ägypten hat man Mitte der 30iger Jahre Totengaben in Form von vielseitig gestalteten Kuchen gefunden. Diese sind über 3000 Jahre alt und nicht nur aus reinem Getreide, sondern auch mit Zumischungen von Farben und Früchten gemacht worden.

Es ist auch bekannt, daß die Griechen bereits ihren Göttern Gebildbrote als Opfer darboten, um ihre Gunst zu erlangen. Eine besondere Rolle spielte damals schon der Honigkuchen. Ihn mochten die Götter besonders gerne. Durch ihn zeigen die Griechen Dankbarkeit für reiche Ernte.

Aber auch die Germanen opferten ihren Göttern Gebildbrote. Das beweist der 1952 gemachte Fund von verschiedenen, handtellergroßen und verzierten Fladenbroten bei den Ausgrabungen im Kyffhäusergebirge.

Es ist auffallend, daß immer von Gebildbroten und nicht Gebildgebäcken gesprochen wird, obwohl Gebildbrote aus den verschiedensten Teigen bestehen können. Das liegt daran, daß sich in dem Wort Brot von allen Ackerbau betreibenden Völkern die Feldfruchtbarkeit symbolisiert. Wer es ißt, erfährt die göttliche Kraft.

Georgibrot

Es wird zu Ehren des Drachentöters, Viehpatrons und Pferdefreundes St. Georg am 23. April gebacken. Es besteht aus einem feinen Hefeteig mit Rosinen, Zitronat und Haselnüssen. Das besondere aber daran ist, daß dem Teig des kraftspendenden Gebäcks ein Gläschen Schnaps untergerührt wurde. Häufig wird der Teig zu einem Drachen geformt, und reichlich, möglichst furchterregend verziert.

Orakelfiguren

Sie sind aus einfachem oder besserem Teig geformt und haben als gebackene Figuren oder Gegenstände Symbolcharakter. Ein Kranz bedeutet Hochzeit, ein Kleeblatt bedeutet Glück, ein Herz steht für die Liebe, eine männliche oder weibliche Figur ist das Sinnbild der Hochzeit. Es gibt auch Figuren mit negativen Symbolen, z. B. den Totenkopf für Unglück. Die Orakelfiguren wurden besonders zu Silvester hergestellt. Man legte sie in eine große hohe Schüssel, die abgedeckt wurde. Die Gäste, Freunde, Familienmitglieder und Hausangestellte, mußten mit geschlossenen Augen in die Schüssel greifen und durften eine oder mehrere Figuren ziehen. Die Bedeutung der Figuren wurde dann im Kreis orakelt.

Brezel

Die Brezel ist eines der beliebtesten und bekanntesten Gebildbrote. Ihr sind im Laufe der Jahre die verschiedensten Formen widerfahren, bis sie die jetzt allgemein übliche typische Form bekam. Auch wird sie heute aus unterschiedlichen Teigen, pikant oder süß, gemacht.

Über den Ursprung der Brezel und auch die Deutung des Namens gibt es viele Versionen. So war sie bei den Römern ein Opfergebäck und wurde zur Wintersonnenwende gebacken. Sie hatte die Form eines Sonnenrades. Die Christen wiederum sahen in der Breze die Form von gekreuzten Armen auf der Brust. Ihren Namen leitet man am häufigsten von dem lateinischen Wort bracellum (Arm) bzw. bracchiolum (ineinandergeschlungene Ärmchen), ab.

Auf alle Fälle hat sich die Brezel über Jahrhunderte gehalten und wurde auch von den Fürstenhäusern und Klöstern geschätzt. Sie ist nicht nur bei uns bekannt, sondern auch im Ausland. Die deutsche Bezeichnung wurde von den Franzosen (Bretzel) und den Engländern als Lehnwort übernommen. Daraus läßt sich schließen, daß der Ursprung auch bei uns zu finden ist.

Die Brezel war ursprünglich aus einfachem Teig, wie heute noch die Laugenbreze. Das spricht auch dafür, daß sie in der Fastenzeit sehr beliebt war und an Arme und Kinder verteilt wurde. Der Volksmund sagte, daß derjenige, der am Gründonnerstag oder besser noch am Karfreitag, eine Brezel aß, das ganze Jahr über nicht vom Fieber befallen würde.

In manchen Gegenden Süddeutschlands gab es die Brezel (bayerisch) nur vom 21. Januar bis zum Palmsonntag. Das hatte damit zu tun, daß am 20. Januar der heilige Sebastian seinen Ehrentag hatte. Sebastian war nämlich auch der Brezelheilige.

Heute bekommt man Brezen das ganze Jahr hindurch. Sie waren nie ein Hausgebäck. Das Recht, Brezen zu backen, hatten ursprünglich nur ausgesuchte Bäcker. Daher ist es auch erklärlich, daß die Brezel als allgemeines Symbol des Bäckerhandwerks im In- und Ausland gilt. An vielen Bäckereien sehen wir daher auch die Abbildung einer Brezel als traditionsreiches Handwerkszeichen.

Auch zu fröhlicher Bedeutung gelangte die Brezel. Junge Leute, besonders natürlich Brautpaare, benutzten sie zur lustigen Weissagung. Wer beim Brezelhakeln den größeren Teil erwischte, sollte die Ehe regieren, andererseits aber auch das "Kreuz" tragen.

Dreikönigskuchen

Wenn auch noch mittags gefastet wurde, so gab es am Dreikönigstag nachmittags guten Kaffee und den nach alten Regeln gebackenen Dreikönigskuchen. Man kann zwar auch jeden Gugelhupf verwenden, wenn er mindestens eine Krone trägt. Dreikönigstag ist auch Los- und Orakeltag. Deshalb muß im Kuchen eine zukunftsweisende Bohne, sei sie natürlicher Art oder aus Silber, eingebacken sein. Wer sie erwischt, kann damit rechnen, in dem Jahr noch Hochzeiter zu sein.

Ein anderer Brauch besagt, daß derjenige, der die Bohne findet, zum Bohnenkönig gekürt wird, und damit für den Rest des Tages zum Herrscher der Familie wird. Dieser Brauch ist in den Niederlanden gut bekannt. In neuerer Zeit wird auch nur noch ein Glückspfennig eingebacken.

Schuchsen

Dabei handelt es sich um ein Gebäck, das schon einen Tag vor dem Dreikönigstag, speziell im Voralpengebiet und im Chiemgau von der Hofherrin gebacken wurde. Schuchsen wurden an alle, die zu der Zeit auf dem Hof vorbeikamen, verteilt. Man wollte Großzügigkeit beweisen, und verschenkte sie gerne. Es war eine angenehmere Art der früheren Brotspende zu dieser Jahreszeit. Im Grunde genommen sind Schuchsen eine Art Schmalznudeln. Der Name aber wird abgeleitet von der Größe und bedeutet eigentlich "von eines Mannes Schuh die Länge". Dementsprechend war auch die Großzügigkeit des Hauses den Ärmeren gegenüber. Glück für die Armen. Außerhalb des Dreikönigstages wurden Schuchsen auch aus minderwertigem und bedeutungsloserem Roggenmehl gebacken.

Christstollen

Er gehört zu den noch heute gebräuchlichen Gebildbroten. Sein Ursprung geht bis in die heidnische Vorzeit zurück. Der Name Stollen wird zurückgeführt auf das Wort Stulo - eine Säule, die der höchsten Gottheit geweiht war und Reichtum bedeutet. 1457 wird ein Christstollen in der Küche des Schlosses Hartenstein erstmalig hergestellt. Der Bäcker Heinrich Drasdow erfährt eine besondere Ehrung, in dem der Landesherr ihm einen Privilegienbrief erteilt. Die symbolische Bedeutung des Christstollens liegt darin, daß dadurch das in Windeln gewickelte Christuskind dargestellt wird. Der flach ausgerollte Teig muß beidseitig eingeschlagen werden, um die schützenden und wärmenden Windeln darzustellen.

Memminger Mau

Auch ein Gebildbrot mit einer heiteren Geschichte. Das freundliche, verzogene Mond- oder Maugesicht widerspiegelte sich in einem Löschwasserbottich eines Memminger Bürgerhauses. Just zu dem Moment kommt der nicht mehr ganz nüchterne Ratsherr vorbei, sieht das grinsende

Gesicht und beschließt aufgrund seines hohen Alkoholgenusses das Maugesicht positiv zu nutzen. Es soll aus dem Zuber gefischt werden und als Dauerbeleuchtung des Ratshauses fungieren. Selbst der Stadtfischer und die gesamte Nachbarschaft konnten bis heute den Mau nicht fischen!

Inzwischen hat man Modelbackformen mit dem Maugesicht hergestellt. Seitdem können die Memminger Hausfrauen das freundliche Gesicht nachbacken. Ein Stück davon gegessen, verbreitet Freude und beseitigt Depressionen, verleiht Stärke und Wohlwollen allen Menschen gegenüber.

Kletzenbrot

Den Namen erhält das Kletzenbrot (in Bayern und Tirol) von den darin verwendeten Kletzen. Das sind in der Schale getrocknete Birnen, die schon braun, weich und vor allem süß geworden sind. Nur durch die Früchte wird das Kletzenbrot gesüßt. In anderen Gegenden kennt man es unter dem Namen Hutzel- oder Birnenbrot oder Birnweck oder Birnzelten. Kletzenbrot war der Inbegriff der Nikolaus- und Adventszeit. Es wurde in größeren Mengen gebacken und mit Sternen aus geschälten Mandeln, Streifen von getrockneten Zwetschgen, Rosinen und Haselnüssen, die alle mit Puderzucker aufgeklebt wurden, reichlich verziert.

Für junge Leute galt das Kletzenbrot oft als Orakel. Bekam ein junger Mann von seinem Mädchen am Stephanitag eine glatte Scheibe vom Kletzenbrot, dann wußte er, daß sie ihn liebt. Der Beweis war die glatte Oberfläche, die nur durch langes gutes Kneten und sorgfältiges Backen erreicht wurde. War die Scheibe rupfig und schauten die Nüsse oder die Kletzen heraus, dann sagte ihm das das Gegenteil.

Pfefferkuchen

Während die Nonnen die Lebkuchen herstellten, war es Aufgabe der Mönche, den zähen Kuchenteig aus Honig, Sirup und scharfem Gewürz zu kneten. Gewürze wurden bereits von den Kreuzrittern aus dem Orient mitgebracht. Darunter war auch Pfeffer, der damals als teuerstes Gewürz galt und somit für das Weihnachtsgebäck eine kostbare Zutat war. Man konnte Reichtum und Wohlwollen für die Mitmenschen zeigen. Allerdings geht man davon aus, daß nicht der echte scharfe Pfeffer Verwendung im Gebäck fand, sondern vielmehr der Nelkenpfeffer, das

Kardamömlein und die scharfe Ingwerwurzel. Es spricht auch dafür, daß man im Mittelalter alle anderen Gewürze aus Indien als Pfeffer bezeichnete.

Erhardi-Brot

Am 8. Januar ist Erharditag. An diesem Tag feiert man den Namenstag des allerdings weniger bekannten Erhardi, eines gebürtigen Schotten, der lange in Bayern, speziell in Regensburg gelebt hat. Er wirkte dort als Bischof. Es war ungefähr im 8. Jahrhundert.

Erhardus war bekannt als der Schutzpatron für das Hausvieh. Ihm zu Ehren wurde das Erhardi Brot bzw. der Erhardi-Zelten gebacken. Letztere sind als Heilbrote bekannt geworden. Wenn sie kirchlich geweiht waren, so wurden sie auch zum Heilmittel gegen die Brandkrankheit und die Pest.

Zur Herstellung der Erhards-Zelten braucht man Roggenmehl, Wasser, Salz und Sauerteig. Von dieser Art Brotteig werden kleine Stückchen in eine Form mit dem Relief des heiligen Erhardi gedrückt und so lange an den heißen Kachelkofen gehalten, bis die Zelten mehr getrocknet als gebacken sind. Man kann ersehen, daß es sich hier nicht um ein Festgebäck handelt. Es galt als Heilbrot und wurde noch um die Jahrhundertwende den kranken Tieren verabreicht. Vielleicht sollte man sich dieses Gebäcks heute manchmal erinnern.

Palmesel

Es gibt zweierlei Palmesel. Einmal den, der aus Holz geschnitzt ist und auf einen Karren vom Pfarrhaus zur Kirche gezogen wurde. Meist waren die Karren mit Blumen und Palmbüscheln geschmückt und es hingen Kränze aus goldgelbem Hefeteig, Brezen und Eier daran. Nach der Weihe durften die Kinder die Wagen plündern und die Sachen aufessen. Die zweite Art Palmesel war die noch viel begehrtere. Es war nur in wenigen bayerischen Gegenden Sitte, einen Eselskopf mit großen Ohren und Augen aus Dörrzwetschgen zu backen. Wer am Palmsonntag als Kind zuletzt aufstand war der Palmesel und mußte an diesem Tag seine Geschwister bedienen. Das war zwar manchmal ob der ausgedachten Schikanen nicht leicht, aber dafür durfte derjenige den gebackenen Palmesel zum Frühstück anschneiden und das größte Stück davon essen.

Freiberger Bauernhasen

Das ist eine Spezialität der früheren Residenzstadt Freiberg in Sachsen. Sie wurde an viele Fürstenhöfe geschickt und dort sehr geschätzt. Ein findiger Koch namens Bauer hat das Gebäck als Pfefferkuchenteig anläßlich eines Gastmahls zwischen dem Marktgrafen und dem Abt von Barfüßerkloster gebacken. Unglücklicherweise fand das Essen während der Fastenzeit statt. Es war bekannt, daß der Abt gegen Hasenbraten in der Fastenzeit war. So gab der Koch dem Gebäck die Form eines Hasens und spickte es mit Mandeln.

Kipferl

Eine berühmte Art des Wiener Kleingebäcks mit verschiedenen Interpretationen. So soll ein bekannter Bäckermeister nach der Rettung der Stadt Wien aus Dank für den Abzug der Türken Kipferl gebacken haben. Ihre Form erinnert an den türkischen Halbmond.

Tirggel, Tirggeli

Das ist ein Gebildbrot, das in der Schweizer Stadt Zürich zu Weihnachten nicht fehlen darf. Es ist ein flaches, mit Modeln geformtes Honiggebäck. Schon um 1487 wird das Wort Tirggel, wenn auch in anderer Schreibweise, gerichtsmäßig erwähnt. Eine Frau hat ihrem Mann ein mit Gift versehenes Tirggel zu essen gegeben, damit er stirbt. Sie wurde daraufhin als Hexe lebendig eingemauert.

Die Tirggeli hatten auch ihre positive Bedeutung. So schenkten doch die Hausherren, die bei einem Zunftessen einen über den Durst getrunken hatten, und etwas später nach Hause kamen, ihren Frauen gerne zur Versöhnung ein Tirggeli. In der Umgangssprache nannte man bald den kleinen oder größeren Rausch auch Tirggeli.

Es gibt kaum ein Weihnachtsgebäck, daß so viele verschiedene künstlerisch ausgefeilte Motive hat wie die Tirggeli. Es gab Berufsmodelstecker, die neben weihnachtlichen Motiven sich sehr stark an grafischen Vorlagen orientierten und z. B. die Sehenswürdigkeiten von Zürich in Tirggelformen herstellten. Das ging so weit, daß sie sogar Postkartenersatz waren und mit den verschiedensten Stadtmotiven an Fremde und Freunde geschickt wurden. Auf diese Weise entstanden richtige Serien. Häufig waren auf den Tirggeln neben oder unterhalb der Bilder kleine Sprüche zu lesen. Besonders freuten sich daher die Kinder auf die Weihnachtszeit. Sie bekamen mehrere Tirggel mit Seriencharakter, die für sie schöner und lehrreicher als Kinderbücher waren. Kannten sie alle Sprüche, so konnten die Tirggel auch noch aufgegessen werden

Die hier behandelten Beispiele für Symbole, deren Bedeutung sich in oft traditionsreichen Speisen widerspiegelt, verdeutlichen unter anderem, die große symbolkundliche Wertschätzung, die man dem Brot im weitesten Sinne zugemessen hatte. Sehr interessant auch die symbolhafte Darstellung vieler Backspeisen. Verständlicherweise sehen wir auch anhand dieser Beispiele, daß die großen Feiertage des Kirchenjahres zugleich Anlaß für die festliche Küche, für das gesellige Beisammensein waren. Leider ist das heutzutage nur noch seltener der Fall. In einer freizeitorientierten Gesellschaft gilt das menschlich echte Beisammensein mit Angehörigen, Nachbarn immer weniger. Im selben Maße werden auch jene oft alten Symbole, die sich z. B. in den Gebildbroten offenbaren, verstanden. So verkörpern diese schönen als Symbole auch eine Zeit enger, zwischenmenschlicher Kontakte.

Wir haben also auf den letzten Abschnitten gesehen, daß Symbole, die es seit Urzeiten gibt, in verschiedener Form auch heute noch weiterleben können. Dies trifft ganz besonders auf Speisen und Gebäck zu. In früheren Epochen war ja der Ablauf des Jahres praktisch vollständig durch die kirchlichen Feiertage, Gedenktage und eben durch die großen kirchlichen Feste vorgegeben. Nicht ohne Grund spricht man auch heute noch vom Kirchenjahr, auch wenn der Jahresablauf heutzutage durch ganz andere, profane Dinge bestimmt wird (Schulferien usw.).

Vor allem im katholisch geprägten Teil Deutschlands gab und gibt es zu allen großen Stationen des Kirchenjahres ganz bestimmte Festtagsspeisen, ebenso traditionelle Fastenspeisen und unabhängig davon Brot und Gebäck, Semmeln und Brezen in vielen, kirchlich bestimmten Variationen. So bekommen die Kinder in der Gegend südlich von Augsburg in Bayern zu Martini nach den traditionellen Martinsprozessionen die sogenannten Martinsmännchen, eine beliebte bayerische Kinderspeise, die von speziellen Bäckereien gebacken wird.

Ehe wir uns mit den einzelnen Symbolen und Symbolgruppen näher beschäftigen, wollen wir hier noch einige weitere Betrachtungen zum Thema Symbole einklinken, da wir ja schon etwas tiefer in diese interessante Materie eingedrungen sind:

Der Welt der Symbole treten die meisten Menschen höchst unterschiedlich entgegen. Die einen meinen, daß Symbole etwas lächerliches seien, das man unbedingt ignorieren solle. Vor allem aufgeklärte, sogenannte Intellektuelle (oder die, die sich dafür halten) glauben, daß sie sich schämen müßten, wenn sie Symbolen eine Bedeutung zumessen würden. Immerhin könne man heute ohnedies alles messen, wiegen, definieren, reproduzieren, erklären und beherrschen.

Die anderen wiederum meinen, daß Symbole für alles und jedes sinnvoll seien, daß man damit den Geheimnissen der Welt auf die Spur kommen könne, daß man damit alle Fragen von Leben und Tod, alle Geheimnisse der Welt erklären könne. Dazu zählen jene Leute, besonders auch frauenbewegte Menschen, welche meinen, daß man mit Gefühl, mit Seele, mit Sensibilität alles hinterfragen, zu Tode reden und bewältigen könne.

Beide Meinungen sind keine Patentrezepte, haben aber, je nach Situation ihre Gültigkeit.

Schließlich existiert noch eine dritte Gruppe. Dazu gehören - gar nicht wenige - Menschen, die gerne und täglich Symbole verwenden, ohne sich überhaupt bewußt zu werden, daß sie nicht nur Symbole verwenden, sondern daß sie sogar abhängig von Symbolen sind. Diese Menschen leben von Statussymbolen. Dazu zählt nicht nur das dicke Auto, sondern ebenso das passende Outfit - von der Kleidung über Schmuck, Uhren, Kameras, Schuhen bis hin zu den passenden Wohngegenden oder Urlaubsorten. Statusabhängige haben übrigens keine Wohngegend, sondern Residenzen, Wohnparks. Sie verbringen Ihren Urlaub auch nicht an einem Ort, sondern in ihrem Urlaubsdomizil. Statusabhängige benötigen keine Ehefrau, sondern maßgeschneiderte Partnerinnen (und typgerechte Kinder). Die maßgeschneiderten Partnerinnen geraten natürlich aus der Mode, werden daher so im Schnitt alle 8 - 10 Jahre ausgetauscht und durch erneut maßgeschneiderte Partnerinnen, aber viel jünger, ersetzt. Vom Typ her sind die Partnerinnen rein äußerlich völlig identisch, aber eben jung, faltenfrei und unverbraucht. So wie ein Austauschmotor. Übrigens werden auch die typgerechten Kinder der jeweiligen Beziehungen (egal ob fremdgezeugt oder eigengezeugt) ausgetauscht. Ab ins Schweizer Internat! Die "neuen" Kinder sind dafür klein, kuschelig und soooooooo lieb.

Wer das Geschehen im bezahlten, deutschen Fußball (Bundesliga) verfolgt, der wird hier auf eine extrem hohe Dichte an Personen treffen, die völlig abhängig sind von (un)menschlichen oder materiellen Statussymbolen. Im Grunde genommen könnte man darin durchaus eine Art von armseligem Fetischismus erkennen, der sich auch in das Sexuelle erstreckt (es, das Sexuelle, funktioniert nur, wenn die neue/ abgelegte/ ausgetauschte Partnerin jeweils derselbe Typus wie die Vorgängerin ist).

Vom Mißbrauch mit Symbolen

Das obige Beispiel möge kritisch beleuchten, daß Symbole, Symbolik mühelos und ganz schnell zu einem negativen Lebensbild führen können. Der Status, dokumentiert durch Symbole (materielle Dinge und Lebensweise) ist alles, der Mensch ist weniger als nichts. Diese Einstellung findet sich weltweit überall dort, wo es darum geht, in extrem kurzer Zeit extrem viel Geld zusammenzuraffen. Von und mit dieser Einstellung lebt der Profifußball, damit kann man jede Position im Bundesligageschehen erobern. Die Fragen von Moral und Ethik werden gar nicht gestellt. Es gibt aber auch Ausnahmen, deren Bedeutung umso höher zu messen ist, die man als ganz positive menschlich-sportliche Vorbilder gelten lassen darf (z. B. Boris Becker, Berti Vogts).
Die Gefahr von Symbolen oder Statussymbolen abhängig zu werden, ist riesengroß, führt zu menschlicher Verarmung, zur Abhängigkeit, zur Sucht und zur Bessenheit. Schade, daß Freud heute nicht lebt, er hätte uns viel zu sagen.

Politisch werden Symbole tagtäglich rund um die Erde eingesetzt und fast durchwegs zum Mißbrauch verwendet. Warum müssen Soldaten einer Fahne folgen und für diesen Fetzen Stoff erbärmlich verrecken? Warum benötigen Astronauten für ihre "Missionen D, US, GB, UDSSR" etc. Strampelanzüge im Stil von Kampfuniformen, die von oben bis unten mit elliptischen Stickern, Aufnähern beklebt sind?

Warum benötigen vor allem Soldaten ein ganzes Arsenal an textilen Attributen, um sich von oben bis unten mit Symbolen zu bekleckern? Warum müssen zivile oder militärische Orden so wichtig genommen werden? An die 90% aller Orden werden ohnedies nur wegen bestimmter Beziehungsgeflechte verliehen. Oder aus Altersgründen, oder aus schmieren-politischen Erwägungen heraus. Oder haben Sie schon einmal davon gehört, daß eine Krankenschwester, die Jahrzehnte schwerste Dienste in der Intensivstation einer Notfallchirurgie leistete, den Verdienstorden irgendeines Bundeslandes dieser, unserer Republik bekommen hätte? Warum spielen Symbole (Orden, Rangabzeichen, Gold, Silber, buntes Tuch etc.) fast nur in der Männergesellschaft eine so große Rolle? Übrigens gehören auch Titel zu den Symbolen. . . Brauchen vor allem Männer (Männchen) diese Symbole nur, um ihr angekratztes geistiges, charakterliches und sexuelles (!) Minderwertigkeitsgefühl aufmöbeln zu können? Warum legen Frauen an sich so wenig Wert auf derartige Pseudosymbole? Weil sie klüger und in sich gefestigter sind. Immerhin, von der deutschen Ordensindustrie, leben unzählige Leute blendend.

Aber irgendwo stimmt die ganze Chose wohl nicht, irgendwo ist da der Wurm drinnen. Man hüte sich vor "falschen Symbolen", sie bringen nämlich kein Glück - sagt der Volksmund und hat Recht. Gott sei Dank. Wenn man Ihnen einen Orden, ein falsches Symbol, verleiht - ja vielleicht sogar mehrere Orden, dann wird vermutlich folgendes passieren: Sie halten sich für unersetzlich, großartig, superklug, supergütig, für einen Supermenschen. Und jetzt überschätzen Sie sich und werden beruflich, familiär, menschlich einen tiefen Fall tun. Die falschen Symbole haben Ihnen kein Glück gebracht...

Der größte Mißbrauch von Symbolen fand und findet sich in der Politik und im Staatsleben: Da reicht die Reihe von den Verbrechen unter dem Zeichen des Kreuzes bis hin zum Hakenkreuz des Dritten Reiches oder zu den SS-Runen und zu den Serienverbrecher Stalins oder Hitlers.

Warnung vor Symbolen

Ich würde staatlichen, politischen, militärischen Symbolen äußerst zurückhaltend, abweisend und kritisch gegenübertreten. Die innenpolitische und außenpolitische Entwicklung Europas und der einzelnen EG-Staaten in den letzten 10 Jahren gibt Anlaß zu, im Grunde genommen, Ablehnung jeder staatlichen Symbole. Die EG und ihre Staaten waren und sind in blutigste Kriege verwickelt, Mörderregimes wurden mit verbotenen Waffen beliefert, Völkermord wurde und wird durch Stillschweigen, oder Vielrederei totgeschwiegen und sanktioniert. Soziale Aufgaben werden eliminiert, Kanonen, Giftgas sind wichtiger als gerechtere soziale Lebensbedingungen. Und all dieses geschah und geschieht direkt unter dem Zeichen von staatlichen Symbolen und Symbolträgern jeglicher Provenienz. Hände weg daher von solchen Symbolen und ihren Nutznießern. Symbole dieser Art blenden nämlich so sehr, daß man das wirkliche Leben nicht mehr sieht.

Symbole einst und heute...

Angesichts des Mißbrauchs und der Inflation der Symbole verwundert es kaum, daß die meisten Symbolexperten sich durchwegs mit den sehr alten, überlieferten Symbolen beschäftigen. Zu den Symbolexperten zählen daher traditionell Philologen (Sprachwissenschaftler), Altphilologen (Latein- und Griechischfachleute), Priester, Ordensgeistliche, Philosophen und Historiker). Daraus entwickelte sich fast ein Trend, der die wirklichen Symbole in älteren Epochen sieht und nicht in unserer Zeit. Denn eines ist klar, die Symbole irgendwelcher heutiger Staaten werden die Zeit nicht überdauern, sie sind es auch nicht wert. Demgegenüber behandeln wir unter der Rubrik Symbole vor allem jene, die seit Jahrhunderten und Jahrtausenden Bestand haben. Diese alten Symbole haben im Laufe der Zeit gewandelte Bedeutungen erfahren. Daraus ergeben sich inzwischen auch ganz unterschiedliche Aussagen über den Inhalt solcher Symbole. Statt Eindeutigkeit gibt es Zweideutigkeit und Mehrdeutigkeit bei der Darstellung von Symbolen!

Symbole repräsentieren das Allgemeine, das Besondere, das Rätselhafte, das Magische, das Unerforschbare, das Unerklärliche. In einer Zeit, in der die Menschheit gerade dabei ist, sich selbst auszurotten (atomare Katastrophen), kommt dieser Welt des Unerforschlichen immer größere Bedeutung zu. Viele Menschen sehnen sich danach, das Schöne, das Magische, das Geheimnisvolle der Symbolik zu erkunden. Die größten Gegner dieses menschlichen Wunsches waren und sind besonders heute auch, jene Institutionen, die zu 100% mit Symbolen agieren: Alle großen Religionsgemeinschaften, alle Diktaturen (es gibt auch diktatorische Demokratien; es gibt auch staatsterroristische Demokratien) verfogten und verfolgen die Welt der Symbole (und ihre Anhänger). Die eigene Symbolmacht wird dadurch nämlich in Frage gestellt! Daher vernichtete das Nazi-Regime alle öffentlich bekannten Symbolkundigen in den KZs sogar physisch. Dasselbe tat Stalin. Und die großen Kirchen versuchen jeden nicht-kirchlichen Symbolkult zu unterbinden. Sie sehen darin eine konkrete Gefährdung! Nun ist das aber im Bereich der großen Religionen nicht besonders ernst zu nehmen, da die örtliche, regionale und nationale Geistlichkeit meist ganz anders denkt und handelt als ihre klerikalen Obrigkeiten. Die Durchsetzung obrigkeitlicher Gebote läuft da schnell ins Leere. Also hat die friedliche Welt der Zahlen und Symbole als Mittel zur Entspannung, der Information und Forschung, der Unterhaltung durchaus eine große Chance. Und das ist auch gut so.

Es gibt übrigens auch Wort-Symbole: Blut, Feuer, Eisen (Preussens Ideologie), Pflugscharen zu Schwertern (DDR), Blut und Boden, teutsche Eichen, teutscher Stahl usw. usw. Wort-Symbolen ist mit dem höchsten Mißtrauen entgegen zu treten, zu dem wir fähig sind. Wort-Symbole werden natürlich tagtäglich in der Werbung verwendet und finden sich in allen Massenmedien, sowie in den Sprechblasen unserer Politiker.

Die meisten mir bekannten Bücher über Zahlen und Symbole sind mir zu einseitig, da ich Passagen darin vermisse, die deutlich machen, daß ein Symbol von Haus aus etwas Gutes, aber auch etwas Schlechtes sein kann.

Ich vermisse Warnungen in diesen Büchern, denn wir können von Symbolen derartig abhängig werden, daß diese Abhängigkeiten zu ernsthaften seelischen, geistigen und körperlichen Krankheiten führen können. Sich von solchen Äußerlichkeiten abhängig zu machen, ist außerdem eines modernen Menschen unwürdig. Es zeigt sich darin auch eine große Schwäche und Erbärmlichkeit dem wirklichen Leben gegenüber.

Gefordert sind daher Leserinnen und Leser mit kritischem Verstand. Ich erwarte mir natürlich von den Menschen, die dieses Buch lesen, daß sie ihre eigene kritische Vernunft mobilisieren, um aus diesem Buch Nutzen ziehen zu können. Dann wird dieses Buch nicht nur sachlich informieren, sondern zusätzlich zu einem neuen Bezug zur Außenwelt führen, deren Symbolen wir überall begegnen und nun sachlich-kritisch bewerten lernen. Wenn das erreicht wird, ist viel getan: Die Verführbarkeit des Menschen wird geringer.

Ein herausragendes Beispiel für den Umgang mit Symbolen

Dieses Beispiel soll, ähnlich wie das Kapitel "Zahlen" zeigen, wo es langgehen könnte, wenn wir von Symbolen sprechen. Es steht wiederum PARS PRO TOTO, als TEIL FÜRS GANZE, um die großen Linien herauszuarbeiten.

Der Stern, die Sterne, oder ein Stern zählen zu den bedeutendsten, verbreitetsten Symbolen rund um den Erdball. Dieser Tatsache können wir uns nicht entziehen. Der Stern dürfte das zahlenmäßig verbreitetste Symbol aller Völker sein. Er kommt in unzähligen Variationen vor. Meine Deutungen dafür und jene von Millionen anderer Menschen wollen wir einmal hier sozusagen auflisten:

1. Die Sterne sind ein Symbol für den Kosmos, für das Unendliche, für das Unbegreifliche, für das nicht definierbare Universum.

2. Sterne sind Symbol für Licht, Helligkeit, Wärme und damit für das Leben, für Wärme, Glaube, Hoffnung, Liebe.

3. Unsere Erde wurde und wird immer wieder von Lebewesen anderer Sterne besucht. Daran gibt es nicht den geringsten Zweifel. Und immerhin beschäftigen sich ausschließlich damit staatliche, geheime, abgekapselte Universitäten in USA und der früheren UdSSR - den beiden Weltmächten dieses Jahrhunderts, dessen Weltgeschichte, speziell in Europa, durch diese beiden Supermächte bestimmt wurde. Diese Forschungen dienen dem Machterhalt, da jede Supermacht auch in Zukunft Supermacht bleiben will. Das politische Handeln der USA oder der (früheren) UdSSR ist nur unter diesen Aspekten zu verstehen. Die Sterne sind das Symbol für jene Lebewesen anderer Galaxien.

4. Auch die christlichen Engel mit Aura und Heiligenschein waren Besucher von anderen Sternen und deshalb ist der Stern das Engelssymbol schlechthin, ebenso gehört die Aura (Heiligenschein) zu den großen Symbolen außerirdicher (extraterrestischer) Besucher

5. Der jüdische Davidstern gehört zu den ältesten Symbolen positiver Energien. Auch er ist extraterrestrischen Ursprungs. Der Davidstern wird auch als Davidschild, oder als Hexagramm bezeichnet. Er ist ein sechszackiger Stern, Glaubenssymbol der jüdischen Religion und seit 1897 (Theodor Herzl) zugleich Symbol des jüdischen Staates, der in und durch Israel ersehnte Wirklichkeit wurde. Der Davidstern geht auf den israelischen König David (hebräisch: der Geliebte) zurück, dessen Regierungszeit in der Geschichte Israels und der Juden als goldenes Zeitalter bezeichnet wird. Der Davidstern war immer schon auch das Symbol für Hoffnung auf Errettung des jüdischen Volkes während der zahllosen Verfolgungen, denen es ausgesetzt war. Unter größten Bedrohungen versuchten jüdische Menschen "dem Stern Davids zu folgen", um Rettung, Heil und Zuflucht zu erlangen. Der Davidstern beinhaltet ausschließlich positive Vorstellungen, Inhalte, Aspekte - und kaum Mythen, da all das Gesagte historisch belegbar ist.

6. Der heidnische, vermutlich keltisch-germanische Drudenfuß, das Pentagramm (auch Pentagramma) ist sowohl positiv wie negativ-dämonisch deutbar: Positiv wirkt der Drudenfuß, wenn wir ihn auf Türschwellen, Fensterbretter und in alle Ecken eines Raumes zeichnen. Mit einem Stift, mit Kreide - aber auch mit dem Finger in die Luft "gezeichnet". , hilft der Drudenfuß zur Abwehr von Dämonen, bösen Geistern, Krankheiten, oder von Überfällen! Diese Hilfe entfaltet der Drudenfuß aber nur, wenn wir ihn mit einer einzigen Bewegung, ohne Anzuhalten, zeichnen. Wir beginnen mit der rechten, oberen Spitze und fahren von dort nach links unten usw fort. . Nur dann schützt das Pentagramm uns Men-

schen und Tiere. Ohne diese vorgeschriebene Form der Zeichnung richtet sich seine Wirkung gegen uns, der Drud, die Trud könnten auf unserem Brustkorb im Schlaf sitzen und uns bedrücken. Sagt die Überlieferung.

Die Drude, Drute, Trude galt bei den Germanen als ein böser Geist der Nacht, seltener sah man darin einen schönen, holden Geist der Göttin Holda (auch Perchta genannt). Der Drudenfuß, der Name sagt es schon, ist der Abdruck der 5 Zehnen einer Drude (5! siehe unter Zahlen...). Zeichnet man den Drudenfuß auf, dann aber schützt er vor der bösen Komponente einer Drude. Der Drudenfuß gilt außerdem als bärenstarkes Symbol der Gesundheit, wird in weißer oder schwarzer Magie eingesetzt. Auch Zauberkulte kommen ohne Drudenfuß nicht aus.

Das Wort Drude ist übrigens derselbe Begriff wie das Wort Druide und erhält dadurch einen viel positiveren Sinn. Druiden waren die keltischen Priester, Mediziner, Wahrsager, Heilbringer und Naturwissenschaftler. Druiden bildeten die maßgebliche Stütze aller keltischen Stämme, die vor Christi Geburt das heutige Frankreich, Schweiz, Teile Norditaliens, ganz Sloweniens, Österreichs, Bayern, Baden-Württemberg, England, Irland, Schottland, Wales geschlossen besiedelten. Zusätzlich gab es in benachbarten Gebieten noch viele keltische Einsprengsel. Die Kelten bildeten keine geschlossenen Staaten, sondern waren Menschen regionaler politischer Strukturen (so wie Bayern und Tiroler, Iren noch heute). Deshalb vor allem konnten sich die Kelten auf Dauer gegen die eindringenden Römer nicht halten, da es keine großen und machtvollen staatlichen Strukturen gab. Die Kelten waren (und sind) die großen Individualisten Europas - das Gegenteil von Diktaturen, von absolutistischen Staaten (über Preußens Gloria, diverse Friedriche und Wilhelme zu Bismarck, die französischen Sonnenkönige, Hitler, Stalin, Horthy, Mussolini etc.). Der Stand der Druiden bildete das tragende Gerüst der keltischen Regionen. Durch die Christianisierung infolge der römischen Okkupation knapp vor und nach Christus, wurden die Kelten zu einem untergeordneten Volk. Die mit den Römern gekommene christliche Geistlichkeit vernichtete binnen ganz kurzer Jahrzehnte sämtliche Druiden der Kelten und beraubte die Kelten damit Ihrer Identität. Bayerisch-Tirolische Individualität kann aber in Wahrheit, weil keltisch, niemals mit preußisch-teutschem Massengehorsam einverstanden sein.

Geblieben aber ist bis heute der Drudenfuß, das Pentagramma. Es war das symbolon der Druiden und damit der keltischen Regionen vom Atlantik bis weit gegen Osteuropa hin. Der Drudenfuß ist als Symbol ein fabelhaftes Beispiel, was ein Symbol sein kann. Staatssymbol, Religionssymbol, Volkssymbol, Magiesymbol. Er war das SIGNUM (Zeichen) der Kelten schlechthin. Die Kelten lebten und regierten im heutigen Mittel- und Zentraleuropa, teilweise bis zum Mittelmeer und Adria durch wenigsten 4000 verbürgte Jahre. Ihr symbolon, der Drudenfuß, war also satte 4000 Jahre das, was für das Christentum das so wichtige Kreuz seit 2000 Jahren bedeutet. Das symbolon Drudenfuß existiert nun also mindestens 6000 Jahre und lebt heute noch fort, da es von Millionen und abermillionen Menschen, auch von tiefgläubigen Christen, benutzt wird. Letztlich aber wurde das Pentagramm vom christlichen Kreuz abgelöst.

Die Religion der Kelten war eine animistische Religion, das heißt Dinge, Steine, Bäume, Quellen, Bäche, Hügel und herausragende Geländepunkte wurden mit religiösen Vorstellungen "besetzt" und galten als heilige Stätten. Die Kelten beseelten die Dinge", die wiederum dadurch schützenswert wurden, ein Resultat, das im Zeichen heutigen Natur- und Umweltschutzes überaus erstrebenswert wäre. Die Eiche war der heilige Baum der Druiden und der Kelten, unter ihr versammelten sie sich zu kultischem Tun. Ob die Kelten je Menschenopfer darbrachten, ist nicht belegbar und äußerst fragwürdig. So wie jede siegreiche Kulturmacht, hat auch das römisch-christliche Element das vorhergehende keltische Element mit Feindbildern belegt (blutrünstige Menschenfresser). Die Errichtung von Feindbildern, um einen Unterlegenen zu dämonisieren, können wir Europäer anhand unserer Geschichte dieses Jahrhunderts, bestens ablesen, da waren und sind wir Weltmeister (heute in Ex-Jugoslawien).

Immerhin, das christliche Kreuz, der jüdische Davidstern, der keltische Drudenfuß gehören zu den ältesten Symbolen abendländisch-orientalisch-mediterraner Geschichte. Der Davidstern wiederum ist unter diesen Symbolen das mit Abstand älteste.

Im vorchristlichen Sinne ist der Drudenfuß ein Bindeglied, eine Brücke zwischen der irdischen und außerirdischen Welt! Aber er ist auch ein Stern. Der Davidstern ist mythologisch ausschließlich positiv besetzt als Heilsbringer. Der Davidstern ist eines der ganz wenigen Symbole mit nur "einer Seite". Der Davidstern ist ebenso eine Brücke zwischen unserer und anderen Welten. Und das christliche Kreuz ist natürlich auch eine große Brücke zwischen Diesseits und Jenseits, zwischen mindestens drei Welten, denn wenn wir die himmlischen Gefilde dazurechnen, verlassen wir unsere Erde und begeben uns in außerirdische Regionen. Das Licht (Kerzen, Sterne) gehört zu den kultischen Umgebungen der Kelten,

Juden und Christen. Das Licht (auch ein Stern ist Licht) ist Leben, Hoffnung, Wärme, Frieden, Heil.

Das Dunkle ist Nacht, ist Tod, ist Unwissen darüber wohin diese unsere Reise geht. Das Dunkle, der schwarze Schatten, die Nacht kennen kein Licht, keinen Trost. Der Trost in dunkler Nacht des Lebens wurde bzw. wird gespendet von Druiden, Rabbinern, Pfarrern und Ordensfrauen, die eine geweihte, heilige Kerze entzünden. Sie symbolisiert das Licht der Sterne. Der Stern als symbolon. Übrigens, nicht zu vergessen, viele Darstellungen des Kreuzes tragen oben einen Stern. Der Stern von Bethlehem.

Die meisten von uns wissen gar nicht, was dunkle Nacht bedeutet, da das elektrische Licht uns Tag und Nacht umgeben kann. Ich habe Wochen in Regionen verbracht und mache dies auch heute noch, in denen es kein elektrisches Licht gibt. In den Tälern, bei den Menschen, auf den Gipfeln dieser lichtlosen Gegenden lernte ich erst, was Dunkelheit und schwarze Nacht sein können. Ich erfuhr die tiefe Angst von uns Menschen, nach Dutzenden schwarzer Nächte (allein). Ich weiß seither, daß es helle, dunklere und raben(!)schwarze Nächte existieren. Ja, rabenschwarze Nächte. Der Rabe, Symbol der 13, der Nacht, der Finsternis. Warum sagen wir wohl "rabenschwarze" Nacht...? Und ich kenne die seelische Verzweiflung, die unsere Vorfahren in solchen Nächten befallen haben mußte. Da bedeutete Licht, ein Stern, eine Kerze das Heil.

Diese Beispiele, die man textlich noch breit behandeln könnte, sollen beleuchten, welche Kräfte und Bedeutungen hinter "echten" Symbolen stecken können. Alle hier und auch später getroffenen Aussagen stellen keine Meinung des Autors dar, auch keinerlei Stellungnahmen, sondern sind wertfreie Feststellungen schriftlicher, geschichtswissenschaftlicher, mündlicher und parawissenschaftlicher Überlieferungen.

Die Engel - oder München am 19. Mai 1993 A. D.

In der Süddeutschen Zeitung obigen Datums haben wir das nachfolgende Textzitat von Seite (13!) entnommen. Zuerst aber sei kurz angeschweift:

In der Zeile des Zwischentitels oben finden Sie das A. D. , eines der ältesten Buchstabensymbole des christlichen Abendlandes. Es bedeutet ANNO DOMINI (Lateinisch) und das heißt "Im Jahre des Herrn". Jemand, der A. D. zu Datumsangaben setzt, sagt dadurch sehr viel über sich aus: Er dürfte ein Christ sein und als solcher sein Leben gestalten

Engel

wollen. Er kann aber auch ein Mensch sein, der sich der endlosen Weite
unserer irdischen Existenz bewußt ist. Ein Mensch, der weiß, daß der
Augenblick Staub ist, daß Jahrhunderte und Jahrtausende am Weg zu
Gott zählen. Das A. D. stammt vom Verfasser dieses Buches, der befand,
daß es so schön zu Wim Wenders Engel passen würde.

Sehr bemerkenswert ist, daß das folgende Zitat ausgerechnet auf Seite 13
steht. Die Botschaft der Engel, und darum handelt das Zitat, kompensiert
damit den Fluch der Zahl 13. Zufall? Absicht? Wer wagt schon darüber zu
urteilen...

Zitat: "IN WEITER FERNE, SO NAH. Der neueste Film von Wim
Wenders hatte gestern in Cannes seine Uraufführung. Mit dieser Fortset-
zung von DER HIMMEL ÜBER BERLIN hat Wenders eine Summe
seines bisherigen Schaffens gezogen. Die Geschichte des SCHUTZEN-
GELS Cassiel (Otto Sander), *der Mensch wird*, um besser teilzuhaben am
Lieben und Leiden derer, die er zu beschützen hat, ist ein grandioser fil-
mischer Weltentwurf, der freilich nicht an allen Stellen restlos gelingt....
IN WEITER FERNE, SO NAH ein Meilenstein".

102

Also 1993, mitten im pulsierenden München und Berlin, macht da einer der bedeutendsten Filmregisseure der Welt einen Film über das uralte, klassische "Engel-Motiv". Und all das, was Engel in der Kirchengeschichte auszeichnet, hat auch dieser Engel in sich und an sich:
Seine Aufgabe ist es, Menschen zu schützen. Er steigt vom Himmel (Kosmos, Galaxien) herab auf die Erde. Er landet dort in Gestalt eines normalen Menschen (Transformation von einer außerirdischen Existenz in eine irdische, wobei die Zurückwandlung, die Reinkarnation als bekannt vorausgesetzt wird. Engel leben nicht dauernd auf Erden).
Der Regisseur, Wim Wenders, dieser bezaubernden, glückseligen Epistel wagt sogar einen filmischen Weltentwurf - aber mit Hilfe eines Engels. Was für ein Gleichnis ewiger Mythologie, was für ein Symbol in Gestalt des Engels, der zum Menschen wird, der auf der Erde landet und der wieder zurückkehren wird in das Paradies. Ein Engel als Chef vom Dienst. Traumhaft. Dem zu uns herabgestiegenen Engel gelingt der Weltentwurf nicht ganz. Der Kampf des Guten gegen das Böse wird also weitergehen. Der Engel Cassiel ist aber ein echter, richtiger Vertreter seiner Zunft, nämlich ein Schutzengel. Von oben, vom Himmel, den Gestirnen kommt er zu uns herab auf die mit Mühsal beladene Erde... So gedacht im Jahre 1993 in der Mitte Europas, in der Welt von High Tech und der PCs...
Das, liebe Leserinnen und Leser, war nun die letzte, wahre Geschichte, mit der ich sie einstimmen wollte auf die nun folgenden unzähligen Stichwörter, die Sie über bestimmte Symbole informieren sollen. jedes dieser Stichwörter wird flott, komprimiert behandelt. Zum träumen bleibt da kaum Platz. Die Träume, die sollten Sie schon selbst dazu haben und erleben. Ungeachtet dessen, verbergen sich hinter jedem einzelnen Stichwort Träume, Wahrheiten, Vergangenheit, Gegenwart und Zukunft wie am Beispiel von Wim Wenders Kinoflm IN WEITER FERNE, SO NAH dessen Titel erneut Symbol davon ist, daß Anfang und Ende eins sein werden.

Die Farbsymbole

Blau

Diese Farbe gilt als unterkühlte Farbe und bedeutet für die meisten Menschen Sanftheit und Nachdenklichkeit. Blau ist auch das Kennzeichen für das Geistige, für das Seelenleben. Blau kommt auch in vielen Wappenfarben vor, z. B. in dem weißblauen bayerischen Farben. Auch in Bayern gilt diese blaue bayerische Wappenfarbe als ein Symbol für eine ausgeglichene und souveräne Lebensart, eben für die bayerische Lebensart. Sie bedeutet das Leben und leben lassen. Viele Menschen empfinden Blau auch als eine kühle Farbe. Blau gilt in der Fotografie und Malerei auch als kühle Farbe, während Rot in Malerei und Fotografie als warme Farbe gilt. Gefühlsmäßig ist Blau eine Farbe, die auf der ganzen Welt mit kühl verglichen wird, und Rot gilt auf der ganzen Welt als das Gegenteil von Blau. Blau ist die Farbe des Himmels und wird als Farbe von Wasser und Natur geschätzt. In vielen Religionen werden Heiligengestalten mit blauer Kleidung dargestellt. In Frankreich gelten bekanntlich die Lilien als das frühere Staatsymbol vor der französischen Revolution und auch dort werden die Lilien gerne blau in Wappen abgebildet.

Blau spielt auch eine große Rolle im Gefühl der Menschen. Speziell in Deutschland, wo die Romantik erfunden wurde, werden die Träume der Romantiker als blaue Blumen der Sehnsucht bezeichnet. Man spricht sogar von der blauen Blume der Romantik. In den USA, die sehr dünn besiedelt sind, gibt es einsamste Prärien und Gebirge, die oft keinen Namen haben und für die es keine Landkarte gibt. Nur Bergsteiger, Naturliebhaber, Jäger und gelegentlich Weltenbummler suchen diese Berge auf. Zahllos sind die Lieder, in denen diese Berge als die blauen Berge besungen werden. Auch hier sehen wir, daß Blau ein Symbol für romantische Sehnsüchte ist. Die europäischen liberalen Parteien werden meistens, im Gegensatz zu den Schwarzen oder Roten, als die Blauen bezeichnet. Blau gilt also politisch gesehen, für eine liberale Lebenseinstellung. In der Chemie ist Blau eine jener Farben, die man erst spät künstlich herstellen konnte. Es gibt daher in der Geschichte nur wenige in blau gefärbte Stoffe, da man Blau als Farbstoff zum Einfärben nicht herstellen konnte. In der alten Medizin, die ohne Apparate auskommen mußte, galt Blau zu recht als eine Farbe, die zu größter Besorgnis Anlaß gibt. Das gilt auch heute noch. Blaue Schatten unter den Augen oder um die Nasenspitze, speziell bei Kindern, geschwächten oder alten Menschen, deutet auf eine schwere Erkrankung von Herz und Kreislauf hin, oder zumindest auf eine momentane Herzschwäche. Wenn einer also eine blaue Nase hat, so muß er deswegen noch lange kein Säufer sein, wie der Volksmund meint.

Gelb

Diese Farbe ist in der Geschichte der deutschen Völker eine der wichtigsten Farben, auch wenn das die meisten Menschen nicht mehr wissen. Gelb ist in allen deutschen Wappen und Fahnen die stellvertretende

Farbe für Gold. Das Wappen Kaiser Karls d. Großen führte erstmals in Deutschland und im Heiligen Römischen Reich deutscher Nation die Farben Schwarz und Gold. Aus dem Gold wurde in der bildlichen Darstellung eines Wappens das Gelb. Die Darstellung von Gold in einer Malerei wäre technisch nicht möglich gewesen. Man hätte die betreffenden Stellen vergolden müssen mit Blattgold, was wiederum zu teuer gewesen wäre. Blattgold ist nur wenigen kirchlichen Zwecken vorbehalten gewesen. So wurde aus dem Schwarz und Gold Kaiser Karls d. Großen das Schwarz/Gelb. Weit über 1000 Jahre bedeuteten die Farben Schwarz und Gelb ein typisches deutsches und österreichisches Symbol für Vaterland, Heimattreue, Kameradschaft, Zuverlässigkeit. Diese Farben standen bis zur Beendigung der deutschen und österreichischen Monarchien auch für die Treue zu Gott, Kaiser und Vaterland. Schwarz und Gold, also Schwarz und Gelb, wurden auch sehr rasch in die Wappen der Habsburger integriert, da diese durch Jahrhunderte jeweils die römisch-deutschen Kaiser stellten. Noch im Ersten Weltkrieg sagte man, wenn ein Soldat der Donaumonarchie im Kriege stirbt, so fließt sein Blut schwarzgelb. In der deutschen Mythologie ist Gelb eine sehr wichtige Farbe, welche die Wiedergeburt verdeutlicht. Das wird darauf zurückgeführt, daß Kaiser Karl an verschiedenen Orten in Deutschland oder Österreich wieder auferstehen würde. Der angeblich in der Reismühle bei Gauting geborene Kaiser lebt der Legende nach im Untersberg bei Salzburg, aber auch im Wilden Kaiser bei Kufstein in Tirol, wo sein Grab im Inneren des Gebirges sein soll (Scharlinger Böden = Charles, Karl). Die Legende sagt, wenn die Not in Deutschland oder Österreich am Größten wird, wird Kaiser Karl aus diesen Gräbern heraussteigen, in einem gelben Reichsgewand die Regierung übernehmen und seine Völker retten. Gelb als Farbe der Hoffnung war aber auch in der Antike das selbe Symbol und sollte darstellen, daß zur Hoffnung auch das Leben gehört, das man positiv gestalten soll. Leben bedeutet Hoffnung und Hoffnung bedeutet ein positives Gestalten des täglichen Lebens.

Die Ärzte in der griechischen Antike waren der Ansicht, daß 4 Säfte über die Gesundheit des Menschen entscheiden würden. Einer dieser Säfte war die Galle, deren Saft bekanntlich gelb ist. In der alten Medizin gilt Gelb als Symbol für die Galle und damit wiederum für eine schwierige und säuerliche, gallige Charakterhaltung. Jeder Angler, jeder Metzger, jede Hausfrau weiß, daß man Galle aus Tieren selbstverständlich nicht verzehren kann. In vielen Darstellungen gilt Gelb auch als ein Zeichen für die Sonne, für Wärme .In der Mythologie der Steine und der mittelalterlichen Chemiker stellt Gelb auch ein Symbol dar, um zu zeigen, daß man einen chemischen Prozeß mit Feuer und Hitze durchgeführt hat.

Grün

Diese Farbe wird auf der ganzen Erde als ein Symbol für Wachsen und Gedeihen angesehen. Grün ist die Farbe des Frühlings, des Werdens und des Entstehens. Grün wird aber auch etwas verächtlich eingesetzt, und man sagt z. B. ein grüner Junge, oder er ist noch grün hinter den Ohren. Hier ist Grün ein Zeichen für Unreife. Im weiteren Sinn aber, ist die Farbe Grün durchwegs positiv besetzt und hat inzwischen in vielen Staaten auch politische Bedeutung erlangt und wurde zum Kennzeichen verschiedenster grüner Parteien und Bewegungen. Grün zeigt hier besonders schön, wie auch heute noch ganz plötzlich ein Symbol entstehen kann, das von vielen Menschen akzeptiert wird und das somit zu einem echten Symbol wurde.

Unechte Symbole wären z. B. in der Werbung vorstellbar, da deren Symbole durchaus auch absichtlich kurzlebig sein können. Grün ist ein sanfte Farbe, die zwischen Menschen den Kontakt herstellt, die Menschen zueinander führen soll.

In der katholischen Heiligengeschichte kommt Grün in Wort und Bild häufig vor und ist dabei immer positiv besetzt. (Sanftheit,·Verständnis, Geduld).

Ehe die Spanier Südamerika eroberten, und dort große Smaragdvorkommen fanden, stammen alle Smaragde, die man in Europa in Schmuckstücken oder in kirchlichen Gegenständen verarbeitete aus Salzburg und zwar aus dem Gebirge der Hohen Tauern, um es genau zu sagen, aus dem Habachtal im Oberpinzgau, der übrigens von Karl d. Großen als Verwaltungseinheit gegründet wurde. Diese Pinzgauer Smaragde wurden und werden in ihrer Farbe bis heute als Smaragdgrün bezeichnet. Man versteht darunter, das intensivste Grün, das in der Natur vorkommt. Bis heute gilt dieses Smaragdgrün als ein Symbol für edelste Aussagen. Tiefgrüne Smaragde gelten als Glücksbringer, als Symbol für Energie und hohe Kraft zum Leben und sind auch heute noch sehr kostbar, zum Teil wesentlich teurer als die teuersten Brillanten. Pinzgauer Smaragde finden sich in vielen Monstranzen Bayerns, Tirols und Salzburgs. Wenn der Pfarrer diese Monstranz mit dem Smaragd den Gläubigen zeigt, so ist das nicht nur die kirchliche Heilsbotschaft, sondern in sich auch die Darstellung von Kraft und Energie des tiefgrünen Smaragden. Die Kräfte, die man ihm zurechnet, wurden also schon in frühchristlichen Zeiten in die katholische Symbolik eingebaut. Früher hatte man sogar in Meßgewändern Edelsteine, darunter auch Smaragde, künstlerisch integriert.

In der alternativen Heilkunde, auch in der bayerischen Volksmedizin gilt der Smaragd als wundertätige Medizin. Man legt ihn auf die Stirn von Schwerkranken, oder auf offene Wunden, die nicht heilen. Das Grün des Smaragdes wird auch als Farbe des Heils identifiziert. Immer wieder werden daher verschiedene christliche Symbole in der kirchlichen Kunst in Grün abgebildet.

Rot

Als Farbstoff ist Rot vermutlich eine der ältesten Farben der Menschheit. Schon in Urzeiten konnten unsere Vorfahren aus roter Erde einen roten Farbstoff herstellen. Damit konnte man rote Höhlenmalereien erzeugen, aber auch einfache urzeitliche Geräte, wie Faustkeil oder Speer, rot färben. Die Farbe Rot hat eine uralte Tradition daher und wird meistens mit Dynamik, Kampf, aber auch kraftvollem Leben verglichen. Rot ist die Farbe des Kampfes und des Krieges, des Blutes und des Lebens. Rot ist das Symbol durch Jahrtausende gewesen für Menschenopfer oder für Tieropfer. Das Blut der Opfer mußte fließen und wurde logischerweise in Rot dargestellt. Meiner Ansicht nach wird aber Rot zu oft mit Blut verglichen. Rot dürfte vor allem auch deswegen so häufig verwendet worden sein, weil es eben der älteste Farbstoff ist, den Menschen sehr einfach herstellten konnten (aus Roterde und Wasser).

In der kirchlichen Überlieferung ist Rot vor allem weltberühmt geworden, als die Farbe der Kardinäle. Dieses Kardinalsrot soll symbolisieren, daß die Kardinäle bereit sind, auch ihr Leben (ihr Blut) für die Kirche einzusetzen. In weiterem Sinn gilt Rot in der katholischen Kirche als eine Farbe, die grundsätzlich einen hohen und letzten Einsatz für die Kirche darstellen soll. Rot findet sich daher an hohen kirchlichen Feiertagen, bei Passionsspielen und in vielen liturgischen Gewändern.

Rot spielt auch in der modernen Welt des Verkehrs eine große Rolle: Das Rot der Ampel, rote Streifen bei Umleitungen und Absperrungen verdeutlichen, daß hier stehenzubleiben ist oder daß hier große Gefahren drohen. Ein rotes Auto wird von vielen Leuten als aggressiv empfunden, wobei Unfallforscher wiederum sagen, daß Rot zu allen Jahreszeiten am besten gesehen werden kann. In der Fotografie und in der bildenden Kunst gilt Rot dagegen als eine warme und freundliche Farbe, vor allem dann, wenn man ein Rot in verschiedenen Abstufungen verwendet. Rot zeigt ja bekanntlich eine besonders große Fülle an verschiedenen Tonwerten und demzufolge kann die Farbe Rot in ihrer Symbolkaft keineswegs verallgemeinert werden. Denn bereits ein Kindergartenkind kann mit einem einfachen Malkasten ohne weiteres ein Dutzend verschiedener Rotfarben herstellen.

In der weiblichen Mode gilt Rot als Zeichen für Dynamik, Tatkraft und Durchsetzungskraft. Eine Frau in einem roten Kostüm wird mit Sicherheit größte Aufmerksamkeit finden. Bei den lateinamerikanischen Völkern dagegen war Rot immer schon mit dem Begriff des Blutopfers, des Leidens besetzt.

Schwarz

So wie die meisten Dinge im Leben, hat auch die Farbe Schwarz zwei Seiten. Die meisten Menschen wissen das aber gar nicht und symbolisieren Schwarz immer mit im Grunde genommen negativen Dingen. Lassen Sie uns daher bitte zuerst zur positiven Seite von Schwarz kommen. In den ältesten Überlieferungen der katholischen Kirche, indischer Religionen und von Naturreligionen der Sinti und Roma wird eine Gottheit und zwar eine Frau grundsätzlich in Schwarz dargestellt. Weit verbreitet ist in der katholischen Kirche die Darstelung einer schwarzen Muttergottes. Schwarze Muttergottesabbildungen finden wir immer wieder, sogar in kleinen Kirchen am Lande, weltberühmt dagegen ist die Abbildung der Schwarzen Muttergottes im polnischen Wallfahrtsort Tschenstochau. Rätselhaft und völlig unergründlich blickt uns hier die Muttergottes in Form einer wunderschönen Frau an. Für mich ist diese Abbildung in ihrer Rätselhaftigkeit der Mona Lisa völlig vergleichbar. In Indien wurden und werden vergleichbare schwarz dargestellte Göttinen seit Alters her angebetet. Sehr interessant ist die völlig ähnliche Anbetung bei den Sinti und Roma einer Art von Göttin, die als schwarze Sarah bezeichnet wird. Längst ist inzwischen infolge der Christianisierung aus dieser alten Gottheit eine schwarze katholische Madonna geworden. Wir haben hier Schwarz als Symbol der Liebe der Güte, des Schutzes und der 3 großen, aber unterschiedlichen Kulturen. Es ist bis heute unklar, warum man diesen Frauengestalten Schwarz zugeordnet hat. Es gibt weder bei Indern noch Europäern noch Sinti und Roma einen Hinweis dafür. Die Wahl einer Zigeunerkönigin übrigens, die ja heute noch bei großen Gemeinschaften der Sinti und Roma regelmäßig stattfindet, geht auch auf diese Tradition zurück. Immer wieder wird von Kritikern behauptet, daß die schwarze Farbe im Antlitz dieser Abbildungen durch den Ruß der Kerzen und durch das Altern von Bildern oder Schnitzereien, also durch Umweltschmutz, entstanden sei. Dies konnte aber längst widerlegt werden, denn

Kunsthistoriker haben Farbproben entnommen und konnten einwandfrei feststellen, daß von Anfang an schwarze Farbe verwendet wurde. Für mich deutet die Farbe Schwarz in diesem Fall darauf hin, daß man diese Frauengestalten herausheben und betonen wollte und will. Man will damit sagen, daß es sich um außergewöhliche Persönlichkeiten, wie wir heute sagen würden, handelt. Darüberhinaus besteht für mich kein Zweifel, daß die starke Betonung dieser Frauendarstellungen ein letztes Zeichen dafür ist, daß einst in vielen Teilen der Erde Frauen regierten, und nicht die Männer. Sie sind ein Symbol für das Matrimoniat, für eine Frauenregierung.

Ansonsten ist die Farbe Schwarz bis heute das Zeichen der Nacht, der Finsternis, der Einsamkeit und der Trostlosigkeit. Die Nacht wird mit ihrer Schwärze auch als der Bruder des Todes bezeichnet. Und jeden Tag, wenn wir die Augen schließen um zu schlafen, befinden wir uns normalerweise in einem dunklen, schwarzen Schlafzimmer. Kein Mensch kann bis heute sagen, wo wir während des Schlafes sind. Wo ist unsere Seele? Wo ist unser Verstand? Auch diese Dinge werden mit Schwarz symbolisiert. Schwarz ist das Gegenteil von Weiß, von Licht, von Helligkeit im weitesten Sinn. Wenn wir trauern, tragen wir Schwarz und früher waren die Bußgewänder auch Schwarz. Hier wird Schwarz dazu verwendet, um zu zeigen, daß der Träger schwarzer Kleidung sich freiwillig in eine bestimmte Rolle begibt, um zu trauern, um zu büßen. Trauern und büßen bedeutet auch ohne weiteres das Abtragen einer gewissen Schuld. Schwarz ist das Symbol der Hölle und der mit der Hölle in Zusammenhang gebrachten Symbole. Schwarz wie der Teufel, ein schwarzer Höllenhund, ein schwarzer Bock,ein schwarzer Rabe und schwarz sind die wilden Gestalten, die der Teufel in den Rauhnächten durch die Berge treibt. Eines der wenigen Glückssymbole in Schwarz der heutigen Zeit ist der Rauchfangkehrer.

Die Farbe Schwarz wird aber auch dazu verwendet, um rein äußerlich anzuzeigen, daß man jedem irdischen Schmuck entsagen möchte. Daher ist Schwarz in vielen Kulturen die Farbe priesterlicher Kleidung, sowie von Ordensangehörigen.

Insgesamt ist Schwarz im wesentlichen eher negativ besetzt. Auch das Entsagen jeglichen irdischen Schmuckes, als auch auf die Freuden des Lebens, kann man durchaus als negativ ansehen. Mit großer Wahrscheinlichkeit ist dieser Inhalt der Farbe Schwarz auch die Hauptursache dafür, daß wir Menschen mit schwarzer Hautfarbe so sehr diskriminieren. Wir haben Angst vor ihnen, wir rechnen ihnen negative Eigenschaften zu und können das alles nicht begründen. Hier zeigt sich, wie verhängnisvoll alte Überlieferungen wirken können. Doch lassen Sie mich zum Schluß noch etwas ganz vernünftiges über Schwarz sagen. Je größer die Hitze in der Natur wird, desto mehr können nur schwarze Tücher den menschlichen Körper schützen. Eine schwarze Oberfläche nimmt viel mehr an Hitze auf als eine helle Oberfläche, die schwarze Oberfläche kann daher in ihrem Material (Textilien) die Hitze abspeichern, ohne sie an den Körper weiterzugeben. Die Menschen der arabischen und afrikanischen Wüsten, in den heißesten Zonen der Erde schützen sich fast durchwegs mit schwarzen oder dunklen Tüchern, auch am Kopf.

Tiersymbole

Adam und die Schlange

Adam bildete mit Eva in der Geschichte der Menschheit sozusagen das Urpaar. Alle Menschen sollen von Adam und Eva abstammen, wobei beide Gestalten bei vielen Völkern in unterschiedlicher Form vorkom-

Adam & Schlange

men. Die Schlange bildet in diesem Zusammenhang das Symbol, welches letztlich diese Stammeltern der Menschen dazu überredete, sich aus dem Paradiese, einem goldenen Zeitalter herauszubegeben. Die Schlange ist eines jener Tiere, dem von Anfang an zwei unterschiedliche Seiten zugeordnet werden. Die Schlange ist ein Symbol der Nacht, der Erde, der Unterwelt und der anderen Welt, in der die Toten sind. Die Schlange ist aber auch ein Symbol des Lebens, dem magische Kräfte zugerechnet werden. In der biblischen Geschichte ist die Schlange ein Symbol, das Widerstand bedeutet. Die Schlange ist aber auch ein Symbol der Hoffnung. Sehr schön ist auch die Legende über den Stab des Aaron. Sein Stab wurde im Augenblick der Bedrohung zu einer Schlange, die ihn gegen magische Kräfte beschützte. In der germanischen Überlieferung ist die Schlange ein Glückszeichen. Überliefert ist, daß die Germanen in der Nacht vor ihren Erdhütten ein Schälchen mit Milch stellten, um die Schlange an den Wohnort der Menschen zu binden. Die Schlange bedeutete nämlich Schutz und Glück für die Bewohner. Dieser Brauch hat sich auf einsamen Bergbauernhöfen in den Alpen noch bis in die Mitte dieses Jahrhunderts erhalten gehabt. Die Angst der Menschen, durch einen Schlangenbiß zu sterben, führte aber auch dazu, daß Tiere, welche die Schlange töten, der Adler und andere Raubvögel als besonders positiv angesehen wurden.

In der griechischen Antike war die Schlange ein ganz positives Symbol der Wiedergeburt und der heilenden Kräfte bei Krankheiten. Berühmt die Äskulapnatter als Symbol des Arztes.
Die Schlange ist aber auch ein Zeichen für den ewigen Kreislauf des Lebens und der Wiedergeburt. In diesem Sinne ist die Schlange im Zusammenhang mit Adam und Eva zu sehen. Es dürfte mit Sicherheit so sein, daß man die Schlange als Symbol für das Leben auch Adam und Eva, die ja ihrerseits das größte Symbol für Leben und Geburt sind, zuordnen wollte. Es ist durchaus vorstellbar, daß man das vorchristliche Symbol mit der christlichen Symbolik kombinieren wollte, wie das so häufig der Fall war.

Adler

Er ist das Symbol der absoluten Kraft, extrem scharfer Augen, von Kaisern und Königen und von Freiheit und Souveränität. Er wird nicht umsonst als der König der Lüfte gekennzeichnet. Sehr oft wird der Adler mit zwei Köpfen dargestellt, man spricht dann vom Doppeladler. Der Doppeladler soll immer zwei geheime Botschaften verdeutlichen. Jedem

Adler

Kopf wird eine bestimmte Wirkung zugerechnet. Welche das ist, das bestimmen diejenigen, die sich einen Doppeladler zum Wappentier erwählt hatten. In der Freimaurerei gilt der Doppeladler als Symbol für Macht und Gerechtigkeit. Der Doppeladler war in der Geschichte der Habsburger einer der wichtigsten Wappensymbole. Es gibt viele Deutungen dazu, aber keine von der man sagen kann, sie ist die Richtige. Der Habsburger Doppeladler bedeutet vielleicht, daß das Reich sich nach zwei Himmelsrichtungen erstreckt, nach Ost und West und bekanntlich ging im Reich des Habsburger Kaisers Karl V. die Sonne nie unter. Die zwei Köpfe des Doppeladlers drücken aber auch Wehrhaftigkeit aus und verdeutlichen, daß dieser Adler alles unter Kontrolle hat. Seit dem Ausgleich der Donaumonarchie im vorigen Jahrhundert galt der habsburgische Doppeladler auch als Symbol der ungarischen und der österreichischen Reichshälfte.

Der Adler wird von fast allen Völkern als Symbol der Macht und Herrschaft verwendet. Der Adler findet sich in unzähligen Wappen der Erde. In Südamerika spielt der Adler eine große Rolle in der Überlieferung der alten Kulturen, die vor den Spaniern existierten. Der Adler ist das Kennzeichen von Johannes, dem Evangelisten. Der Adler wird daher in der Kirche gerne als Verzierung von Taufbecken verwendet. Nachdem der Adler über hervorragende Flugfähigkeiten verfügt, versinnbildlicht man mit ihm immer auch den Höhenflug und das Streben zur Sonne empor. Dem Adler wird die Farbe Blau zugeschrieben. Und als Person der Adam.

Im militärischen Leben aller Völker galt und gilt der Adler als Zeichen des tapferen Einzelkämpfers, der blizartig zustößt und sich durch nichts aufhalten läßt.

Affe

In den nichtchristlichen Kulturen wurden dem Affen durchwegs positive Eigenschaften zugerechnet. Man begegnete im alten Ägypten, aber auch im chinesischen Reich dem Affen mit Respekt und behandelte sie ehrfürchtig. Die Affen wurden mit den Eigenschaften der Treue und der Aufopferung gekennzeichnet. Viele Legenden besagen, daß Affen die Sprache des Menschen verstehen würden und daß sie den Menschen unter allen Tieren am nächsten seien. Deswegen wird das Antlitz der Affen auch als so traurig empfunden, weil die Affen über den Menschen zu viel an Schlechtem wissen würden. Der Affe ist aber auch bekannt dafür, daß er sehr viel nachmachen will. In vielen Kulturen wird er daher auch als Symbol des Spaßes, der Unterhaltung und des Tanzens bezeichnet.

In unserer modernen Welt wird der Affe eher als negativ gesehen. Man spricht von Nachäffen, man sagt dumm wie ein Affe usw. Diese falsche Meinung geht mit Sicherheit darauf zurück, daß im früheren Christentum der Affe eher ungünstig symbolisiert wurde. Die Eigenschaft des Affen, etwas nachzuäffen, wurde als Sünde bezeichnet. Das ging so weit, daß

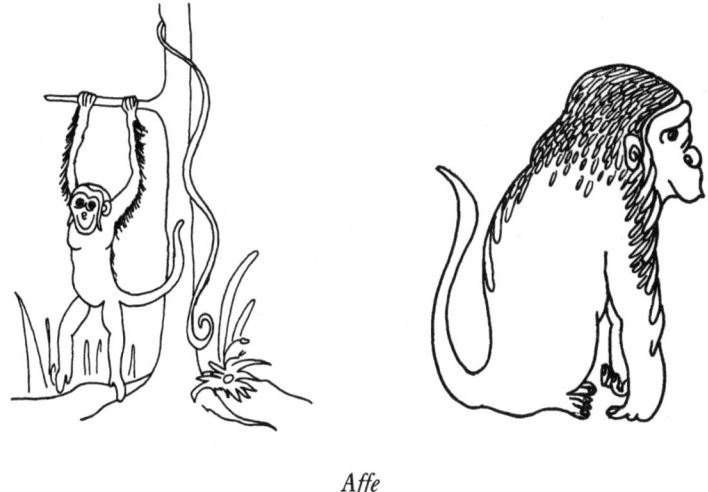

Affe

man den Affen sogar mit dem Teufel verglichen hat. In der Seelenlehre der heutigen Zeit, aber auch in der Traumdeutung steht der Affe für unsichere Einschätzungen. Man ist sich nicht sicher, was man ist, oder wie man die eigene Lage beurteilen kann. Man weiß einfach nicht, soll man in die eine Richtung oder in die andere Richtung sich begeben. Wissenschaftler der heutigen Zeit haben inzwischen herausgefunden, daß der Affe gentechnisch uns Menschen unvorstellbar nahe ist. Diese Erkenntnis wurde erst im Mai 1993 durch neueste gentechnische Forschungen einwandfrei ermittelt. Und jetzt erheben sich wieder die alten Fragen, ob der Mensch nicht doch vom Affen abstammt, was bisher massiv bestritten wurde. Vielleicht sind die Affen unseren nächsten Verwandten im Tierreich?

Ziege

Bei vielen Tiersymbolen ist es unterschiedlich, ob man von dem weiblichen oder männlichen Tier spricht. Je nachdem, gibt es verschiedene Deutungen. Von einer Adlerin war aber in der Symbolik noch nie die Rede, ebenso wenig von einer Äffin. Der Ziegenbock wird eher spöttisch negativ symbolisiert und mit sexueller Vitalität verglichen. Bis heute spricht man, auch in Zusammenhang mit Menschen, in allen deutschsprachigen Ländern über einen alten Bock, und meint damit einen lüsternen Greis. Die Ziege aber als weibliches Tier war immer schon das Zeichen der Zähigkeit, der Sparsamkeit. Eine Ziege kommt mit wenig aus. In allen Notzeiten aller Epochen waren Ziegen oft die einzigen Haustiere, die Milch und Fleisch lieferten. Nur geringe Grünflächen, Wegraine und schlechte Weidestücke genügen, um Ziegen zu halten. Die Ziege ist daher die Kuh des armen Mannes, und lange sagte man in Deutschland, die Ziege ist die Eisenbahnerk-

Ziege

uh (man wollte damit andeuten, daß die Eisenbahner so schlecht bezahlt wurden, daß sie sich nicht einmal eine Kuh halten konnten). Das Fell der Ziege und das Horn galten in alten Kulturen als Symbol des Lebens und des Gebärens. Das Ziegenfell war Kennzeichen der griechischen Göttin Athene. In der frühchristlichen Welt galt die Ziege als Symbol der Frömmigkeit und des Strebens, Gott nachzueifern.

Delphin

Er zählt zu den berühmtesten Säugetieren in der Antike. Ihm werden gute und liebenswürdige Eigenschaften zugeordnet. Von der antiken Sagenwelt bis heute herauf ist bekannt, daß der Delphin Menschen im Meer zu retten vermag. Es gibt Sagen, in denen das erzählt wird und es gibt Geschichten aus heutiger Zeit, von denen man weiß, daß sie zutreffen. Der Delphin war das Wappentier von Apollo und der Aphrodite. Die Delphine werden auf eine ganze geheimnisvolle Weise seit alters her mit der Seele des Menschen in Verbindung gebracht. Bisher war es immer so, daß der Delphin den Menschen zeigte, wie sehr er ihn braucht. Nur selten näherte sich der Mensch dem Delphin als Freund und nicht als Räuber und Mörder. In vielen Kulturen, z. B. bei den Etruskern, wurde gesagt, daß die Delphine die Seele der Verstorbenen in die andere Welt begleiten. Es gibt auch viele Sagen, in denen Delphine sich in andere

Delphin

115

Wesen verwandelt haben. Wenn wir z. B. davon ausgehen, daß es die Wiedergeburt gibt, und wir in anderer Form weiterleben, so könnte es durchaus sein, daß die heute lebenden Delphine einmal Menschen waren. Der Delphin ist ein Symbol der Fürsorge. Trotzdem werden Delphine heute noch in Amerika und Rußland mit brutalsten Metoden dressiert, um mitunter bei militärischen Einsätzen, zum Minenräumen verbraucht und hingeschlachtet zu werden.

Drache

Im Christentum ist der Drache ein Kennzeichen für den Teufel. Bei Abbildungen des Satans oder Luzifers sehen wir oft den Drachen mit abgebildet. Der Drache ist ein Symbol für Michael den Erzengel, der den Drachen bekanntlich überwunden hatte. Der Drache ist auch mit der Eigenschaft ausgestattet worden, Feuer zu speien und demzufolge ist der Drache ein Kennzeichen des Feuers, der Hölle, des Fegefeuers und der ewigen Verdammnis.

Drache

Bei allen Völkern ist der Drache eines der ältesten Symbole. Wir wissen nicht warum das so ist. Er ist ein Zeichen für unbändige Kraft, für unaufhaltsames Voranschreiten und demzufolge für dämonische Eigenschaften. Es ist durchaus möglich, daß diese Überlieferung auf die Dinosaurier zurückgeht. Sofern es immer wieder Epochen gegeben haben kann, in denen Menschen lebten und wieder untergingen, ist es auch denkbar, daß zur Zeit der Dinosauerier Menschen gelebt haben können. Das Ende der Dinosaurier war mit Sicherheit auch das Ende der damals lebenden Menschen. Aber einige wenige Menschen können auch die Katastrophe, die damals vor über 100 Millionen Jahren die gesamte Erde erfaßte, überlebt haben. Aus diesen Menschen entstanden danach in ewigen Zeiten später erneut umfangreiche Bevölkerungen. Die Drachen oder Dinosaurier wurden durch die Katastrophe ausgerottet, ein Teil überlebte, wurde aber in seiner Erbmasse zu winzigen Tieren verändert. Heutige Krokodile sind schon winzig im Vergleich zu Dinosauriern, aber auch unsere Echsen stammen von diesen Drachen der Urzeit ab. Es gibt überhaupt keinen Zweifel daran, daß diese menschliche Überlieferung über die Drachen auf die Dinosaurier zurückgehen kann.

Eber

In der Antike Roms und Griechenlands, ebenso bei den Germanen und bei den Kelten ist der Eber ein Symbol für wilde Kampfeslust, für urwüchsige Kraft und für großen Mut. Der Eber wird insgesamt nur positiv gesehen. Er greift nur an, wenn er selbst angegriffen wird oder seine Nachkommenschaft verteidigen muß. Der Eber ist Symbol des Kriegsgottes Mars, er wird in vielen Wappen als Zeichen der Tapferkeit geführt, er ist aber auch das Wappentier des Heiligen Kolumban. Im Mittelalter meinte man, daß das Mehl gemahlener Eberknochen große Heilwirkung hätte. Von den Germanen ist überliefert, daß sie den Zähnen oder Hauern des Ebers magische Kräfte zubilligten. Bis weit in die Neuzeit herein dachte man genauso und bekämpfte Krankheiten mit dem Mehl von zerstoßenen Eberhauern.

Einhorn

Es ist eines der berühmtesten Fabeltiere. Die Darstellung in der Antike und später in ganz Europa zeigte einen stilisierten Hirsch, aus dessen Stirne ein einziges Horn herausragte. Das Einhorn ist also ein nichtexistierendes Tier. Das Einhorn gilt als Symbol der Schnelligkeit und der

Einhorn

Intelligenz. Seinem Horn werden magische und medizinische Kräfte unterstellt. Das Horn wurde im Mittelalter und in der Antike als Pulver in Apotheken zu unvorstellbaren Preisen verkauft. Das Pulver vom Einhorn sollte als Potenzmittel wirken, sowie ganz allgemein die Kräfte des Körpers stärken. Wir würden heute sagen, daß dieses Einhornpulver ein Mittel zur Stärkung der allgemeinen Abwehrkärfte sei. Nachdem es das Einhorn bekanntlich nicht gibt, war und ist die Sache mit dem Einhornpulver nach wie vor ein schöner Schwindel. Jegliche Art von Horn wurde zu Einhornpulver verarbeitet. Zahlreiche Tiere Afrikas müssen für diesen Aberglauben bis heute ihr Leben lassen. In vielen Darstellungen wird das Einhorn auch als Symbol der Jungfräulichkeit abgebildet. Das Einhorn ist somit auch ein Zeichen für Unschuld und Reinheit, und für die Hoffnungen, die das Christentum z. B. in den Glauben an die Jungfrau Maria legt. Bei christlichen Darstellungen des Einhorns sind daher immer derartige Vorstellungen zu unterlegen.

Elefant

Er ist das klassische asiatische Symbolwesen. Ihm werden die größte Intelligenz, enorme Weisheit zugewiesen. Der Elefant wird auch mit verschiedenen Farben abgebildet. In Indien ist er das Symbol zahlloser Gottheiten. Der Elefant wird aber in den ganzen Ländern Asiens

Elefant

bekanntlich auch als Arbeitstier verwendet und wird dann mit den Eigenschaften der Körperkraft, der Geduld und der Ausdauer versehen. In zahlreichen Abbildungen sehen wir den Elefanten in einer Haltung, die große Weisheit darstellen soll. Modern ausgedrückt, könnten wir also sagen, der Elefant schaut aus wie ein Professor mit Rüssel.

Lange Jahrhunderte war der Elefant in Europa fast ein Fabelwesen und man schrieb ihm ähnliche Eigenschaften zu wie dem Einhorn. Wenn von einem weißen Elefanten, wo und wann immer die Rede war, so wollte man damit zum Ausdruck bringen, daß die vorher genannten Eigenschaften des Elefanten noch stärker vorhanden waren. In der chinesischen Welt ist der Elefant ein Zeichen des Glücks und der verständnisvollen Güte.

Wir Menschen der modernen Zeit wissen inzwischen, daß Elefanten ausschließlich gute Eigenschaften haben. Wir wissen, daß sie sehr intelligent sind, daß sie sehr empfindsam sind und daß sie sich an jede Ungerechtigkeit zeitlebens erinnern. Man sagt, ein Elefant vergißt nie. Daraus ist in jüngsten Zeiten der Begriff entstanden vom Elefantengedächtnis.

Eule

Wer kennt nicht den Spruch "Eulen nach Athen tragen"! Damit meint man, etwas völlig sinnloses zu tun. In der deutschen Sprache sagt man dafür auch Wasser in den Bach gießen. Die Eule war das Wappentier der griechischen Göttin Athene und davon stammen auch viele Eigenschaften her, die man der Eule zuweist. Man meint, daß sie rätselhaft sind, undurchsichtig und nachdenklich. Nachdem die Eulen sozusagen in der Nacht leben, ist die Eule auch vor allem in Europa ein Symbol der Nacht geworden. Immerhin kann die Eule in der Nacht ihr Leben sehen und gestalten. Allein aus dieser Fähigkeit haben die Menschen früherer Zeiten sich gesagt, daß die Eule über ganz besonders beeindruckende geistige Eigenschaften verfügen muß. Und das kann ja auch durchaus der Fall sein, denn was wissen wir von den Tieren? Die großen Augen der Eule werden gelegentlich bei bestimmten Kulturen, z. B. bei den Chinesen nicht nur als rätselhaft, sondern sogar als hintergründig und dämonisch angesehen. Aus all diesen Gründen wurde die Eule zum großen Symbol für Weisheit, Gelehrtheit und Rätselhaftigkeit. Ihre Augen sehen alles, verraten aber nichts darüber, was die Eule denkt...

Eule

Falke

Die ältesten Darstellungen des Falken stammen aus dem alten Ägypten. Der ägyptische Himmelsgott Horus wird als Falke symbolisch abgebildet. Hier finden wir die ersten Darstellungen, die einen ganzen Falken zeigen, mit menschlichen Gesichtszügen, umgekehrt gibt es aber auch Abbildungen des Gottes Horus in Menschgestalt mit dem Kopf eines Falken. Dem Falken werden ähnliche Eigenschaften bei allen Völkern zugerechnet wie dem Adler: Scharfsichtigkeit im geistigen und optischen

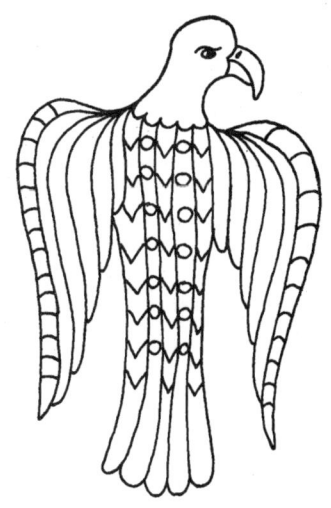

Falke

Sinne, Souveränität, denn er kann sich ganz weit über den Menschen in die Lüfte erheben. In den arabischen Ländern spielt der Falke eine der größten Rollen der Symbolik. Er ist das Symbol für den Herrscher, er ist das magische Zeichen der Macht. Keine Kultur hat eine so enge Beziehung zu den Falken wie die Araber, bei denen der Falke (nicht nur) zur sportlichen Falkenjagd eingesetzt wird. Der Falke und sein Besitzer haben eine ähnlich enge Beziehung wie Herr und Hund bei uns. Das Bindeglied ist in Arabien dabei der Falkner, der sich um die täglichen Bedürfnise und die Ausbildung des Falken zu kümmern hat. Der Falkner ist verantwortlich für das direkte Wohlergehen der ihm anvertrauten Falken. Demzufolge wird in der Symbolkunde nicht nur der Falke, sondern ebenso oft der Falkner abgebildet. Ein Falke sitzt auf der Schulter oder auf der ausgestreckten Hand des Falkners. Beide blicken empor nach oben zum Licht, zur Sonne, zum Himmel. Die Germanen gaben dem Falken zusätzliche magische Eigenschaften. Ihre Götter konnten sich in einen Falken verwandeln und durch die Lüfte fliegen. Der Gott Odin wurde meist überhaupt nur als Falke beschrieben und es ist nicht sicher, ob Odin sich gelegentlich in einen Falken verwandelte oder umgekehrt. Seit eh und je wurde der Falke zur Jagd eingesetzt und wurde schon lange zum Symbol für Durchsetzungsfähigkeit. In der symbolhaften Sprache der Politik verwendet man daher gerne den Begriff ein Falke oder die Falken und meint damit die Verfechter einer harten Linie. Der Falke wurde außerdem zum größten aristokratischen Symbol in Europa: Erstens, weil die Falkenjagd eine Sache des Adels war und zweitens, weil die Falkenjagd an allen Höfen Europas zur Kurzweil betrieben wurde.

Fisch

Er ist ein wunderschönes Beispiel dafür, daß Symbole auch als geheime Erkennungszeichen dienen können. Die frühen Christen verwendeten den Fisch als Symbol, um sich gegenseitig zu erkennen. Der Fisch gilt als Wesen des Wassers und wird damit bei vielen Völkern als Symbol des Lebens aufgefaßt. Da aber Wasser eine Sache ohne Anfang und ohne Ende ist, gilt auch der Fisch als Kreislauf des Lebens, der Liebe und der Natur. Bekannt sind auch die schönen Überlieferungen, daß Jesus Christus und die Apostel Menschen gefischt haben sollen. Bis heute spricht man von den Menschenfischern und meint damit, die Missionsarbeit christlicher Kirchen zu allen Zeiten. Auch die Taufe der Christen wird mit dem Fisch symbolisiert. All dieses bewirkte, daß der Fisch ein Symbol des Glücks ist. Fische wurden zum Symbol von vielen Heiligengestalten, so z. B. der in Bayern sehr verehrten Elisabeth von Thüringen, aber auch des Andreas und des Antonius von Padua. Jonas wird vom Fisch verschluckt und dieser Fisch spuckt den armen Jonas wieder aus. Theologen halten dieses Gleichnis für ein Symbol der Wiederauferstehung von Christus.

Fisch

In moderneren Zeiten wird der Fisch mit seelischer Kälte gleichgesetzt und dient als das Gegenstück der hitzigen Leidenschaften. Der Fisch ist auch ein bekanntes astrologisches Symbol. Die im Sternzeichen des Fisches geborenen Menschen sollen kalt wie ein Fisch sein, sehr empfindlich und nachtragend und allen Leidenschaften abhold. In vielen Epochen galt der Fisch als eine Luxusspeise, die nur den höchsten Persönlichkeiten vorbehalten war. Daraus leitet sich mit Sicherheit die Tatsache ab, daß Fisch zu besonderen Gelegenheiten die Speise hoher Priester war (Fastenzeit). In China und in Japan gilt der Fisch als glückliches Zeichen, da man mit ihm ein gesundes Nahrungsmittel und Wasser verbindet. Beides sind wichtige Elemente des Lebens. Karpfen gelten in Europa auch als Symbol der Kraft und der Stärke, da man die Schwimmeigenschaften des Karpfens überaus hoch einschätzt. Der Karpfen kann auch schwierige Strecken bergauf schwimmen, er kann ein Wehr überwinden und Wasserfälle bewältigen. In der Astrologie gelten die Fische-Geborenen als Wesen, die nach Frieden und Sanftheit streben. In Traum- und Psychoanalyse gilt der Fisch als Symbol des männlichen Geschlechtsorganes. Der Fisch lebt bis heute in vielen Sagen und Geschichten fort. Besonders erwähnenswert sind die vielen Erzählungen über Walfische, über einen weißen Wal und über die guten Eigenschaften dieser größten Säugetiere der Erde. In der gesamten christlichen Welt ist der Fisch eines der Ursymbole. Er stellt das Heilige Abendmahl dar und steht mit Brot und Wein in engstem Zusammenhang. Bekannt ist auch die Rolle der Päpste, die sich immer auch als Fischer gefühlt haben.

Gans

Schon Jahrtausende vor Christi Geburt war die Gans ein beliebtes Haustier. Die meisten Menschen unserer Zeit wissen nicht, daß die Gans eines der treuesten Haustiere ist. Gleichzeitig ist die Gans unbestechlich. Sie läßt sich mit Leckerbissen von ihrem Haus nicht weglocken. Gänse (ebenso der Pfau) sind die besten Wachtiere, die es für ein Haus gibt. Sie leben im Freien, benötigen zu kalten Jahreszeiten einen Stall mit offenem Ein- und Ausgang und lassen sich nicht einfangen. Ein Einbrecher oder Dieb wird mit wütendem Geschrei attackiert. Die Bewohner des Hauses wachen sofort auf und wissen, daß Gefahr herrscht. Gefürchtet sind zurecht die Angriffe von Gänsen oder eines Pfaues. Bis heute lassen die Amerikaner militärische Depots oder Raketenstellungen von Graugänsen bewachen, die sich innerhalb des umzäunten Areals frei bewegen. Einer der Soldaten ist für die Betreuung der Gänse zuständig. Keine elektronische Wachanlage kommt an die Wachsamkeit von Gänsen heran. Deshalb werden auch heute noch in Oberbayern auf Einödhöfen bevorzugt Gänse oder Pfauen zur Bewachung und zum Schutz eingesetzt. Diese Eigenschaften der Gans finden wir auch in der Symbolik vertreten: Treue und Wachsamkeit. Die Gans ist auch das Wappentier des Heiligen Martins. Er wollte bekanntlich nicht Bischof werden und versteckte sich im Stall bei den Gänsen, die natürlich sofort ein fürchterliches Geschnatter erhoben, sodaß der hl. Martin entdeckt wurde. Dem Gänserich wird eine große seelische und körperliche Liebesfähigkeit zugewiesen. Speziell der Gänserich dient als Symbol der Liebe und der Freude an der Liebe, er ist aber nicht Symbol ekelhafter Lüsternheit eines alten Bockes... Gleichzeitig wird dabei immer betont, daß diese Eigenschaften positiv zu sehen sind, weil der Gänserich immer nur eine Frau liebt. Bekannt ist auch das deutsche Sprichwort "Schnattern wie die Gänse". Man meint damit, daß jemand zuviel spricht. Seit alters her hat auch der Flug der Gänse in genau ausgerichteter Formation über ganze Kontinente hinweg die Phantasie der Menschen angeregt. Von der Seelenwanderung bis zum Fernweh (Wildgänse rauschen in dunkler Nacht)) reichen dabei die Vorstellungen von uns Menschen.

Geier

Geier

Bei allen Völkern und Kulturen gilt er als Vogel des Todes und der Verwesung. Man weiß, daß er ein Aasfresser ist. Damit wurde er aber auch zum Symbol des Soldaten. Der Geier wird in vielen militärischen Abbildungen verwendet, auch in persönlichen soldatischen alten Wappen. In der Antike und im alten Ägypten wurde der Geier mit vielen Gottheiten zusammengebracht. So z. B. in Form der Geiergöttin Elkab. Der Geier war das Symbol von oft grausam regierenden Herrschern, bei denen der Tod des Einzelnen oder der von Unzähligen nichts bedeutet hatte.

Dem Geier werden aber auch Fähigkeiten nachgesagt, die man als dämonisch ansieht: Man sagt z. B. , wenn ein Geier über das Haus fliegt, ist der Tod nahe. Noch im Ersten Weltkrieg glaubten die Soldaten, wenn Geier in den Lüften kreisten, daß an diesem Ort demnächst ein großes Gemetzel oder eine Schlacht stattfinden würden: man ging davon aus, daß die Geier schon vorher erahnen würden, wo es demnächst Leichenfleisch zu essen geben würde.

Hahn

Am bekanntesten ist der Hahn bei uns als ein Symbol von Christus, wo das Krähen des Hahnes zeigte, daß nun das Christentum in alle Zukunft leben wird. Ebenso bekannt ist der Hahn auf Kirchtumspitzen und vor allem früher auf dem Dach von Bauernhäusern. Da ist der Hahn zum Symbol geworden für Licht und Sonne, denn bei allen Völkern gehört der Hahn mit seinem Krähen am frühen Morgen zu den Verkündern des neuen Tages. Er ist ein Markenzeichen für das Leben, für den neuen Tag, für die Sonne und das Licht. Damit wurde der Hahn auch ganz allgemein zu einem Symbol dafür, daß etwas Neues beginnt. Bekannt ist auch die Kampfeslust des Hahnes (Streithähne) und seine Freude am Zweikampf. In der Antike war er ein Kennzeichen von Mars und Apollo. Bei uns bekannt ist auch der Spruch, Feuer am Dach oder der rote Hahn und man meint damit eine schwere Feuersbrunst. Als Symbol des roten Lichtes wurde der Hahn in deutschen Ländern auch zum Kennzeichen des Feuers.

In Frankreich ist der Hahn das Wappentier geworden (Wapen des hl. Gallus) und man spricht symbolisch vom gallischen Hahn, so wie vom deutschen Michel. Der Hahn ist auch Symbol des Hl. Vitus. Bei den slawischen Völkern christlichen Glaubens, ist der hl. St. Veit (Vitus) eine der wichtigsten Gestalten, die in der Kriegsgeschichte des Balkans eine große Rolle spielt, leider bis heute. Am St. Veitstag, dem 28, Juni 1914, wurden Franz Frerdinand und seine Frau, das österreichische Thronfolgerpaar in Sarajewo 1914 ermordet - das löste den Ersten Weltkrieg. aus. Vor 600 Jahren besiegten die Türken in der Schlacht am Amselfeld am St. Veitstag, dem 28. Juni 1389 das serbische Heer. Seither ist der 28. Juni, der St. Veitstag eines der wichtigsten Symbole im Leben der Serben, sowie in ihrem Kampf um Freiheit, Unabhängigkeit und Eigenstaatlichkeit. Der Besuch des österreichischen Thronfolgerpaares in Sarajewo am St. Veitstag war eine gezielte Provokation der damals führenden Großmacht Österreich-Ungarn gegen das in ihren Augen kleine Serbien. Leider wurde und wird - heute noch mehr - die Bedeutung von kirchlich-nationalen Gedenktagen in Europa, besonders in Deutschland, ignoriert. Das war übrigens einer der größten Fehler deutscher Balkan- Außenpolitik seit gut 100 Jahren und kurz vor Genschers blitzartigem Rücktritt. Bundesdeutsche Diplomaten verweigern darüber übrigens jedes Gespräch. . . Absicht? Dummheit? Mangel an Bildung?

Im Sommer 1914, vor Ausbruch des Ersten Weltkrieges, in verschiedenen Juni- Monaten des Zweiten Weltkrieges und im Frühsommer 1990 gab es zahlreiche, gezielte Warnungen an Großmächte, an im Balkan sich involviert zu fühlen müssende Staaten (wie Deutschland) sich militärisch, politisch zurückzuhalten. Diese Warnungen begründeten sich unter anderem auf der Tradition negativer Symbolistik und negativer Symbolwirkung, auch auf das Karma von Symbolen. Dieses negative Karma von Symbolen, die konkret den Balkan betreffen, ist in der hochseriösen Geschichtswissenschaft sogar ein alter Hut und kalter Kaffee. Staatspolitische Kreise in - komischerweise - allen deutschprachigen Ländern - haben sich während des gesamten 20. Jahrhunderts geweigert, darüber auch nur nachzudenken. Letztlich war diese Mißachtung Genschers "großer Fehler" nach einer hinreißenden, wertvollen, anständigen und seriösen Lebensarbeit als hervorragender Politiker.

Ein deutscher Spitzendiplomat hat mich zu dieser Thematik vor 2 Jahren um eine Beratung gebeten. Dieses Gespräch werde ich nie vergessen. Die am Balkan nun erneut ablaufende Tragödie war eingeweihten Kreisen seit langem bekannt und ist einwandfrei aus der Symbolkunde negativer Symbole sowohl schriftlich als auch mündlich vorhergesagt worden. Ich habe schon in einem meiner Standardwerke 1974 darauf hingewiesen, wobei dieses Standardwerk seit 1974 bis heute dauernd neu aufgelegt wird. Aber abgesehen davon, zur Symbolkunde der Monate Mai, Juni, Juli, August am Balkan, sowie des so bedeutenden slawischen St. Veitsta-

Hahn

ges gibt es seit Jahrzehnten von hervorragenden Universitätsprofessoren, von den Koryphäen der Historikerzunft, unzählige Belege.

Das war ein extrem tragisches Beispiel dafür, wenn Menschen und Mächte glauben, in Verblendung und Meinungsarroganz die positive/negative Macht von Symbolen ignorieren zu müssen. Doch kommen wir zurück zum Hahn. Der Hahn auch ist das Wappentier des hl. Vitus oder St. Veits, der in Kärnten, das einst slowenisches, slawisches Land war, als Ort und Legende heute noch weiterlebt. Der Hahn als Symbol des Kampfes und der St. Veitstag als Kampftag. . . was für eine tragische Symbiose.

In der negativen Mythologie, bei Satansmessen, bei blutrünstigen Opferritualen wurde seit eh und je (leider) ein schwarzer Hahn grausam geopfert. Satanskulte existieren bis heute und dabei werden nachweislich immer noch schwarze Hähne umgebracht. Mit dem Opfern eines schwarzen Hahnes und mit dem gesamten Satanskult, der damit verbunden wird, glauben die Anhänger dieses Kultes Herrschaft über dämonische Kräfte gewinnen zu können. Diese dämonischen Kräfte sollen dann dazu dienen, um negative Herrschaft über andere Menschen zu erlangen.

Diese Bestrebungen sind von größter Gefahr. So haben minderjährige Satansjünger im Frühjahr 1993 in Ostdeutschland einen 15-jährigen Schüler grausam zu Tode gefoltert, weil dieser durch Zufall auf den Satanskult aufmerksam wurde.

Hase

Er gilt als sanftes Tier und als Glücksbringer, ebenso gilt er als lüstern und als Symbol des Mondes. Er gilt darüberhinaus als wachsam, wobei ich noch nie einen Menschen getroffen habe, der einen Hasen als Wachhund verwendet hätte. Im deutschen Glauben gilt der Hase vor allem als furchtsam und feige, man spricht von einem Hasenfuß und meint damit einen eher furchtsamen Menschen. Die Bezeichnung Hasenfuß stammt übrigens aus dem Mittelalter, in dem der Hase gerne als Symbol der Feigheit abgebildet wurde, weil er vor den Angreifern davon lief. Bekannt ist der Hause natürlich als Osterhase und hier gilt er mit den Ostereiern als Kennzeichen des christlichen Osterfestes, ebenso wegen des Ostereis als Symbol der Fruchtbarkeit und des Frühjahrs.

Hase

Henne

Im Gegensatz zum kampfeslustigen Gemahl, dem Hahn, ist die Henne das weltumspannende Symbol für Mutterinstinkte, für Müttlicherkeit und für Schutz. Nicht umsonst sagen wir, sie gluckt, oder man spricht von einer Gluckhenne und meint damit auch Mütter, die ihre Kinder besonders umhegen. Die Gluckhenne ist aber auch ein altes Symbol, wie man Schwache, Alte und Schützbedürftige beschützt. In der europäischen Überlieferung gilt die Henne aber auch als dumm, als zerfahren und sinnlos verrückt. Man spricht von einem armen Huhn, von einer dummen Henne, von einer Krampfhenne und will damit zum Ausdruck bringen, daß bestimmte Frauen so wie eine Henne seien. Diese frauenfeindliche Symbolik der Henne stammt aus dem Mittelalter und ist Resultat der Vorstellung, daß eine Henne generell dumm sei. In der Volksmedizin wird das Blut der Henne und der Kot traditionell als Medizin verwendet. In Notfällen wird auch heute noch in einsamen Berggegenden Hühnerkot auf offene Wunden aufgelegt und führt fast immer zu einer perfekten Heilung. In manchen Gegenden der Alpen hat die Henne daher auch symbolische, medizinische Heilkräfte.

Heuschrecke

Wohl am berühmtesten ist die Story, die uns Moses hinterlassen hat, als die Heuschrecken in das biblische Land einfielen. Seither ist das Wort Heuschreckenplage das Symbol geworden für massenhaftes Elend.

Hirsch

Er ist eines der ältesten Legendentiere der Menschheit. Er wird als ein Tier dargestellt, daß aus den Weiten des Weltraums zu den Menschen gekommen ist. Sein Geweih galt immer schon als Symbol von Geburt und Leben, weil es sich ständig erneuert. Der Hirsch zählt zu den ältesten Darstellungen und Zeichnungen der Menschheit. Interessant ist die Deutung des Hirschgeweihs als Symbol des Lebens: Diese Deutung entstand wegen der ständigen Erneuerung, wie wir schon sagten. Zugleich wird das Geweih als Symbol empfunden, das nach oben zum Himmel gerichtet ist. Das Geweih des Hirschen ist positiv besetzt. Schon vorchristliche Religionen haben dem Geweih in Zeichnungen und Darstellungen einen Sonnenkranz aufgesetzt. Daraus folgte dann der Brauch im Christentum, das Geweih mit einem Kreuz zu schmücken. Diese Art der Abbildung lebt noch heute in ganz Europa fort. Das Horn des Hirschgeweihs hat immer schon als wunderbare Medizin gegolten und wurde mit teuren Preisen gehandelt. Die Milch der Hirschkuh gilt ebenso bis heute als heilkräftige Medizin für Augenkrankheiten.
Demgegenüber ist der Hirsch das Symbol der männlichen Stärke. Am meisten wird dies im Geweih des Hirsches symbolisiert. Sein Geweih galt bei allen Völkern und Kulturen als Zeichen überlegener männlicher Kraft im Sinne von Souveränität. Umgekehrt entstand daraus auch der spöttische Ausdruck, einem anderen Mann Hörner aufzusetzen, wenn man dessen Frau verführte. Wenn in lustiger Runde Gruppenfotos gemacht werden, dann hält der eine gern dem anderen mit zwei Fingern ein V-

Hirsch

Zeichen hinter den Kopf. Damit will man also spaßhaft dem anderen zwei Hörner zeigen. In Wirklichkeit heißt das aber, daß man diesem Mann immer wieder mal die Frau ausspannt. Es heißt nicht auf Dauer, die Frau wegzunehmen, sondern nur gelegentlich, im geheimen. In Deutschland wird dies aber nicht mehr so aufgefaßt. Hüten Sie sich aber davor, dieses Zeichen in geselligen Runden bei romanischen Völkern zu machen. Es gilt als die größte Beleidigung, die man z. B. einem italienischen Mann, und sei es der beste Freund, antun kann. Dieses V-Zeichen, der Finger ist also ein Symbol für das Geweih des Hirsches, es gilt immer schon als Symbol des Gehörnten, also des Teufels und ist negativ besetzt, wenn man es über dem Kopf eines anderen Menschen zeigt.

Hund

Unter allen Tieren ist der Hund dasjenige, das sich am frühesten an den Menschen angeschlossen hat. Dies dürfte vor ungefähr 60. 000 Jahren geschehen sein. In der Zwischenzeit hat sich kein anderes Tier mehr auf Gedeih und Verderb so an den Menschen gebunden wie der Hund. Er ist ein Symbol für die Treue, auch dann, wenn er vom Menschen sogar schlecht behandelt wird. Er ist jederzeit bereit, sein Leben für seine Besitzer zu opfern. Seit altersher war der Hund in vielen Situationen der einzige Schutz, den Menschen hatten. In Einsamkeit und Gefahr, hat der

Hund

Instinkt des Hundes gewarnt, ehe die jeweilige Gefahr sichtbar wurde. Der Mensch und sein Hund konnten sich oft rechtzeitig vor der Gefahr zurückziehen. Dieser Instinkt des Hundes, uns frühzeitig vor den Gefahren zu warnen, wurde von den alten Kulturen Europas, von Ägypten bis zu den Germanen, als Fähigkeit des Voraussehens bezeichnet. Der Hund konnte sozusagen Geister sehen. In der griechischen Welt war der Hund mit 3 Köpfen ausgestattet und wurde Cerberus genannt. Er bewachte die von dunklen Schatten umgebene Pforte zum Jenseits. Im Laufe der Jahrtausende nahm der Hund viele Rollen in der Vorstellung der Menschen ein: Er war Kampfhund, er begleitete den Heiligen Hubertus und andere, er war das Symbol des Totengottes Anubis in Ägypten. Im europäischen Mittelalter wird der Hund als Vasall gesehen und so auch oft dargestellt auf Gräbern. Der Sarkophag des Bayernherzogs Tassilo III. zeigt die Figur in Stein des Tassilo und ihm zu Füßen seines Hundes in Kremsmünster in Oberösterreich. In den lateinamerikanischen Reichen wurde der Hund als Begleiter in das Jenseits gesehen, der die Toten durch alle Gefahren geleitete.

Ibis

Dieser Stelzvogel wurde im alten Ägypten groß verehrt. Er war heilig. Er wird als Stelzvogel abgebildet mit einem übergroßen, sichelförmig gebogenen Schnabel, mit dem er im Erdreich oder im Wasser nach Nahrung sucht. Der Ibis galt in Ägypten als Symbol der Weisheit ja sogar als Gott der Weisheit. Da er heilig war, wurde er in Tonkrügen bestattet. Aufgrund des sichelförmig gebogenen Schnabels verglich man ihn mit der Mondsichel und so wurde der Ibis im alten Ägypten auch zum Signum des Mondes.

Kamel

Die Araber unserer Zeit nennen es spaßhaft den Omnibus der Wüste. Aber in Wirklichkeit konnte erst mit Hilfe des Kamels die Wüste bewohnbar gemacht werden. Kaum ein anderes Tier kann in der Wüste leben und oft so schwere Lasten tragen wie das Kamel. Das Dromedar ist körperlich lange nicht so belastbar wie das Kamel. Der hl. Augustin, der bekanntlich in Nordafrika lebte, und sich oft zur Meditation in die Wüste zurückzog, machte das Kamel zum Inbegriff der Demut. In allegorischen Darstellungen bedeutet das Kamel oft die asiatischen Länder. Daß ein Kamel leichter durch ein Nadelöhr geht, als ein Reicher durch die Himmelspforte - diese Volksweisheit stimmt sicher, aber es gibt keinen Beleg dafür, daß man sie Christus zuschreiben kann. Ich würde eher sagen, daß darin zum Ausdruck kommt, daß das Kamel Unmögliches vollbringen kann - nämlich jahrelang in der Wüste zu leben und zu arbeiten. In der christlichen Religion ist das Kamel auch ein Symbol der Heiligen Drei Könige.

Katze

Zoologen sagen, daß die Katze ungefähr vor 4000 Jahren domestiziert wurde. Katzenexperten von heute sagen dagegen, daß das nie gelungen ist und die Katze nach wie vor im Gegensatz zum Hund ihr reges Eigenleben besitzt. Und es ist tatsächlich wahr, daß sich Katzen in vielen Dingen nichts vom Menschen hineinreden lassen. Sie können jederzeit auch ohne Mensch leben und suchen dann die Nähe des Menschen, wenn es ihnen, den Katzen, genehm ist. Die Katze ist das Symbol der Zweiseitigkeit. Einerseits an den Menschen angelehnt, andererseit ein Freiheitsfanatiker. Das Antlitz der Katze gilt bis heute zumindest als rätselhaft und undurchschaubar. Man spricht oft von Frauen und sagt, "sie hat etwas Katzenartiges an sich". In der Antike waren die Katzen das Sinnbild der Göttin Diana und schwarze Katzen wurden als Zauberer angesehen. Zur Zeit der Hexenverfolgungen in Europa, wurden die schwarzen Katzen als

Katze

Symbol der Hexen bezeichnet. Seither gilt die schwarze Katze für uns als Unglückssymbol. Die Hexenverfolgungen waren in Wirklichkeit ein Holocoust an den Frauen, die man als Hexen diffamierte, dann mit einem Feindbild belegte, darunter mit der schwarzen Katze. Wir haben hier ein tragisches Beispiel dafür, wie Symbole dazu dienen, um schwerste Verbrechen gegen die Menschlichkeit zu begehen.

Für viele Menschen, auch im Traum, ist die Katze das Symbol der Weiblichkeit, der Sauberkeit, der Schönheit und weiblicher Rätselhaftigkeit. Die Katze wurde in deutschen Landen immer schon dafür bewundert, daß sich ihre Augen absolut jedem Licht anpassen können und daß sie sogar in völliger Finsternis auf Jagd gehen kann. Dadurch wurde die Katze zum Symbol für kriegerische Schläue.

Kranich

Seine majestätische und völlig ruhig wirkende Haltung machte ihn schon früh in der Geschichte zum Symbol der Weisheit. Vermutlich aufgrund seiner Statur wurde er aber auch ein Sinnbild für die Erhabenheit. Man

Kranich

muß allerdings aufpassen, denn oft kann man nicht unterscheiden, ob ein Kranich oder ein Reiher abgebildet wurde. Berühmt ist Schillers Werk "Die Kraniche des Ibikus" Hier werden die Kraniche zum Vollstrecker der Götter.

In der Reihung ist der Kranich an erster Stelle der Vollstrecker der Götter, an zweiter Stelle der Erhabenheit und an dritter, untergeordneter Position Signum der Weisheit.

Krebs

In der Astrologie ist der Krebs ein weiblich orientiertes Wasserzeichen. Es steht mit dem Mond in engster Verbindung und der Mond wiederum mit dem Smaragd. Daraus lassen sich viele astrologische Begriffe ableiten. Der berühmte griechische Arzt Hyppokrates war der Erfinder des Begriffes Krebs als Name eines Tumors und bezeichnete damit dieselbe Krankheit, die wir darunter verstehen. Krebs und Menschen werden öfters als gemeinsame Phantasiewesen abgebildet. In kirchlichen Abbildungen kommt der Krebs häufig vor. Damit will man darstellen, daß der

Krebs

alte Adam sich gehäutet hat und meint damit, die Auferstehung von Jesus. Es wird darauf zurückgeführt, daß der Krebs sich häuten kann, und auch seinen Panzer wechselt.

Der Krebs ist ferner Symbol für die Mühsamkeit des Lebens, des mühevoll- langsamen Dahinkriechens. Man spricht im Deutschen "vom Dahinkrebsen" und meint damit quälendes Voranschreiten einer Arbeit. Der Krebs würde auch weder dem Wasser noch der Erde angehören, er sei ein unglückliches Wesen, meinte man im Mittelalter.

Für den seriösen Natürschützer unserer Zeit wurde der Krebs jedoch zum Signum größter, bester und natürlicher Wasserqualität: Gewässer, in denen von Natur aus Krebse leben (nicht eingesetzte Tiere), gelten als absolut höchste Qualitätsstufe. Der Krebs ist daher für uns heute ein häufig anzutreffendes Symbol grüner Bewegungen. Ein "echtes" Symbol, das bleiben wird.

Krokodil

Es wurde in allen Kulturen auch mit dem Drachen gleichgesetzt. Die Griechen meinten, daß das Krokodil eine Abbildung und Wiedergeburt des Durcheinanders und des Chaos sei. Dieser Glaube ging einwandfrei auf das alte Ägypten zurück, in dem die Krokodile in vielerlei Hinsicht

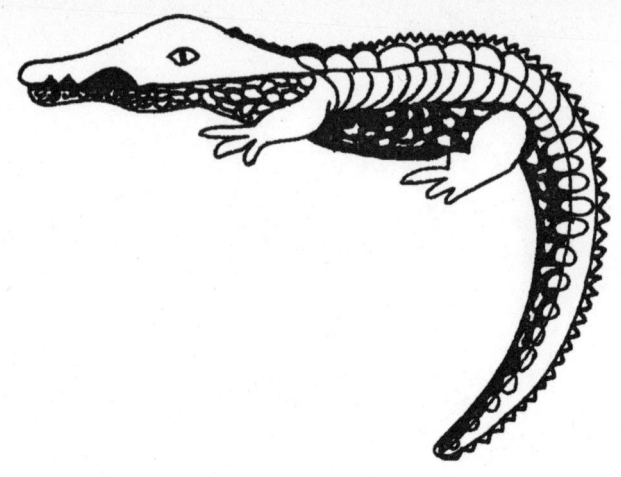

Krokodil

verehrt wurden. Gelegentlich allerdings machte man sie auch für die Entstehung von Chaos verantwortlich. In der Bibel kommt das Krokodil als Leviathan vor. Und hier findet es eigentlich seinen direkten Vergleich mit dem Drachen. Der Ausdruck Krokodiltränen entspringt einem alten Aberglauben, der besagt, daß das Krokodil, wenn es einen Menschen verschlungen hat, Tränen in den Augen hat. Deshalb sagt man auch, das Krokodil sei falsch. Bei den Mayas steht das Krokodil für Glück, Reichtum und für viele Kinder in der Ehe. In Mexiko wird das Krokodil bis heute als das älteste Symbol der Erdgeschichte angesehen. Wenn wir uns vor Augen halten, daß die Kulturen in Mexiko und Mittelamerika älter als alle anderen uns bekannten waren, so ist diese Darstellung schon sehr bemerkenswert und realistisch. Bei den Indianern Floridas wurden dem Krokodil Eigenschaften der Schläue, der Nachdenklichkeit und in sich ruhender Kraft zugewiesen.

Kröte

Die Kröte wurde bei allen Völkern im wesentlichen negativ angesehen. In Europa galt sie als Symbol der Hexen, in Rom und in Griechenland der Antike unterstellte man der Kröte böse, magische Kräfte und in der katholischen Kirche war die Kröte ein Symbol der Gebärmutter, findet sich daher als Darstellung in so manchen Kirchen oder Wallfahrtsorten,

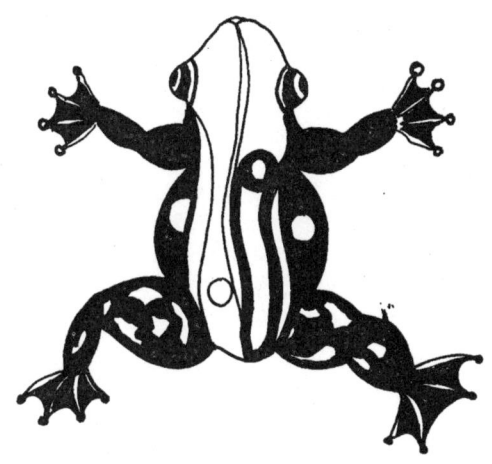

Kröte

wo Frauen Hilfe erhofften. Kröte und Frosch wurden übrigens oft in derselben Form dargestellt. Die Kröte bekam tatsächlich und leider das Kennzeichen der Schleimigkeit aufgedrückt. Daraus läßt sich ersehen, daß man keineswegs jedes Symbol für bare Münze nehmen sollte.

Kuh

Kühe wurden bei allen Völkern als positive Wesen dargestellt. Sie sind stark und stehen für eine mütterliche Ernährung, als Milchspender und sie sind gleichermaßen der Erde und den Gestirnen verhaftet. Bekannt ist seit Alters her auch, daß die Kühe bei Mondlicht am meisten Milch geben. In Ägypten wurde die Kuh als Göttin verehrt, oft trat die Kuh als Isis auf. Weltberühmt sind die heiligen Kühe Indiens. Die Kuh ist das Symbol für Demut, für Dauerhaftigkeit, für Bescheidenheit, für eine einfache häusliche Wärme. Im Grunde genommen, werden der Kuh Ursehnsüchte unterstellt, die sich alle Menschen erhoffen: einmal irgendwo im Leben einen einfachen Frieden und Wärme finden. Kultisch regelrecht verehrt wurde auch das Auge der Kuh, das eine so tiefe Ruhe und Stabilität ausstrahlt. Viele weltberühmte Maler verehrten "das Kuhauge" als Inbegriff der Schönheit und magischen Ausstrahlung. Viele Geschichten, berichten, daß berühmte Maler sich bemühten, dieses zeitlose Kuhauge ihren schönen Frauenmodellen malerisch einzufügen.

Lamm

Im Neuen Testament sucht der gute Hirte Lämmer, die sich verlaufen haben. Das Lamm ist schon in urbiblischen Zeiten das Symbol völliger Unschuld und ergreifender Hilflosigkeit. Es wird oft mit einem Kreuz auf dem Rücken dargestellt und dann als Agnus Dei, Lamm Gottes, definiert. Als Agnus Dei oder als Lamm Gottes, trägt das Lamm die unendliche und unvorstellbar große Last sämtlicher Sünden dieser Welt. Das Lamm Gottes ist Jesus. In der gesamten kirchlichen Geschichte spielt die Darstellung des Lammes eine überragender Rolle, oft wurde auch Christus als Lamm dargestellt.

Nach der Trennung in eine Ost- und eine Westkirche wurde das Lamm in Rom als das Osterlamm zum überragenden Sinnbild der Auferstehung. Im katholisch-liturgischen Sinne, ebenso der anderen christlichen Konfessionen, stellt das Lamm das wohl bedeutendste Tiersymbol auf religiöser Ebene dar.

Es zeigt uns, daß ein an sich kleines, hilfloses Tier, in gewisser Weise ein Tier-Kind, zur größten Stufe der Anbetung empor gelangte. Nicht die Größen der Tierwelt, auch nicht die animalischen Schicki Mickis, auch nicht die tierischen Neureichs, auch nicht die Kriecher, Duckmäuser, Angeber wurden in der Kirche etwas. Nein, das Lamm ist zum Symbol

Lamm

Nr. 1 der Christenheit in Punkto Tiersymbol geworden. Auch das ist ein wunderbares Gleichnis. So könnten wir ganz modern sagen: The lamb is the number one in the church!

Löwe

Er ist das vielleicht wichtigste Kennzeichen für Herrschaft im großen wie im kleinen. Nur der Adler kommt ihm in der Symbolkunde gleich. Der Löwe wird versinnbildlicht mit der Sonne. In Ägypten wurde er auch als Kriegsgott angesehen, ebenso aber auch als Göttin. In zahlreichen Sagen aller Völker werden die Helden dieser Sagen besonders erhöht, indem berichtet wird, wie sie im Zweikampf einen Löwen besiegt haben. Denn jemand, der einen Löwen bändigte, ist etwas besonderes. Der Löwe ist Symbol des Stammes Juda und spielt in der jüdischen Religion dementsprechend eine wichtige Rolle. In der Alchemie gilt der Löwe als Symbol der ältesten Substanzen, die auf der Erde vorhanden sind und wird u. a. mit dem Stein der Weisen in Verbindung gebracht. Im alten Testament kämpft Simson mit dem Löwen und tötet ihn. Umgekehrt gibt es viele Abbildungen von Christus, der einen Löwen besiegt.

In der Heraldik, der Wappenkunde, sind Adler und Löwe die wichtigsten Wappentiere. Die Darstellung des Löwen wird sehr unterschiedlich ge-

Löwe

139

handhabt, meist aber erhebt sich der Löwe zu seiner vollen Gestalt und Majestät. Er verkörpert in diesem Sinne Tapferkeit, Mut und Entschlossenheit. Derartige Wappen sollen daher symbolisieren, daß diese Eigenschaften auch der Besitzer des Wappens besitzt. In der Astrologie gilt der Löwe als ein ausgesprochen positives Sternzeichen, das dem Feuer, dem Gold und der Sonne sozusagen verbunden ist. Die im Zeichen des Löwen Geborenen, sollen große Neigungen zur Selbstdarstellung, zu Eitelkeit und zur Machtausübung besitzen. Sie sind cholerisch, brüllen rasch wie der Löwe, sind aber nicht nachtragend, denn sie sind so souverän und großmütig wie auch der Löwe ist. Die Größzügigkeit ist das Wichtigste Merkmal des Löwen als Symbol. Er ist erhaben, er steht über den Dingen. Schön ist es natürlich, wenn die Schar seiner Bewunderer ins Unermeßliche wächst.

Maus

Bei den meisten Völkern wird die Maus mit negativen Vorstellungen besetzt. Sie soll Seuchen übertragen können, sie frißt Getreidevorräte auf und gelegentlich würde sie auch die Vorräte ganzer Städte mit Ratten gemeinsam auffressen. Das deutsche Wort mausen wird seit dem Mittelalter nachgewiesen und ist ein Synonym für stehlen. Die Mäuse gelten als scheue Tiere, die flüchtig und für uns weitgehend unsichtbar dahinleben. Es gibt viele Legenden, in denen eine winzig kleine Maus ein riesengroßes Tier sozusagen besiegt. Meist erringt die Maus den Sieg dadurch, indem sie das riesengroße Tier so erschreckt, daß dieses stürzt oder davonläuft. Die Maus ist ein Symbol für List und Schläue. Wenn Mäuse in einem Traum erscheinen, dann bedeutet dies, daß der Träumende eine geschlechtliche Sehnsucht nach einem anderen Menschen hat.

Muschel

Sie ist das Symbol der Weltmeere und der großen Ozeane. Mit der Muschel verbindet man die Vorstellung der Entstehung und Besiedelung der Erde überhaupt. Lange, lange ehe Menschen die Erde bevölkerten, waren die Meere und die Muscheln schon vorhanden. In der Wissenschaft der Symbole ist die Muschel bei vielen Völkern auch ein Sinnbild für die äußeren weiblichen Geschlechtsorgane und steht dafür auch z. B. für Geburt und neues Leben. Die Muschel als Vulva, als Schoß der Frau. Eines der berühmtesten Wahrzeichen, das eine Muschel darstellt, ist das

Symbol des hl. Jakobs von Santiago, auf dessen Wegen, den Jakobswegen die Pilger noch heute durch ganz Europa ziehen, um das Heiligtum dieses bedeutenden Weisen und Heiligen in Santiago de Compostela (Spanien) zu erreichen. Jakobswege bildeten im Mittelalter und auch heute wieder die ganz großen Wegstrecken für europäische Pilger. Sie folgten den Spuren des großen Heiligen, die Wegstrecken wurden und werden mit Symbolen gekennzeichnet, die eine Muschel sind. Ähnlich einer Markierung können sich die Pilger dann nicht mehr verirren. Diese Jakobsmuschel ist vielleicht die Krönung überhaupt der Symbolik der Muschel. Jakobswege gibt es nicht nur in Spanien sondern in ganz Europa und besonders viele in Bayern.

Die Muschel ist aufgrund des Jakobswegs und des hl. Jakobs auch zum Riesensymbol aller Pilger dieser Erde geworden. Und Pilger sind wir alle, ob wir es wollen oder nicht. Wir wandern vom Leben zum Tod vom Tod ins Jenseits und keiner kennt Anfang und Ende. Die Muschel ist das Symbol dafür. Unter allen Symbolen ist die Muschel das Supersymbol.

Sehr schön ist auch das Gleichnis über die Geburt der Venus, Göttin der Römer oder der vergleichbaren Aphrodite, Göttin der Griechen: eine wunderschöne Muschel öffnet sich im Schaum des Ozeans und die Göttin entsteigt der Muschel. Die Schaumgeborene! Die Venus von Botticelli, mit traumhafter Figur, entschwebt der Muschel im Schaum des Meeres. Da ist alles drin, gepaart mit einem herrlichen Schuß an klarer Erotik, Kraft und Sinnesfreude. Jeder findet hier seinen Traum.

Octopus

Er wird als Achtfüßler abgebildet. Wir Menschen der heutigen Zeit könnten ihn z. B. als einen Tintenfisch mit 8 schlangenförmigen Beinen ansehen. Er zählt auf jeden Fall, im Gegensatz z. B. der Muschel, zu den Weichtieren, die im Meere leben. Seine symbolische Darstellung ist unvorstellbar alt und findet sich im gesamten Mittelmeerraum. Er muß ein überragendes Symbolwesen gewesen sein, denn ganze Kulturen, z. B. auf Kreta, die minoische Kultur stellten ihn in Gold dar. Es gibt fast keine Abbildungen in graphischer Form, oder gemalt, sondern fast nur in Gold. Den tieferen Inhalt des symbolischen Darstellung des Octopus kann man bis heute nicht erklären. Es existieren nicht einmal Andeutungen dafür, was der Octopus darstellen soll. Es gibt verschiedene Theorien. So soll es sich z. B. um das abgeschlagene Haupt der Medusa handeln. Ich würde sagen, daß der Octopus duchaus auch ein Symbol für ein

Octopus

gräßliches Ungeheuer aus den Tiefen des Meeres sein könnte. Seine 8 schlangenförmigen Arme sind in der Vorstellung der Menschen glitschig und naß und ungeheuer beweglich. Diese Arme können ein anderes Wesen umschlingen und zusammenquetschen.

Aus diesen Armen gibt es kein Entrinnen, denn sie schlingen sich sofort und überall um einen herum. So könnte der Octopus das Ungeheuer sein, das Odysseus bedrohte. Dieses Ungeheuer trug den Namen Skylla. Schon in der Antike wurde die Flüssigkeit des Ocotopus, des Tintenfisches, als Tinte verwendet.

Ich sehe im Octopus aber auch eine ausgesprochene Zahlenmythologie. Er besitzt 8 Arme. 8 bedeutet 2 x 4, die 4 bedeutet das Quadrat, das Kreuz, die Harmonie. 4 setzt sich aber auch aus 2 + 2 zusammen. Die 2 ist bekanntlich auch ein Symbol für Weiblichkeit und Abgerundetheit. Die Zahl 4 ist eine Verstärkung dieser Eigenschaften und genauso ist die Zahl 8 eine noch größere Verstärkung dieser Grundeigenschaften der Zahlen 2 und 4. In den bildlichen Darstellungen wird der Ocotpus ganz symmetrisch abgebildet. Seine 8 Arme teilen die Abbildungen in 4 Viertel. Fast immer wird das Ganze von einem Kreis umgeben. 4 Viertel und ein Kreis rundherum sind aber immer schon ein Symbol für den Erdkreis und für die 4 Himmelsrichtungen gewesen. Interessanterweise werden über den Octopus keinerlei negative Legenden überliefert. Auch das könnte darauf hinweisen, daß es sich um eine stilisierte Abbildung der Erde und der 4 Himmelrichtungen und der 4 Jahreszeiten handeln könnte. Aber auch dieses wird vermutlich für immer ein ewiges Rätsel bleiben.

Die Abbildungen des Octopus der Antike waren immer schon rein grafisch-schematische Formen. In der Draufsicht können wir mit etwas Phantasie die Rose eines Kompasses erkennen! Der Kompaß wurde in etwa zur gleichen Zeit im Mittelmeerraum rund um Kreta erfunden aus der die ersten Octopusdarstellungen datiert sind. Die Kompaß-Rose würde exakt zum Octopus-Bild der Antike passen. Ich habe sehr viel über die Geschichte des Kompasses publiziert und kann deshalb hier sehr viele Analogien erkennen, die hiermit zur Diskusson gestellt werden.

Panther

Er zählt zu den kühnsten Raubtieren. Seine Kühnheit, seine wilde Art zu kämpfen und sein listenreicher Mut sind legendär. Bei den Panthern

Panther

kämpfen die Weibchen durch die Bank noch wilder als die Männchen. Der Panther ist ein altes Wappentier und steht für die Symbole von wilder Kampfeslust und hoher Kampfesintelligenz. Wird der Panther schwarz dargestellt, so deutet das darauf hin, daß es sich um ein extrem wildes Exemplar handelt. Speziell in Europa ist der Panther ein beliebtes Wappentier, das oft mit anderen Teilen eines Löwen oder auch Adlers dargestellt wird. Der Panther ist das Wappentier des österreichischen Bundeslandes Steiermark, man spricht vom Steirischen Panther.

Durch mehr als 5 Jahrhunderte wurde das Abendland von den Türken extrem bedroht. Die Angriffe der Muselmanen richteten sich immer zuerst vom Balkan kommend gegen Steiermark, Krain und Ungarn. Steirische Regimenter, Bataillone und Fähnlein waren die ersten Verteidiger, die diese Angriffe abzuwehren hatten. Ihre Fahnen und Standarten führten immer den Steirischen Panther als Symbol wilder Kampfeslust gegen den Türkischen Halbmond. Im südosteuropäischen Raum ist daher der Panther das Symbol höchster soldatischer Tugenden bis heute. Ein halbes Jahrtausend wurde unter diesem Symbol gekämpft und das prägt für lange Epochen danach. Das Symbol lebt weiter.

Perle

Sie wird traditionell mit dem Vollmond verglichen, ihr sanfter Schimmer wird gerne auch mit weiblichen Eigenschaften belegt. Die schwarze Perle, die in der Natur seltener vorkommt, wird so wie alle schwarzen Symbole, als zumindest unheimlich und u. U. auch dämonisch eingestuft. Dadurch, daß die Perle in der geschlossenen Muschel heranwächst, werden ihr auch Kräfte des Beschützens und der Fürsorge zugerechnet. Wir dürfen nicht vergessen, daß es in Europa, z. B. in Niederbayern noch bis vor kurzem auch Flußperlen gab, deren Schönheit jener der Meeresperlen in nichts nachstand.

Die Perle ist daher auch in Ländern, die keinen Meeresanteil besitzen, traditionell als Symbol zuhause. Die Perle ist auch ein Sinnbild für die Jungfrau und für die Tore, die den Eingang zum Himmel eröffnen. Die Perle wird seit alters her in jenen Ländern, die Meersanteile besitzen, als Zeichen der Schönheit und der Venus angesehen.

Bei den Griechen war sie das Symbol für Aphrodite, dementsprechend bei den Römern für die Venus, und somit für alle weiblichen Schönheitsideale, die in der Sage aus dem Meeresschaum geboren wurden.

144

Pfau

Er gehört zu den ältesten Haustieren, die seit Urzeiten bekannt sind. Die ältesten Nachweise des Pfaues stammen aus Indien und sind ein Symbol für die Sonne gewesen. In den islamischen Religionen ist der Pfau sehr angesehen, er stellt das Weltall dar, sowie die Sonne und den Mond. Der Pfau wurde und wird seit alters her im gesamten vorderen und mittleren Orient verehrt. Groß ist die Verehrung in Persien, wo der Thron des Schahs beispielsweise als Pfauenthron bezeichnet wurde. Die Verehrung des Pfaus in jenen heißen Regionen dürfte aber auch einen banalen Grund haben, da sein Fleisch als Nahrungsmittel erst sehr spät beginnt, ungenießbar zu werden.

Der Pfau ist das Symbol des Rades, der Sonne und des Schutzes für Haus und Hof. In vielen Ländern wird er auch verehrt, weil er ein großer Schlangenjäger ist. Auch im Christentum wurde die Pfauenverehrung von den orientalischen Vorläuferreligionen übernommen. Und so sehen wir verschiedene christliche Darstellungen oft mit Pfauenabbildungen. Der Pfau gilt auch als der Wächter am Grabe von Christus. Das Blut des Pfau-

Pfau

es soll außerdem vor bösen Geistern schützen. Die Schönheit der Pfauen-
federn wurde und wird in zahlreichen religiösen oder kulturellen Gebräu-
chen ausgenützt. Die Unnahbarkeit dieser edlen und großen Tiere, ihr
majestätischer Gang führten auch dazu, daß man den Pfau als stolz
ansieht. Besonders eitle Menschen, vor allem Männer, werden dann mit
einem Pfau verglichen. In diesem Sinn hat der Pfau einen etwas negativen Beigeschmack. In vielen Ländern Mitteleuropas wird er als der beste
Hauswächter überaus geschätzt. Seine Federn werden als lebende Symbole sozusagen in Tracht und Brauchtum verwendet.

Pferd

Neben Hund und Hirsch ist es eines der Ursymbole der Menschheit. Es
stellt in gewisser Weise ein Symbol für Mobilität und schnelles Voranschreiten dar. Das Pferd findet sich als Symbol in vielen Höhlenabbildun-
gen. Die älteste Herkunft des Pferdes als Symbol ist auf dem zentralasia-
tischen Raum, auf Steppe und Taiga zurückzuführen. Früh schon verwendeten die dort beheimateten Stämme das Pferd als Mittel zum

Pferd

Angriff, für Eroberung, sowie für Beutezüge. Gefürchtet waren die berittenen Hunnen, die Mongolen und die Turkvölker. So ist das Pferd auch zu einem Symbol für Angriff und Kriegselend geworden. Das Pferd hat in diesem Sinne auch einen durchaus negativen Symbolgehalt, da es durch Jahrtausende Krieg und Elend über andere Völker brachte. Es wurde mit dem Reich der Toten versinnbildlicht, oder mit dem Weg vom Jenseits in das Diesseits. Vor allem die seßhaften Kulturen in Mittel- und Südeuropa waren den wilden Reiterstämmen hilflos ausgeliefert.

Die Schnelligkeit und die Fähigkeit Hindernisse zu überspringen, machten das Pferd aber auch zu einem kosmischen Symbol. Pferde ziehen den Himmelswagen, mit dem Sonnenzeichen, im Johannisevangelium nähert sich die Apokalypse auf Pferden in Form der apokalyptischen Reiter. Das Pferd wird auch mit überhöhten Eigenschaften ausgestattet und so entstand in der Antike der Pegasus. Der Pegasus ist ein Pferd mit Flügeln und symbolisiert damit den uralten Menschheitstraum des Fliegens. Viele christliche Heilige (St. Martin, St. Georg, St. Huberuts usw.) treten beritten, also auf Pferden auf. Viele Völker, darunter die Kelten, betrachten das Pferd aber auch als heiliges Tier ihrer Fürsten und Stammesführer. Das Pferd wurde mit den Fürsten zusammen begraben. Aus diesem Grunde war auch Pferdefleisch zu essen verboten. Bis heute ist dieses Verbot im Unterbewußtsein der Menschen vorhanden, und nur wenige Menschen sind bereit, Pferdefleisch zu essen, obwohl es sehr gut schmeckt. Interessant ist, daß die Nachfahren der Hunnen, die Ungarn, traditionell Pferdefleisch essen und vor allem in Würsten verarbeiten (Salami). Noch heute findet sich der Brauch, einem Stammesführer bei dessen Beerdigung im Trauerkondukt sein Pferd nachzuführen. Hinter dem Sarg wird das Pferd geführt. Dieser sehr ergreifende Brauch ist Ritual bei der Bestattung jedes Präsienten der Vereinigten Staaten. Insgesamt ist das Pferd ein Symbol der Würde, des Noblen, das heute mit dem Pferd am meisten verbunden wird.

Rabe

Er gilt bei allen Völkern als Symbol von Unglück und Leid. Die selben negativen Eigenschaften werden auch den Krähen jeglicher Art zugeschrieben. Der Rabe gilt als schwatzhaft, als Aasfresser und er gilt als jemand, der seine Jungen aus dem Nest schmeißt. Davon kommt der Ausdruck Rabeneltern. Wenn Raben über das Dach des Hauses fliegen, so gilt dies als Ankündigung schweren Unheils. Raben, die in Vollmondnächten um den Schornstein fliegen, verkörpern schlimmste Dinge - von

Rabe

Krankheit und Seuchen bis hin zur Feuersbrunst und Hochwasser. In den Sagen vieler Naturvölker sind die Raben ein Symbol für die Wiedergeburt. Es wird gesagt, daß in ihnen Menschen weiterleben würden. Bei vielen Völkern gilt der Rabe auch heute noch als diebisch und man sagt "stehlen wie die Raben". In der Mythologie verkörpert der Rabe die Schattenseiten von Tag und Nacht, von Leben und Seele.

Ratte

Seit alters her ist die Ratte bei allen Völkern verachtet, da sie Vorräte systematisch auffrißt, weil sie Krankheit und Seuchen mit sich bringt. In diesem Sinne wird sie mit der Maus gleichgesetzt. Und weil der Ratte der negative Ruf bis heute anlastet, gilt sie als verschlagen und hinterlistig und schlau. Im Mittelalter hat man die Ratte als Symbol des Teufels angesehen. Ratten wurden auch meistens in bildlichen Darstellungen schwarz abgebildet, um den negativen Eindruck zu verstärken. Bei den asiatischen Völkern dagegen ist die Ratte ein Symbol für den Schutz von Haus und Hof.
Wird ein Mensch als Rattenfänger bezeichnet, so ist dies ein Schimpfwort. Man will damit zum Ausdruck bringen, daß dieser Mensch mit seinen negativen Eigenschaften und Verlockungen andere Menschen ins Unglück führt.

Reiher

Der Reiher wird bildlich auch mit dem Kranich gleichgesetzt. Nachdem er das Wasser liebt, war er schon im alten Griechenland ein Symbol für Poseidon, den Gott des Meeres. Die großartigen Flugfähigkeiten des Reihers machten ihn zum Symbol der Sonne und des Lichts, da er jederzeit in der Lage ist, über tiefliegenden Regenwolken zu fliegen.

Salamander

Zoologisch gesehen gibt es viele Hinweise, daß der Salamander in letzter Form von den Sauriern abstammen könnte. Seit der Antike sieht man daher in ihm immer auch ein Symbol jener einstigen Riesenwesen, der Drachen und Lindwürmer. Interessant ist, daß man den Salamander in der Symbolik nicht als Wesen für Wasser und Land ansieht, sondern als ein Urwesen, das praktisch eine Verbindung zur Urgeschichte des Menschen herstellt. In der symbolhaften Darstellung gehört der Salamander daher zu den grundlegenen Sinnbildern der Menschheit, ähnlich wie Feuer, Wasser, Luft und Erde. Sein Symbol ist daher auch das Feuer. In den einstigen keltischen Gebieten Europas, z. B. in Bayern und im Alpenraum, gilt der Salamander als ein Glückssymbol für Mensch, Haus und Hof. Es dürfte darauf zurückzuführen sein, daß die Naturreligion der Kelten den Salamander mit positiven Eigenschaften ausgestattet hatte.

Schaf

Es wird normalerweise im Zusammenhang mit dem Widder verwendet. Schaf und Widder sind sozusagen verwandte Gegensymbole. Das Schaf gilt seit alters her als Zeichen der Dummheit, der Feigheit und vor allem der Hilflosigkeit. Das Schaf ist ein Sinnbild dafür, daß sich jemand nicht wehren kann oder will. Darüberhinaus gilt das Schaf als arglos und einfältig. Es ist alles in allem aber ein zu unrecht verachtetes Tier.

Widder

Er ist, wie schon oben ausgeführt, als Gegenstück zum Schaf anzusehen. Beide Symbole werden daher meistens in Wort und Bild zusammen verwendet. Der Widder ist das Gegenteil vom Schaf, stark, tapfer und mutig. Seine Zähigkeit ist sprichwörtlich. In Ägypten war er das Symbol des

Widder

Gottes Chnum. Sein Gehörn wurde in der Antike auch als Ammonshorn bezeichnet und war Symbol des Gottes Jupiter. In der Astrologie ist er Sinnbild des gleichnamigen Sternzeichens, eines Feuerzeichens. Der Widder wird auch in der heutigen Welt noch als tapfer und starrsinnig, sowie als Leithammel symbolisiert.

Schlange

Über dieses uralte Symbol haben wir auch schon unter der Rubrik "Adam und Eva" berichtet. Die Schlange ist das klassische Symbol der Zweideutigkeit. Die Grenzen des Lebens, Geburt und Tod werden in der Schlange symbolisiert. Die Komponente des Todes ist dadurch gegeben, daß die Schlange in der Erde versteckt lebt, daß sie ein reges Nachtleben führt, sofern die Außentemperatur stimmt. Das sind sozusagen die Schattenseiten der Schlange. Die Schlange häutet

Schlange

sich aber bekanntlich auch und dadurch wird die Schlange bei vielen Kulturen zum Symbol der Wiedergeburt. Seit eh und je war bekannt, daß es giftige und ungiftige Schlangen gibt. Der Biß der Schlange, soferne giftig, konnte daher den Tod bedeuten. Dadurch wurde die Schlange auch zum mystischen Symbol des Todes. In den alten Kulturen war aber auch die Heilkraft des Schlangengiftes bekannt und geschätzt. Dadurch wiederum wurde die Schlange zum Symbol der Heilkunst, wie sie uns heute in Form der ärztlichen Äskulapnatter tagtäglich begegnet, z. B. als Symbol der Apotheken.

Schnecke

Zwei Wesenszüge der Schnecke werden in der Symbolik herausgestellt. Der eine ist ihre langsame Fortbewegungsart, man spricht vom Schneckengang. Der andere Wesenszug ist das Schneckenhaus, dessen wunderschöne spiralige Form ein Symbol der Auferstehung Christi ist. Die Schnecke wird auch als Zeichen der Sparsamkeit angesehen. Sie kommt mit ganz wenig aus, sie trägt ihr eigenes Haus auf dem Rücken und sie

Schnecke

kann mit ihren Fühlern Kontakt zur Umwelt halten. Unangenehme Vorstellungen erweckt der Ausdruck "jemanden zur Schnecke machen". Man will damit zum Ausdruck bringen, daß man jemanden moralisch und körperlich so fertig macht, daß er nicht mehr in der Lage ist, sich fortzubewegen, oder daß er sich in sein Schneckenhaus verkriechen muß. In der kindlichen Symbolwelt gilt das Schneckenhaus seit eh und je als etwas Heimeliges und Schnuckeliges.

Schwalbe

Schon Plinius und Aristoteles waren von den Schwalben fasziniert. Die Schwalben begeistern seit je die Menschen durch ihren Flug und durch ihr schönes Zwitschern. Gerühmt wird die Schwalbe auch wegen ihrer körperlichen Schönheit. In vielen Kulturen werden die Schwalben auch als Symbol der Jahreszeiten angesehen. Der deutsche Ausdruck "eine Schwalbe macht noch keinen Sommer" ist ein schönes Sinnbild dafür und besagt, daß der Sommer erst dann da ist, wenn alle Schalben hergeflogen sind. Die Schwalbe war in der Antike das Symbol von Venus und Aphrodite. In der Symbolik wird übrigens nicht zwischen den verschiedenen Arten der Schwalben unterschieden. Bei vielen Völkern ist die Schwalbe das heißersehnte Kennzeichen für Frühling und Sommer. Wenn die Schwalbe auf einem Haus nistet, so gilt dies als Zeichen des Glücks.

Schwalbe

Schwan

Schwan

Berühmt ist dieses edle Tier aus der griechischen Götterwelt. Zeus verwandelte sich in einen Schwan und konnte sich so Leda, der von ihm verehrten Göttin, näheren. Dadurch wurde der Schwan zum Sinnbild phantasiereicher Sexualität von Mann und Frau. Der Schwan ist außerdem Symbol für Reinheit, für aristokratische Noblesse, und für Jungfräulichkeit. Der Schwan gilt als souverän und intelligent, er steht in der Symbolik höher als die meisten anderen Tiere. Viele Sagen beschäftigen sich mit dem Thema von Schwan und Jungfrauen, die die Gestalt wechseln können. Der Schwan ist außerdem in der bildenden Kunst ein schmükkendes Beiwerk um die Bedeutung des Hauptmotives herauszustellen. Er steht in der Wappenkunde aber auch als Sinnbild für Tapferkeit und Bereitschaft sich zu verteidigen, niemals aber für Kampfeslust.

Schwein

Seit Jahrtausenden war das Schwein bei allen Völkern und Epochen ein Symbol für Glück, Reichtum und Wohlstand. Speziell in der Abbildung in Form einer Muttersau, die ihre Jungen säugt, kommen diese Eigenschaften traditionell am höchsten zum Ausdruck. Das Schwein wurde im wesentlichen nicht als schmutzig angesehen. In vorchristlichen Religionen wird das Schwein verehrt und vergöttert. Im Islam, Judentum, aber auch im Christentum werden dem Schwein auch negative Eigenschaften zugerechnet (schmutzig, verfressen, faul). Man vermutet aber, daß vor allem im Islam und Judentum das Schwein mit diesen Feindbildern belegegt wurde, um das Schweinefleischverbot verständlich zu machen, da man wußte, daß der Genuß von Schweinefleisch durch Krankheiten (Trichinose) für den Menschen lebensgefährlich ist. Hier haben wir ein gutes Beispiel dafür, daß medizinische Eigenschaften dazu führen, um mit Hilfe der Symbole die Menschen zu vernünftigem Verhalten anzuhalten. Bei uns ist das Schwein aber nach wie vor ein Glückssymbol und dürfte in dieser Wertung mit Sicherheit auf jene Urzeiten zurückgehen, wo es das auch schon war. Auch in der Traumdeutung gilt das Schwein als glückliches und positives Zeichen. Auch die Volksweisheit, daß man Schwein hat, bedeutet nicht nur Glück gehabt zu haben, sondern sogar u. U. einen Schutzengel. Das Schwein ist bis heute, wenn auch eher unterschwellig, ein Zeichen friedvoller Mütterlichkeit.

Skarabäus

Dieser Käfer (bei uns auch als Mistkäfer bezeichnet) gehört zu den ältestes Glückssymbolen der antiken Welt in Ägypten, Griechenland und Rom. Er war das Symbol des Lebens, der Wiedergeburt, der Sonne und

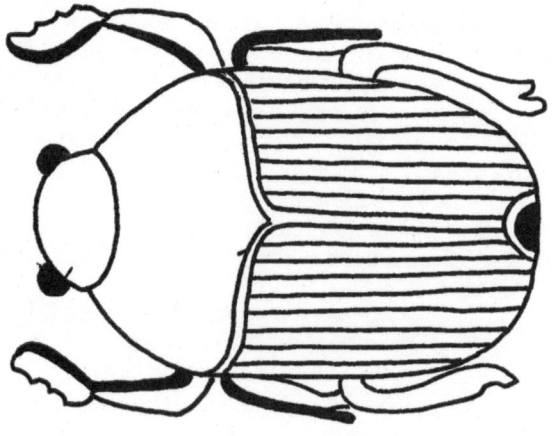

Skarabäus

der Wärme und des ewigen Lebens. Die Mumien der Pharaonen tragen Amulette mit einem Skarabäus. Auch in Siegelringen wurden Skarabäen verwendet. Das Christentum übernahm diese Symbolik zeitweise und der Skarabäus wird zum Sinnbild für die Auferstehung.

Skorpion

Sein Stachel und sein Gift waren schon früh gefürchtet. So gilt der Skorpion seit alters her als Zeichen einer großen Todesgefahr. Der Skorpion wurde aber auch ein mystisches Symbol, um etwas zu schützen. Skorpione wurden in Grabkammern gesperrt, um Eindringliche zu vergiften. Auf Kassetten und Schatullen, auf Grabdenkmälern, auch auf Türen, wurde in der Antike oft ein Skorpion abgebildet. Man wollte damit zum Ausdruck bringen, daß der betreffende Gegenstand durch einen Skorpion geschützt wird. In der christlichen Symbolik ist der Skorpion ein Teil der Unterwelt, der Verdammnis, der Hölle. In der Astrologie gehört er zu den Tierkreiszeichen. Tiefenpsychologisch wird der Skorpion mit Magie und verborgenen Kulten gleichgesetzt.

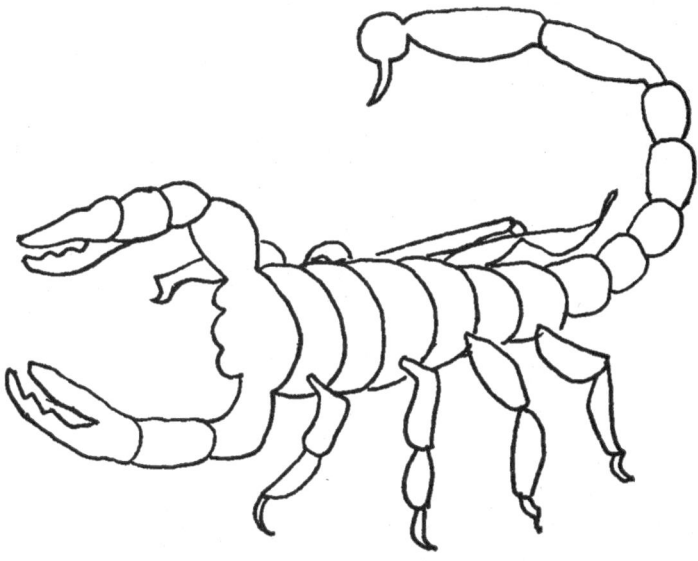

Skorpion

Spinne

Spinne

Die meisten Menschen fürchten sich sofort, wenn sie eine Spinne sehen. Das dürfte darauf zurückzuführen sein, daß bei uns im Christentum die Spinne seit eh und je als ein negatives Symbol angesehen wird. Die Spinne ist aber auch ein Zeichen des Fleißes. Sie spinnt mit Geduldigkeit und Zähigkeit ihr Netz. Das Netz der Spinne wiederum machte die Spinne zum Symbol für Kunstfertigkeit und Schönheit. In vielen Kulturen ist die Spinne keineswegs ein Symbol des Giftes, wie in Europa bis heute, sondern auch ein Zeichen des Glücks und der Häuslichkeit. Im Unterbewußten ruft die Spinne sofort Furcht und Schrecken hervor, wobei dies durch nichts gerechtfertigt ist, auch nicht durch eine geschichtliche Überlieferung. Die Spinne ist einfach ein Tier, daß der menschlichen Vorstellungswelt überaus fremd ist. Die gelegentlich vorkommenden giftigen Spinnen, haben zum Sinnspruch geführt "giftig wie eine Spinne".

Das Symbol der Spinne wird bis heute gerne als Scherzartikel verwendet. In Form aus Gummi oder Kunststoff, gibt man sie dem lieben Nachbarn in den Kaffee.

156

Steinbock

Er ist eines der berühmtesten astrologischen Symbole, er steht für die Jahreswende zwischen 31. Dezember und 19. Januar. Der Steinbock, griechich als Capricorn bezeichnet, ist eines der schönsten Sinnbilder für die Schönheit der Kraft, für Kletterkunst und für größte athletische Bewegungseleganz. Sein Gehörn ist seit alters her als Wundermedizin in Pulverform beliebt. Auch heute noch wird diese Medizin im Alpenraum, wenn auch im geheimen, gerne verwendet. Der Steinbock ist das Symbol also für maximale Stärke, die aber völlig frei von Aggression ist. Wenn es ein Symbol von Kraft gibt, daß zugleich Frieden beinhaltet, dann ist es der Steinbock. Er ist das Symbol des Gottes Saturn, er ist Kennzeichen der Männlichkeit.

In der Astrologie gilt er als extrem durchsetzungsfähig, man sagt, daß Steinbockgeborene ihr Geld zusammenhalten würden und so sagt man auch gelegentlich, daß sie geizig sind. Schauen Sie einmal in ihrer Umgebung, ob sie arme Steinbockgeborene antreffen. - Sie werden sie nicht finden. Der Steinbock hat immer eine gefüllte Geldtasche. In Tirol und in Salzburg ist die Abbildung des Steinbocks eines der ältestes Symbole. Zahlreiche Urgeschlechter adeliger, genauso bürgerlicher und bäuerlicher Herkunft führen den Steinbock in ihren Wappen. In der frühen Geschichte nach Christi Geburt der Herrschaften Kitzbühel und Mittersill und des Pinzgaus ist der Steinbock das legendäre, älteste überlieferte

Steinbock

Wappentier. Der Steinbock ist auch das Wappen des Felber Tauern, jenes uralten Alpenüberganges der Römer und Etrusker. Bis in die heutige Zeit wird er in diesen Teilen Tirols und Salzburgs auch als Falbwild bezeichnet. Der Ausdruck Falb ist ein alpenländisces Code-Wortsymbol für Steinbock. Dieses Symbol ist ungefährt 2000 Jahre alt. Jene Grafen, die einst in Mittersill und Kitzbühel dieses Falbwild im Wappen führten, wurden bis zu ihrem Aussterben als die Felbergrafen bezeichnet. Der Steinbock dürfte mit großer Wahrscheinlichkeit auch das älteste Wappensymbol des Volkes der Taurisker gewesen sein, nach denen die Hohen Tauern benannt wurden. Die Taurisker sind jene Urbevölkerung, welche die Römer bei ihrer Landnahme im Gebiet der heutigen Hohen Tauern antrafen.

Stier

Neben dem Pferd ist der Stier das bedeutendeste Ursymbol der Menschheit. Männlichkeit und Macht, Kraft und Vitalität sind Symbole des Stiers. In vielen vorchristlichen Religionen bildet der Stier das wichtigste göttliche Symbol. Interessant ist dabei, daß die Kuh nie in dieser Form zum Zentrum eines großen Kultes wurde. Bekannt ist die Bedeutung des Stiers in der Geschichte von Kreta. Zeus trat in der Antike oft als Stier auf und der Stier wurde auch z. B. mumifiziert und begraben. Oft finden wir in diesen alten Kulturen den Stier als gemischtes Wesen von Mensch und Tier dargestellt. Es gibt zweifelsfrei auch Stierkulte wie den Mithraskult, in welchem die Anbetung des Stiers mit verschiedenen sexuellen Riten verbunden war.
Der spanische Stierkampf wird auf diese uralten Traditionen zurückgeführt. Er symbolisiert den Kampf des Menschen gegen den Gott, der schließlich in Gestalt des Stiers niedergerungen wird.
In der Astrologie ist der Stier ein beliebtes Sternzeichen und er symbolisiert im weitesten Sinn Standhaftigkeit und Bodenständigkeit.

Storch

Er gilt als würdig und aristokratisch. Schon in den alten Kulturen wußte man, daß der Storch sehr alt werden kann. So wurde er zum Symbol für ein langes Leben. Bei den Bauern und bei der Landbevölkerung wurde er besonders geschätzt, weil er auch Giftschlangen verzehrt. Das soll ihn angeblich zum Glückssymbol gemacht haben. In unseren Regionen wird der Storch mit Fernweh und Reiselust gleichgesetzt. Die Störche ziehen

Storch

im Herbst dahin und im Frühjahr kommen sie wieder. Diese Wiederkehr im Frühjahr machte den Storch als Sinnbild des Lebens und der Geburt und daraus wird abgeleitet, daß der Storch als beliebtes Symbol verwendet wird, wenn ein Kind zur Welt kommt. Wenn der Storch im Frühjahr zu uns wiederkehrt, kommen auch die Kinder auf die Welt. In der Wiederkehr des Storches erkennen wir, so wie in der Geburt eines Kindes das Zeichen neuen Lebens. Ein wunderschönes symbolhaftes Bildnis! Geburt und Storch werden auch deshalb symbolisiert, weil der hochfliegende Storch von dort herkommt, wo Gott (früher Götter) und der Himmel leben - und Gott (früher die Götter) sind in Wahrheit jene Instanzen, die uns ein Kind schenken.
Und wenn man bereit ist, Kinder herzlich anzunehmen, dann ist ein Kind ein Geschenk Gottes, dem nichts anderes gleichkommt.

Taube

Sie ist das Symbol des Friedens und der Gutmütigkeit. In der Lehre von den Symbolen nimmt die Taube den Platz des Gegenteils zu den großen

Wappentieren Adler und Falke ein. Die Taube gilt als Zeichen für eine sanfte und friedsame Lebensweise. Sie ist daher in vielen Ländern auch ein politisches Symbol geworden, man spricht in Parlamenten z. B. von den Tauben und von den Falken und meint damit, friedsame oder kriegslüsterne Parteien. Die Taube ist aber auch ein Kosewort für die Geliebte geworden. In der Verkleinerungsform Täubchen ist dieser Begriff bis heute gebräuchlich.

Zu Pfingsten schwebte die Taube (aus Holz; manchmal auch in Natura) durch das Heiliggeistloch der Kirche zu uns Gläubigen herab. Die Orgel brauste auf, Blütenblätter der Pfingstrosen (Flammensymbol des hl. Geistes) wurden gestreut, Weihrauch erfüllte das Kirchenschiff. Der hl. Geist war zu uns gekommen. Da konnte man wirklich den Sinn des ehrwürdigen, alten Begriffes "die Gemeinschaft der Gläubigen" spüren. Natürlich kam der hl. Geist nicht lebendig zu uns herab geschwebt, aber er wurde wunderschön symbolisiert. Die Taube ist das Symbol dafür geworden und geblieben.

In der biblischen Geschichte kommt der Taube eine große Symbolik zu. Berühmtestes Bild ist die Taube mit dem Ölzweig im Schnabel, sozusagen das Symboltier von Noah. Bis in die jüngste Zeit schließlich wird der hl. Geist als Taube abgebildet. In der Gestalt der Taube war und ist der Heilige Geist für gut ein Drittel der Erdbevölkerung das Symbol von Glaube, Hoffnung, Auferstehung geworden. Der Taube wird außerdem nachgesagt, daß sie jede Maßlosigkeit vermeidet. Diese Eigenschaft der

Taube

160

Sparsamkeit und einer vernünftigen Lebensweise wurde zur Symbolik der Taube schlechthin. Die Taube ist auch ein Symbol des Lebens in der Gemeinschaft und in der Familie. In vielen Gruppierungen, die sich dem Frieden und Pazifismus verschworen haben, ist das Symbol dafür die Taube. Sie wird weltweit als Friedenssymbol erkannt: Bei der Inauguration von Bill Clinton zum Präsidenten der USA, ließ man Tauben zum Himmel empor fliegen.

Tiger

Er ist ein klassisches Symbol Asiens und steht für Kraft, Schnelligkeit und Geschmeidigkeit. Das Tigerfell wurde zum Symbol für soldatische und ritterliche Tapferkeit, es soll aber auch gegen böse Geister schützen. Der Tiger ist ein Zeichen in Asien für Lebenskraft und äußerste Energie überhaupt. Als weißer Tiger, Albino, wird er mit geradezu dämonischen Kräften ausgestattet. Der Tiger ist auch ein großes Schutzsymbol für weltliche und kirchliche Gebäude in Asien geworden. Seine Statuen und Abbildungen schützen ein Gebäude vor Eindringlingen oder vor bösen Kräften und Geistern.
In der europäischen Geisteswelt verkörpert der Tiger die gleichen Eigenschaften, während er im alten Rom und Griechenland das Symbol des Windes (Zephyr)) aber auch des Rauschhaften (Dionysos) war.

Uhu:
Lesen Sie bitte unter Eule nach

Vogel

Die Vögel gehören zu den ganz alten Symbolen der Menschheit. Sie verkörpern Fähigkeiten, die dem Menschen nicht gegeben sind. Dazu gehört in erster Linie das Fliegen. Sie können sich über die Erde und über das irdische Leben erheben und schweben sozusagen über dem Menschen. Sie werden als sauber und ästhetisch symbolisiert, ihr Fleisch gilt als rein und ihr Wesen wird im Vergleich zum Mensch und anderen Tieren als keusch und leidenschaftslos versinnbildlicht. Der Vogel ist das Symbol des Menschen, um sich von der Schwere des irdischen Lebens zu befreien. Andererereseits ist dder Vogelflug auch ein Symbol des Größenwahnsinns. Wunderschön ist das griechische Gleichnis von Ikarus: Er machte sich künstliche Flügel und verklebte die Federn mit Wachs. Er näherte sich der Sonne zu sehr, das Wachs schmolz und Ikarus stürzte in

Vogel

das Meer. Vielleicht war er der erste Gleitschirmflieger (Paraglider) der Menschheit?

Vögel sind in der Geisteswelt der Antike auch ein Symbol für die Möglichkeit, daß sich der menschliche Geist aus seinen Fesseln befreit und in andere Regionen vordringt. Man vermutet, daß man vor allem in Ägypten damit symbolisieren wollte, daß man mit bestimmten Substanzen Halluzinationen und Visionen erreichen kann. Diese Welt des Traums und der Vision wurde und wird mit dem Vogel bis heute versinnbildlicht. Großartig sind die figuralen Darstellungen dieser Eigenschaften im alten Ägypten, in denen Menschen in Vogelgestalt oder Vögel in Menschengestalt sich zeigen.
Eine deutsche Volksweisheit sagt, "man hat einen Vogel" und meint damit, daß jemand mehr oder weniger verrückt ist. Darin erkennen wir noch sehr gut den Vogel als Symbol für geistigen Höhenflug (Halluzinationen und Visionen).

Walfisch

Das Wesentliche darüber wurde bereits unter dem Stichwort Fisch gesagt. Darüber hinaus gilt der Walfisch in der Welt der seefahrenden Völker als Symbol für Friedfertigkeit, Sanftmut und Intelligenz. Gleichzeitig wird aber auch seine Rachsucht beschrieben, wenn der Mensch ihn angreift. Diese Sagen und Legenden gibt es seit der Antike. Berühmt wurde dieses Motiv in der Geschichte von Moby Dick. Symptomatisch ist auch die Tatsache, daß ein weißer Wal diese Eigenschaften in noch größerer Form besitzen würde. Wir sehen, daß die Farbe Weiß zu einem ganz überhöhtem Symbol an positiven Eigenschaften wird, während die Farbe Schwarz (z. , B. schwarzer Rabe) zum Symbol fürs Dämonische schlechthin umgeformt wird.

Wolf

In der Welt der Symbole zählt der Wolf zu den ganz großen Raubtiergestalten. Er ist der Inbegriff des Bösen, des Nachträubers und der Hinterlist. Seine Fähigkeit der Nachtsichtigkeit macht ihn außerdem zu einem Symbol, daß dem Satan zugeordnet wird. In der germanischen Mythologie kämpfen Wölfe gegen Götter und Menschen, sie verwandeln sich in Götter und Menschen und diese verwandeln sich wieder zurück in Wölfe, eine ewige Reinkarnation. Erst der Göttervater Odin kann dem Spuk ein Ende bereiten. Der Wolf ist auch ein Symbol für Kampfeslust und Kampfkraft. So taucht er in den verschiedensten Kulturen auch als Sinnbild für Krieg oder Kriegsgottheiten auf. Bei manchen Naturvölkern werden dem Wolf mysthische Eigenschaften zugerechnet. Bei rituellen Tänzen und Schamanenkulten verkleiden sich die Tänzer als Wölfe und führen Wolfstänze auf.

In der christlichen Vorstellungswelt werden dem Wolf ähnliche Eigenschaften zugerechnet, heilige Männer können aber dank des christlichen Glaubens den Wolf besiegen. Die verschiedenen Volksweisheiten, die es bei uns gibt, deuten alle auf diese lange Überlieferung hin. Das beginnt mit dem Spruch "mit den Wölfen heulen" und endet bis hin zum "Wolf im Schafspelz". Hier taucht der Wolf als Gleichnis für Verschlagenheit und Hinterlist auf. Bekannt ist auch das Motiv des Wehrwolfs oder des Wolfsmenschen, in dem sich Menschen in Wölfe und umgekehrt verwandeln. Der Wolf wird auch gerne mit dem Teufel symbolisiert. Also insgesamt negative Eigenschaften...
Im Grunde genommen gibt es nur eine einzige positive Überlieferung, die aber nicht, dem (männlichen) Wolf, sondern der Wölfin zugerechnet werden: In diesen Geschichten aus verschiedenen Kulturen rettet und beschützt eine Wölfin Menschenkinder, säugt sie und zieht sie auf. Eines der schönsten Beispiele davon ist die kapitolinische Wölfin von Rom, welche die Menschenkinder Romolus und Remus säugte und beschützte.

Ziege

Damit wird die Gründung Roms als ewige Stadt symbolisiert. Die zugehörige Jahreszahl lebt in vielen Schülerwitzen weiter. Sieben-Fünf-Drei (753) Rom kroch aus dem Ei.

Ziege

Sie ist ein Sinnbild für Fleiß, Genügsamkeit, Zähigkeit und Gutmütigkeit. In der Welt der griechischen Göttersagen wurde Zeus von einer Ziege genährt. Das Ziegenfell war immer schon auch ein kultisches Attribut der Vorstellungswelt der Antike. Das Horn der Ziege wurde als Symbol von Kraft und Fülle angesehen. In der Vorstellungswelt unserer modernen Wohlstandsgesellschaft, wurde die Ziege auch zum Symbol der Armut: Nur besonders arme Menschen müssen mit Ziegen anstelle einer Kuh existieren. In der griechischen Antike wurde die Ziege auch als Fabelwesen versinnbildlicht: man nannte das eine Chimäre.

Chimäre

Dieses Wort steht bis heute für etwas, das nicht wahr ist. Man spricht also in diesem Zusamenhang von einem Menschen, der besonders gut fabulieren kann. Das Fabulierte wird auch als Chimäre bezeichnet. In der

Vorstellungswelt der Griechen war die Chimäre ein Mischwesen aus einer Ziege, aus einem Löwen und aus einer Schlange. Meistens wird der Schwanz als Schlange dargestellt, Rumpf und Kopf werden als Löwe abgebildet und die Ziege als praktisch angewachsenes Wesen, wie ein siamesischer Zwilling. Die Chimäre verkörpert in sich die Symbolik der Zahl 3. Andere Deutungen sind meiner Ansicht nach eher gewagter Natur. Man wollte in dieser Zahl 3 die Eigenschaft von 3 beliebten Symboltieren kombinieren und somit die Kraft der Symbole um das Dreifache erhöhen.

Pflanzensymbole

Apfel

Am berühmtesten ist er wohl in der Hand Evas, die Adam den Apfel reicht. In dieser symbolischen Gestalt hat der Apfel auch meiner Ansicht nach die tiefste Bedeutung und tiefste Symbolik. In der bildlichen Darstellung ist der Apfel ein Kreis. Als solcher ist er aber auch ein Symbol von Geometrie, Mathematik und Zahlenwelt. Mit der darin verborgenen Symbolik wird der Apfel aber zum Erdkreis, zur Erde in ihrer Kugelgestalt, und zum Symbol des Ringes ohne Anfang und ohne Ende.

Nun ist die Darstellung des Apfels als Kreis immer auch ein Symbol für unsere Erde, welche ja durch Jahrtausende hindurch als eine Scheibe angesehen wurde. Davon stammt auch der deutsche Begriff Erdkreis, die Kugelgestalt der Erde war ja nicht bekannt (glauben wir zumindest).

In der griechischen Götterwelt waren zahlreiche Symbole mit dem Apfel verbunden. Götter und Göttinnen schenkten einander Äpfel, ebenso hatte Eris (eine griechische Göttin) mit einem Apfel andere Götter beworfen und erregte dadurch den

Apfel

Zorn der Gottheiten. Davon soll der Begriff Zankapfel abstammen. Es ist eines der wenigen eher negativen Symbole des Apfels. Bei allen Völkern und Kulturen ist der Apfel ein Symbol der Liebe zwischen Mann und Frau gewesen. Einen Apfel zu überreichen, das konnte immer auch mit einer Liebererklärung gleichbedeutend sein.

Interessant ist auch die Rolle des Apfels als Symbol für Weisheit und Güte bei den Kelten.
Der Apfel hat im Laufe der Epochen also eine Fülle an positiven Bedeutungen bekommen. In Darstellungen wird er gerne auch mit einem Kreuz innerhalb des Kreises, oder diesem aufgesetzt bezeichnet. Der Kreis mit dem auf ihm aufgesetztem Kreuz ist das klassische Symbol für unsere Erde geworden.

In den aristokratischen Überlieferungen des Abendlandes und des Heiligen Römischen Reiches Deutscher Nation wurde der Apfel zum Reichsapfel. Von Kaiser Karl dem Großen bis hin zu Kaiser Karl (Kaiser von Österreich, König von Ungarn), mit dessen Rücktrit des Reiches Glanz 1918 unterging, wurde der Apfel zum Reichsapfel in zahlreichen Darstellungen. In der einen Hand hält der Kaiser das Szepter und in der anderen Hand den Reichsapfel. Der Reichsapfel und das Zepter stehen hier für allumfassende Weisheit und Macht, sowie Wohlergehen.

Im christlichen Leben hat der Apfel ebenfalls positive Eigenschaften bekommen. Eines der schönsten Symbole des Apfels finden wir in Gestalt der berühmten Apfel-Madonnen. Diese Madonnen, eine Tradition der alpenländischen Schnitzkunst, tragen in einem Arm das Jesuskind und halten mit dem anderen Arm den Apfel symbolisch in der Hand. Beides verkörpert Liebe, Fürsorge und Schutz für unsere Erde.

Ahorn

Der Ahornbaum gehörte zu den heiligen Bäumen der Kelten in Bayern. Neben der Buche spielte er in der animistischen Kulturreligion der Kelten eine große Rolle. In der Vorstellung der Kelten waren Buche und Ahorn beseelte und überaus positive Wesen. Dort wo Ahorn und Buche wachsen, finden sich besonders viele positive und heilige Kräfte. Berühmt ist der Ahornboden im Karwendelgebirge, zwischen Bayern und Tirol gelegen. Seine Schönheit wird aus geographischen und botanischen Gründen gerühmt, geht jedoch meiner Ansicht nach auf eine uralte Überlieferung eines heiligen Ahornhaines der Kelten zurück. Wer den Ahornboden einmal an einem einsamen Tag oder in einer Vollmondnacht besucht, der wird die heilige und würdevolle Weihe dieses mystischen Talgrundes sofort verspüren. Vergleichbare Stätten mit Ahornbäumen gibt es in den Alpen mehrere, keinem jedoch eilt ein solcher Ruf voraus, wie dem Ahornbodens des Karwendels. Dieser Ruf geht mit absoluter Sicherheit auf einen keltischen Kult zurück.

Das Ahornblatt und der Ahornbaum im weitesten Sinne sind aber auch das staatliche Symbol von Kanada geworden. Interessant dabei ist, daß dieser Staat 3 Ahornblätter sich zum Symbol erwählt hatte. Während die Staatsfahne nur ein Ahornblatt führt. Es gibt übrigens keinerlei geschichtswissenschaftlich verwertbare Hinweise, warum in diesen staatlichen Symbolen Kanadas die Zahlen 1 und 3 vorkommen. Auch der Grund für die Verwendung der Ahornblätter im Staatssymbol ist nicht ganz genau ermittelbar. Hier zeigt sich, wie bei allen großen Symbolen, daß diejenigen Menschen, die diese Symbole erstmals wieder verwendeten, oft gar nicht wußten, warum sie dies taten. Tiefenpsychologische und gefühlsmäßige Gründe reichen dazu aber schon völlig aus. Man fühlt sich zu einem solchen Symbol hingezogen und ehrlich gesagt, was gibt es Schöneres, als wenn sich ein Staat ein Ahornblatt zum Symbol erwählt.

Baum

Unter den pflanzlichen Symbolen gehört er zu den ältesten und wichtigsten. Schon die Urmenschen haben im Baum ein Sinnbild gesehen, das zwischen Erde und Himmel eine Verbindung herstellt. Der Baum hat seine Wurzeln in der Mutter Erde, seine Arme oder Äste aber reichen zum Himmel empor. In allen Kulturen wird der Baum daher als Symbol für Erde und Himmel angesehen. In allen alten Religionen werden bestimmte Bäume mit einem Tabu versehen. Das bedeutet dann, daß der betreffende Baum heilig ist und daß er damit dem besonderen Schutz der Menschen untersteht. Am bekanntesten ist bei uns die heilige Eiche der Germanen, sowie die heiligen Buchen und Ahorne der Kelten.

Dem Baum wird aber auch eine ganz logische Schutzfunktion für Menschen zugeschrieben. Bei Unwettern kann der Mensch unter dem Dach eines Baumes Schutz suchen. In der bildlichen Darstellung der Religionen bedeutet der Baum neues Leben, Kraft und Auferstehung und ausschließlich positive Kräfte. In der Mystik werden dem Baum magische Kräfte zugeschrieben: wenn man ihn umarmt, wenn man seine Rinde sanft berührt, so gehen die Kräfte des Baumes auf den hilfesuchenden

Baum

Menschen über. Das Wachstum der Bäume innerhalb der vier Jahreszeiten wird immer schon auch als ein Symbol für das Leben an sich angesehen.

In zahlreichen Variationen in verschiedensten Völkern kommt der Baum als Sinnbild des Lebensbaumes vor. Er strebt und wächst von unten nach oben, er bekommt Äste und Zweige, er strebt zum Licht, er kann Früchte tragen und er verliert seine Blätter und am Ende eines langen Lebens verdorrt er und stirbt ab. Das Lebensbaummotiv findet sich in der weltlichen, kirchlichen und mythologischen Kunst in zahllosen Formen. Gemeinsam ist diesen Formen aber immer, daß sie sich ständig wiederholen und ineinander übergehen. Beliebt sind z. B. spiralenförmige Darstellungen für den Lebensbaum, ebenso beliebt sind rhombische Vierecke, die ständig ineinander übergehen. Das Lebensbaummotiv finden wir vielleicht mit am schönsten in Form des bayerischen Maibaumes, der alle 1 bis 2 Jahre am 1. Mai neu aufgestellt wird. Der bayerische Maibaum, dessen Varianten in allen einstigen bayer. Siedlungsgebieten (z. B. im Innviertel im Oberösterreich) vorkommen, geht mit Sicherheit auf die Kelten zurück. Er wird gedeutet als Lebensbaum, als Symbol der Kraft und positiven Lebenseinstellung, als Kennzeichen des kraftvollen Frühjahrs, gelegentlich auch als geschlechtliches Symbol des Mannes. In der geschichtlichen Überlieferung kommt der bayerische Maibaum nicht nur reich geschmückt vor, sondern existiert auch ohne jeden Schmuck. Er wird entastet und entrindet, nur an der Spitze oben beläßt man ihm eine kleine Baumkrone.

In zahlreichen Wallfahrtsorten der katholischen Religion wurde der Baum als heiliges Symbol vorchristlicher Zeiten integriert. Berühmt ist das Beispiel der Tassilo-Linde beim Kloster Wessobrunn, wo das Wessobrunner Gebet, das älteste deutsche Schriftdenkmal, entstanden ist. In Wessobrunn, im bayerischen Pfaffenwinkel, finden wir 3 große und letztlich heilige Symbole zu einer glücklichen Synthese vereinigt: Da ist einmal die Linde (eigentlich ein keltisches Symbol), die der Herzog Tassilo gepflanzt hat. Dann ist dort ein stiller und verträumter Hain, auf dessen Grund ein kleines Gewässer fast magisch dahinfließt. Überragt wird das Ganze von Kirche und Kloster Wessobrunn, die in der Kirchgeschichte, der Missionierung nördlich der Alpen und als Kulturzentrum für Religion, Wissenschaft, Forschung, Medizin und Ausbildung größte Bedeutung hatten. Erst durch die brutale Säkularisation vor 200 Jahren wurde die unvergleichliche Tradition zerstört. Dennoch lebt sie bis auf den heutigen Tag ohne jede Propaganda weiter und täglich kommen viele Menschen, um die Linde, den Hain und die Kirche zu besuchen. Diese Stelle ist mit Sicherheit eine der heiligsten Stellen nördlich der Alpen.

Altüberliefert ist auch der Brauch, daß führende Persönlichkeiten, wo immer sie hinkommen, einen Baum pflanzen. Auch hier sehen wir das Lebenssymbol des Baumes verwirklicht. In vielen christlichen Darstellungen wird natürlich auch vom Baum der Erkenntnis gesprochen (Adam und Eva), eher seltener aber wird der Baum in Kreuzform dargestellt. Im Sinne von Adam und Eva steht der Baum auch als Sinnbild für das Paradies. Er trägt auf seinen Ästen wunderbare Früchte, wer diese pflückt allerdings, der nimmt vom Baum der Erkenntnis. In gewisser Weise ist das der Punkt, ohne Umkehrmöglichkeit. Diesen Weg hatten Adam und Eva beschritten.

Blumen

Aufgrund der meist symmetrischen Form von Blumen oder Blüten, sind diese ein Symbol für den Kreis und damit für die Erde, die Sonne und für den Anfang ohne Ende. In der erotischen Darstellung können Blumen aber auch eindeutige Botschaften vermitteln, und symbolisieren dann

Blumen

den Schoß der Frau. Blumen waren immer auch schon Symbole von staatlicher oder monarchischer Gewalt. Die Rose spielt in der englischen Heraldik eine große Rolle, die Lilien in Frankreich. Bestimmte Gebirgspflanzen sind in allen Alpenländern seit eh und je mit vielen symbolhaften Vorstellungen gekennzeichnet. Dazu zählen vor allem das Edelweiß, seltener der Enzian.

Die Blume an sich hat aber auch in der Medizin zu allen Zeiten eine große Symbolkraft besessen. Diese ist darauf zurückzuführen, daß die chemischen Inhaltstoffe so mancher Blüten als Heilmittel, aber auch als Rauschmittel verwendet wurden. Die Blumen sind aber auch ein Symbol des Werdens und Vergehens, der Melancholie und des Todes. Dies kommt vielleicht am besten dadurch zum Ausdruck, in dem wir Menschen sagen "wie die Blumen im Wind...".

In der modernen Symbolsprache besteht die Blume als höchst lebendiges Sinnbild für Frieden und Harmonie, anstelle von Haß, Krieg und Gewalt. Dies zeigt sich beeindruckend bei der portugiesischen Blumenrevolution, mit der völlig friedlich die Diktatur abgelöst wurde.

Eiche

Sie gilt vor allem unter den deutschen Völkern und Stämmen als das größte Symbol für Kraft, Robustheit und Lebensdauer. Viele Sprüche verdeutlichen dies: man sagt z. B. stark wie eine Eiche. Von der Eiche wird aber auch überliefert, daß sie der heilige Baum der Germanen war. In der Antike war die Eiche ein Symbol des Göttervaters Zeus. Das Blatt der Eiche hat in der figürlichen Darstellung immer schon als schmückendes Beiwerk gedient. Die Frucht der Eiche, die Eichel, wurde und wird seit Jahrhunderten als modisches Beiwerk an Uniformen, in Form von sogenannten Schützenschnüren, verwendet. In früheren Zeiten soll sie auch als Symbol des männlichen Gliedes gedient haben, wobei dies konkret nicht belegbar ist.

Feige

Sie ist ähnlich wie bei uns der Apfel in der Welt der Antike und des Mittelmeerraumes ein Sinnbild von großer Tradition gewesen. Die Feige war ein einwandfrei erotisches Symbol, daher auch die Feigenblätter von Adam und Eva und bis heute herauf zur künstlerischen Bedeckung der Scham. Die Feige wurde auch symbolisiert mit den weiblichen Geschlechtsorganen. Der Feigenbaum selbst galt in der Antike als heilig. Der Begriff Feigenblatt lebt bis heute fort und bedeutet, daß man etwas hinter einem Feigenblatt verstecken will. Ebenso können sich Menschen

Feige

gleichsam hinter einem Feigenblatt verstecken. Darin erkennen wir die ursprüngliche symbolische Bedeutung der Feige.

Granatapfel

Dieser typische Baum der Länder rund um das Mittelmeer galt in allen alten Kulturen als heiliger Baum. Geschätzt waren seine Früchte wegen ihrer Samen, sowie wegen ihrer Schönheit. So wurde der Granatapfel z. B. lange Jahrhunderte hindurch zu einem Symbol der Ehe und der Liebe. Wir erkennen darin das Apfelmotiv von Adam und Eva. In der Porzellanmalerei wird er in Form des berühmten Zwiebelmusters dargestellt.

Kiefer

In der europäischen Symbolwelt spielt die Kiefer kaum eine Rolle, obwohl sie in Süddeutschland und Bayern zu den ältesten Bäumen zählt. Man spricht in Bayern von Föhren, aber nicht von Kiefern. Vom Begriff Föhre stammt z. B. der Name der Stadt Forchheim in Bayern ab. Obwohl aus Kiefern traditionell Öle und Harze gewonnen werden, gibt es keinerlei mythische Symboldeutungen dieses alten Baumes. Ganz anders dagegen in Asien, wo die Kiefer das Sinnbild von Leben und Ehe ist.

Lilie

Sie symbolisiert Zartheit und Damenhaftigkeit. Im Mittelalter war die Lilie ein klassisches Symbol der Minnesänger, der Dichter und Musiker. Lilien stehen immer auch als Symbol für jungfräuliche Reinheit, für Unschuld und Unberührtheit. In Frankreich ist die Lilie das älteste Staatssymbol, das es je gegeben hat. Ebenso führten mehrere italienische Stadtstaaten die Lilie in ihren Wappen.

Linde

Kaum ein Baum ist in der Vorstellungswelt der deutschen Völker und Stämme mit so vielen wunderschönen Eigenschaften umgeben. Die Linde ist ein Zeichen für hohes Alter, für Kraft und Ausdauer, für Widerstand gegen alle Naturgewalten und für ein ewiges Blühen von Blüten und Blättern. Unter der Linde, so besagt es eines der schönsten deut-

Linde

schen Volkslieder, trift man sich im kühlen Schatten zu nachdenklicher Geselligkeit. Die Linde war das Symbol der germanischen Göttin Freya und sie war der traditionelle Mittelpunkt der germanischen Ansiedlung und des späteren deutschen Dorfes. Unter der Linde wurde gerastet, gehandelt, aber auch Gericht gehalten. Von den Germanen ist überliefert, daß die Linde immer auch Zentrum der Dingstätte war.

Die Minnesänger verherrlichten die Linde in ihren Liedern und ganz berühmt ist die Linde in den Werken von Walther von der Vogelweide, dem großen Südtiroler Minnesänger geworden. Bekanntlich schreibt man dem Lindenblütentee verschiedene Heilwirkungen zu. Die Linde gilt somit auch als Baum, dem man große Wirkungen andichtet.

In zahlreichen Darstellungen finden wir im Laufe der Jahrhunderte die Linde vertreten. Sie wird immer als besonders symmetrischer Baum mit einer hohen Krone abgebildet. An den herzförmigen Blättern erkennen wir, daß es sich in diesen alten Darstellungen um eine Linde handelt. Neben Eiche und Buche ist die Linde vielleicht "der bedeutendste deutsche Baum" schlechthin.

Lotos

Lotos

Die Lotosblüte nimmt im asiatischen Raum eine große symbolhafte Bedeutung ein. Sie steht insgesamt für die Entstehung der Erde und des Weltalls. Diese Tradition wurde dann von den Großreichen der Antike, von Ägypten über Griechenland und Rom fortgeführt. Vor allem in der bildenden Kunst des alten Ägyptens findet sich die Lotosblüte reichhaltig. Die Darstellung der Blüte erfolgt fast immer in symmetrischer Form, worin man durchaus auch die vier Himmelrichtungen oder die 4 Jahreszeiten erkennen könnte. Im Buddhismus ist die Lotosblüte zur größten symbolischen Bedeutung erwachsen. Die Lotosblüte wird in Indien besonders verehrt. Sie ist ein Symbol für Mitmenschlichkeit und Mitgefühl. Darüberhinaus verkörpern sich in ihr starke und positive Energien. Im gesamten Buddhismus ist die Lotosblüte ein Sinnbild für Wachsen und Gedeihen, für Lebenskraft und ganz speziell für seelische und geistige Energiekonzentrationen. Wir Europäer sehen dagegen in der Lotosblüte eher den Begriff von filigraner Zartheit.

Mistel

In unserer modernen und aufgeklärten Zeit, spielen die Heilkräfte der Mistel in vielen medizinischen Bereichen eine große Rolle. Es gibt zahl-

174

reiche Mistelpräparate und Misteltherapien, mit denen man schwere Krankheiten versucht zu bekämpfen. Sogar die Schulmedizin beginnt sich inzwischen auch verschiedener Misteltherapien bei der Bekämpfung von Krebs zu bedienen. In der Überlieferung der Völker wird die Mistel seit eh und je mit genau diesen Heilkräften symbolisiert. Die Mistel soll die Lieblingsmedizin der keltischen Priester gewesen ein. Diese sollen sich vor allem am liebsten unter Eichen getroffen haben, auf denen Misteln waren. Eichen ohne Misteln haben bei den Kelten nicht annähernd soviel gegolten wie Eichen mit Misteln. In den Zeiten der Naturmedizin sah man die Mistel als universelle Medizin an. In zahlreichen Bräuchen lebt diese Verehrung der Mistel weiter. Mistelzweige werden zu Weihnachten aufgestellt, Mistelsäfte werden unter großen Mühen selbst hergestellt und man erhofft sich vom Trinken dieser Mistelsäfte lebensverjüngende Kraft.

Nelke

In der christlichen Religion war die Nelke das Symbol für den Opfergang, den Christus für uns Menschen auf sich genommen hatte. In vielen christlichen Darstellungen können wir die Nelke erkennen. Die Nelke ist damit auch in gewisser Weise, ohne ihr Unrecht tun zu wollen, zu einem Symbol christlicher Friedhofskultur und religiöser Totenbräuche

Nelke

geworden. Im politischen Leben dagegen wird die rote Nelke bis heute als Symbol der Sozialdemokratie angesehen.

Ölbaum

Drei Dinge von ihm wurden schon in der Antike verehrt: die Früchte, die Blätter und sein Holz. Letzteres ist bis heute geschätzt als hochwertiges Material zur Herstellung von sakralen Gegenständen. Die Blätter oder die Zweige des Ölbaumes wurden in Griechenland und Rom zu Kränzen geflochten und wurden als positive Symbole verwendet. Göttinen trugen Kränze aus Ölbaumzweigen, siegreiche Feldherren ebenso, wie berühmte Dichter und Philosophen. Das Öl aus den Früchten gepresst, diente seit alters her als Heilmittel, aber auch als Brennstoff, mit dem man Lampen versorgte. Das Öl spielt aber auch in der kirchlichen Tradition eine überragende Rolle.

Im Christentum wird es als Chrisam bezeichnet. Das ist ein Gemisch aus Öl und Balsam. Chrisam wird in der katholischen Kirche für alle Salbungen verwendet. Jesus wird auch mit dem Namen "der Gesalbte" bezeichnet. Diese Salbungszeremonien der Kirche wurden auch schon sehr früh auf weltliche Zeremonien übertragen. So wurde z. B. ein Thronfolger zum König gesalbt.

Palme

Ihre mythologische Bedeutung dürfte vermutlich ganz wirklichkeitsnahe Gründe gehabt haben: Im gesamten Raum um das Mittelmeer bildete die Dattelpalme eines der wichtigsten Nahrungsmittel der Menschen. Wenn wir im symbolischen Sinne von Palmen sprechen, so ist damit immer die uns bekannte Dattelpalme gemeint. Ihre Zweige, die sogenannten Palmwedel, waren bei den Ägyptern und

Palme

Griechen Attribute der Herrschaft, aber auch des Untergangs. Götter oder hohe Aristokraten wurden mit Palmwedeln geschmückt. Die Palmwedel waren die symbolischen Insignien von Macht und Herrschaft. Demgegenüber hatten die Früchte der Palme, die Datteln, nie eine symbolische Bedeutung erhalten. Umso wichtiger waren sie aber zur Ernährung der Menschen.

Pilze

Sie gehören zu den bekanntesten Sinnbildern des Glücks, das man sich gegenseitig schenkt. Die Überlieferung über die Eigenschaften der Pilze, oder der bayerischen Schwammerl, ist weitgehend verschüttet worden. Wir haben keinerlei Anhaltspunkte mehr dafür, warum Pilze z. B. als Glücksymbole gelten. Wir können aber vergleichende Schlüsse anstellen zu anderen Völkern und dadurch Rückschlüsse ziehen über die Geschichte des Pilzsymbols bei uns.

Bei allen Naturvölkern wurden Pilze als positive Dinge angesehen. Bekannt ist auch, daß praktisch alle Naturvölker aus bestimmten Pilzen einen Extrakt herstellen, auch einen Absud, der dann zu kultischen Anlässsen getrunken wird. In diesen Extrakten finden sich, medizinisch nachweisbar, bestimmte Substanzen, die rauschhafte Zustände, mit angenehmen, auch erotischen Halluzinationen erzeugen. Bekannt ist das Beispiel des hochgiftigen Fliegenpilzes, dessen Absud bei den Völkern Sibiriens als sexuale Substanz genossen wird. Wesentlich mehr Hinweise über die Pilze finden wir in China und in Japan. Pilze werden dort seit jeher mit positiven Eigenschaften symbolisiert. Sie sind ein Symbol langen Lebens und großer Körperkraft. Früher sagte man auch, daß die Pilze das Fleisch des kleinen Mannes seien. Damit spielte man auf die Bedeutung der Pilze als Nahrungsmittel an.

Reis

Diese Pflanze ist im gesamten asiatischen Raum seit Urzeiten das wichtigste Grundnahrungsmittel. Dem Reis kommt im symbolischen Sinne die gleiche überhöhte Bedeutung zu, wie bei uns dem Brot. Reis wird in verschiedener Form kultisch verehrt und angebetet und ist emotional stark belastet. Besonders in Japan, wo Reis das Volksnahrungsmittel Nr. 1 ist, wird bis heute dem Reisanbau eine unglaublich große Bedeutung zugemessen. Sämtliche Diskussionen, die sich um Reis drehen, um

Anbau und Vermarktung, gehen sofort in Ebenen über, wo man mit Vernunft nicht mehr diskutieren kann. Auch heute noch wird der japanische Gott Inari als Gott des Reises in ganz Japan verehrt.

Rose

Sie gehört zu den ältesten pflanzlichen Symbolen. Sie ist einerseits immer schon das Ziel kultischer Verehrung gewesen, war andererseits bis heute auch ein mehr oder weniger geheimes Symbol, das bestimmte Gesellschaften für sich auserwählt hatten, um bestimmte Dinge zu symbolisieren. Die Rose gilt als Symbol der Schönheit und der symmetrischen Ästhetik, außerdem ist die Rose in vielen Kulturen zu einem klassischen Kennzeichen für Diskretion und Verschwiegenheit geworden. Die Geschichte der Rose läßt sich auch an der Art ihrer Abbildung ablesen. Im Laufe der Jahrhunderte gelang es den Menschen, immer hochwertigere Rosen zu züchten. Dementsprechend sind für bestimmte Epochen ganz bestimmte Rosen typisch. Der Unterschied zeigt sich für uns heute darin, daß je nach Epoche die Anzahl der Blütenblätter unter-

Rose

schiedlich ist. Die fünfblättrige Rose findet sich besonders häufig in Kirchen, innen und außen, z. B. an Portalen, ist aber ebenso ein weltberühmtes Symbol bäuerlicher Volkskunst. In der Bauernmalerei Bayerns und Österreichs wird die Rose, je nach Alter des Möbelstückes ganz unterschiedlich, aber typisch abgebildet. Das gilt sowohl für die Farbgebung, als auch für Stil und Blätter, und für die Anzahl der Blütenblätter. Über die Rose als Symbol der bildenden Kunst wurden und werden ganze Wälzer verfaßt, die sich nur diesem einen Thema widmen.

Die Rose spielt in Form des Rosengartens aber auch als Objekt der Liebhaberei für Züchter eine ganz große Rolle. Keine Pflanze, keine Blume wird in Europa so sehr symbolisiert wie die Rose als Zuchtobjekt. Von keiner Blume wird so intensiv behauptet, daß man mit ihr sprechen müsse, wenn man sie pflegt und gießt, um sie zu großem Gedeihen zu veranlassen. Echte Rosenliebhaber sind der festen Ansicht, daß zwischen jeder einzelnen Rose und deren Besitzer ein inniges Beziehungsverhältnis besteht. Allein deshalb schon ist die Rose bis heute das großartige Symbol für Feinfühligkeit und für überirdische Schönheit geblieben. Sie ist außerdem das Zeichen der Liebe, das ein Mann einer von ihm verehrten Frau überreicht.

Bereits in der Antike wurden der Rose zu Ehren in Griechenland und Rom die verschiedensten Rosenfeste begangen. Diese Rosenfeste fielen im wesentlichen mit der Zeit unseres Pfingstfestes zusammen. Noch heute ist in Italien, aber auch bei den ausgewanderten Italienern in Argentinien, der Pfingstsonntag der höchste Rosenfesttag des Jahres. Er gilt im Volksmund als Rosensonntag. In der christlichen Religion wurde die Rose zum Symbol der Muttergottes und damit zugleich zum Ausdruck der Unberührtheit. In Form des Rosenkranzes lebt die Rose auch kirchlich nach wie vor weiter. Außerdem bedienen sich die meisten Geheimgesellschaften, aber auch Vereinigungen wie die Freimaurer der Rose als Symbol und Erkennungszeichen.

Die Rose ist auch bekanntes Wappensymbol, dessen Blätter ebenfalls in verschiedener Anzahl, je nach Epoche abgebildet werden. Dabei reicht das Spektrum von der dreiblättrigen über die fünfblättrige bis zu noch mehrblättrigeren Rosenabbildungen. In der Symbolik der Sprache der Rose spielt es auch eine Rolle, ob es sich um eine weiße oder rote Rose handelt. Farbschattierungen die dazwischen liegen und modernen Züchtungen entsprechen, haben bis jetzt nicht Eingang in die Rosensymbolik gefunden. Die Rose gehörte außerdem zu den Symbolen von Venus bzw. Aphrodite und ist seit damals das weibliche Blütensymbol schlechthin.

Weihrauch

Dieses wohlduftende Harz ist bei uns in erster Linie von kirchlichen Handlungen her bekannt und vertraut. Weihrauch ist eine harzige Substanz, die seit eh und je dazu verwendet wurde, um verbrannt zu werden. Bei der Verbrennung des Harzes werden die ätherischen Öle frei und ergeben jenen feierlich-geheimnisvollen Wohlgeruch. In sämtlichen bekannten Kulturen Europas und des Vorderen Orients und Afrikas bis hin zu den alten ägyptischen Reichen ist die Verwendung von Weihrauch überliefert, und zwar bei sämtlichen kultischen Handlungen, sei es über Geburt und Taufe bis hin zu Bestattungsriten.

In der Symbolik wird Weihrauch als Kennzeichen der Göttlichkeit angesehen. Mit dem Weihrauch verbindet sich der Begriff von Gott und Himmel und dem Paradies. Weihrauch war durch Jahrhunderte außerdem eine teure Kostbarkeit und wurde demzufolge auch als Ehrengabe überreicht. Diesen Brauch sehen wir in Form der Heiligen Drei Könige, die dem Jesuskind u. a. Weihrauch überbringen. Strittig ist, ob Weihrauch solche ätherischen Öle freisetzt, die sogar zu bestimmten Visionen oder Vorstellungen führen können. Vorstellbar ist andererseits außerdem, daß vor allem in vorchristlichen Kulten dem Weihrauch narkotisierende oder halluzinogene Substanzen zugefügt wurden. In unserer aufgeklärten Zeit ist inzwischen bekannt, daß so manche Allergiker Weihrauch nicht vertragen. Ich bin der Ansicht, daß der Wohlgeruch des Weihrauchs ganz einfach zur mythologischen Überhöhung einer kultischen Handlung zu dienen hat.

Zwiebel

Bei vielen Völkern gilt sie als medizinisches Wundermittel, mit dem man glaubte, praktisch alle Krankheiten heilen zu können. Die Zwiebel war außerdem lange Zeit hindurch das Symbol für die Ernährung der armen Leute. Bei manchen Kulturen wurde sie auch in allegorischer Darstellung als Zeichen des weiblichen Schoßes angesehen. Mythen verbanden sich allein deshalb auch wegen der vie-

Zwiebel

len Schalen, aus denen die Zweibel besteht und in denen man ein Zeichen der Fruchtbarkeit, also des weiblichen Geschlechtsorgans, sah.

Wein

In der landwirtschaftlichen Kultur der alten ägyptischen Reiche war Weinanbau schon vor 5000 Jahren bekannt. Ebenso wurde Wein vor ähnlich langen Epochen im Zwischenstromland von Euphrat und Tigris angebaut. Der Wein galt durch lange Zeit hindurch als ein beliebtes und legitimes Mittel, die Grenzen des eigenen Bewußtseins zu sprengen, sich Visionen und Halluzinationen bewußt hinzugeben, sich eben dem Rausche zu widmen. Noch bis weit nach Christi Geburt fanden die Völker der Antike und des Mittelmeerraumes nichts Anstößiges daran, sich durch Wein zu berauschen. Wein wurde damit zum Symbol der Geselligkeit, der Unterhaltung, aber auch der geistigen Übersteigerung und des wohligen Lebens. Der Gott des Weines, Bacchus, war immer und ist es bis heute geblieben, ein Symbol für ein bewußt wohliges und sinnesfrohes Leben. Schon der alte deutsche Spruch, Wein, Weib und Gesang faßt dies beeindruckend zusammen.

Wein spielte außerdem in der Volksmedizin seit eh und je eine große Rolle. Ihm wurden zum Teil wundertätige Wirkungen zugeschrieben. Diese Wirkungen sind erst seit einiger Zeit medizinisch nachweisbar. In Ländern mit traditionell hohem Rotweingenuß (alle romanischen Länder Europas)) kommen Herzinfarkte ungleich seltener vor, als in vergleichbaren anderen Industriegesellschaften, z. B. Deutschland. Inzwischen ist bekannt, daß Rotwein zu den besten Mitteln gehört, welche dem Herzinfarkt und Kreislaufkrankheiten wirksam vorzubeugen vermögen. Die fundamentalistische und pietistische Misepetrigkeit unserer deutschen Industriegesellschaft, welche an jedes Nahrungs- und Genußmittel mit der medizinischen Lupe herangeht, ist natürlich der Ansicht, daß das Trinken von Wein Sünde sei. Die medizinischen Beckmesser nördlich der Alpen werden uns noch bis ins Grab verfolgen, in das wir auch ohne Weingenuß und unter Umständen kerngesund sinken werden. Nach dem Abstinenzlerstandard deutscher Massenmedizin werden wir dafür wissen, daß wir gesund gestorben sind.

Wein war und ist in allen Völkern und Kulturen immer ein Symbol gewesen, für Leute, die dem Leben auch schöne Seiten abgewinnen wollen. Sauertöpfe jeglicher Herkunft sehen dagegen im Wein die Personifizierung des Teufels und der Sünde. Wein war und ist immer schon auch ein Kennzeichen gewesen, für weltlichen und religiösen Lebensstil. Seit eh und je bis heute waren die besten Weingüter immer auch von Pfarrern oder Ordensleuten betreut worden. Wein in erweitertem Sinne als Weinstock ist Sinnbild des Lebens und des Strebens zur Sonne und nach dem Licht. Am schönsten vielleicht verkörpert sich dies in der Symbolik des hl. Abendmahles der christlichen Religionen. In der bildenden Kunst ist der Weinstock ein Symbol des Lebensbaumes. Wo immer wir, auch in allegorischer Form Weinstöcke abgebildet sehen, so ist damit mindestens der Lebensbaum, meistens aber auch das Christentum gemeint. Als Christen leben wir in einem Weingarten auf Erden, jeder Stock (Mensch) muß zwar überaus mühsam und langwierig und kräfteraubend hochgezogen werden, lohnt es uns aber durch überreiche Früchte.

Mathematische Symbole

Achteck

Bereits im Abschnitt Zahlen, haben über das Symbol 8 berichtet. Es führt sich auf die ägyptischen Kulturen zurück. Die Achtheit war u. a. ein Symbol für die Schöpfung, die nach Vorstellung der Ägypter aus einem Urschlamm heraus entwickelt wurde. Die Achtheit in allen denkbaren graphischen Darstellungen ist daher auch bis heute ein Sinnbild für Geburt und Leben sowie für Sonne und positive. Energien geblieben. Zur Zeit des römischen Weltreiches wurden bevorzugt achteckige Grundrisse für Tempel verwendet. Das Achteck beinhaltet aber auch als Stern oder geometrische Figur die Zahlensymbolik 2 x 4 oder 4 + 4 und beides gilt in der Numerologie als Sinnbild von Harmonie und Weiblichkeit.

Alchemie

Sie zählt und zählte zu den umstrittensten geisten Disziplinen, die vor allem im Mittelalter sehr populär war. Alchemie bildete aber immerhin die anerkannte Vorstufe zur heutigen Chemie! Im Grunde genommen beschäftigt sich die Alchemie mit fast allen Dingen, die sich dem menschlichen Verstand oder den gesetzlichen Naturwissenschaften entziehen. Ewiges und nie erreichtes Ziel mittelalterlicher Alchemie war z. B. die Erfindung eines Steins der Weisen. Mit diesem Stein der Weisen glaubte man alle Probleme der Welt lösen zu können. Die Alchemie versuchte außerdem alle seelischen Fragen und Probleme des Menschen einer wunderbaren Erleuchtung zuzuführen. Ihre Vertreter, die Alchemisten, bedienten sich vor allem einer symbolreichen Sprache und Schrift.

Alchemie

Erde und Säfte waren die geheimnisvollen Substanzen, aus denen man sogar versuchte, einen neuen Menschen zu schaffen. Dreiecke, Sechsecke, Fünfecke, Kreuze, Halbmonde und Kreise gehörten zu den berühmten Symbolzeichen der Alchemie. Diese Zeichen wurden in ganz unterschiedlichen Kombinationen zu Bildern vereinigt, deren mystischer Aussage sich auch heute noch kein Mensch zu entziehen vermag. Die Alchemie versuchte außerdem, Gold und Silber synthetisch herzustellen.

Die Rose in verschiedensten Formen gehörte ebenfalls zu den Mitgliedskennzeichen alchemistischer Geheimgesellschaften. Im Grunde genommen wissen wir heute über die Alchemie und Alchemisten extrem wenig. Geblieben sind eigentlich nur die Zeichen und Symbole, unter denen auch der Davidstern berühmt und beliebt war. Eines der klassischen Symbole der Alchemie ist außerdem die Abbildung eines einzigen menschlichen Auges: Eine Ellipse weist in der Mitte einen schwarzen Punkt auf oder ein schwarzer Punkt befindet sich in einem Kreis. Dieses alchemistische Einauge ist das Symbol eines übergeordneten Universalgeistes, der alles auf der Welt sieht, erkennt und weiß. Dieses Eingauge hat eine starke mystische Ausstrahlungskraft. Sehr populär war bei den

Alchemisten außerdem der Sechsstern (Hexagramm) und der Fünfstern (Drudenfuß oder Pentagramm).

Es gibt eine Reihe von Büchern, die über Alchemie berichten. Diese Bücher stammen aus dem Mittelalter, ebenso aus den frühen Zeiten der Buchdruckkunst Guttenbergs. Diese Bücher wurden aber ausschließlich verfaßt, um anderen Menschen ein Bild der Alchemie zu geben und sie damit in ihrer Neugier zufrieden zu stellen. Diese Bücher sind Tarnung, um in Wirklichkeit die Alchemie zu einer abgeschotteten Geheimwissenschaft zu machen. Aufgrund des rein grafischen Umganges mit den alchemistischen Symbolen, wurden die Alchemisten natürlich auf Dauer auch zu geschulten Mathematikern und Geometern. Daraus resultiert ihr Ruf, besonders zahlenkundig zu sein. Nicht nur ich bin der Ansicht, daß die Alchemie in Wahrheit eine der letzten großen Parawissenschaften war, um das Leben mittels Zahlen und Symbolen auf eine höherere und positive Ebene zu führen. Alchemie wollte immer nur positive Energien bewirken. Wir aber wissen darüber fast nichts mehr.

Alpha und Omega

Siehe bitte auch unter Zahlen und Buchstaben in vorhergehenden Kapiteln. Hier sei nur noch erwähnt, daß diese beiden Buchstabensymbole

Alpha und Omega

des griechischen Alphabets dessen erster und letzter Buchstabe sind. Diese beiden Buchstaben stehen für Anfang und Ende der Welt. Wir sehen sie oft in kirchlichen, seltener auch weltlichen Abbildungen. Das Alpha wird als A sozusagen geschrieben, während das Omega so wie ein Hufeisen, aber am Kopf stehend (offene Seite nach unten) abgebildet wird. Bilder, die damit gekennzeichnet sind, sollen verdeutlichen, daß hier alles Wissen der Erde vereinigt ist.

Dreieck

Auch darüber haben wir uns im Kapitel Zahlen intensiv unterhalten. In der Geometrie bildet das Dreieck die simpelste Methode, um mit geraden Linien eine Fläche abzugrenzen. Das Dreieck symbolisiert selbstverständlich auch die Zahl 3, die sich entweder aus 1 + 2 oder 1 + 1 + 1 zusammensetzen kann. In der Symbolik wird es auch mit dem Schoß der Frau identifiziert, ebenso finden wir urzeitliche Steinsetzungen in Form eines Dreiecks, ebenso stellt das Dreieck ein kultisches Symbol des alten Ägyptens dar. Eine der beeindruckendsten Darstellungen des Dreiecks sind die Pyramiden, von denen jede einzelne Seite aus einem Dreieck besteht. Beliebt war die Kombination mehrerer Dreiecke zu einem neuen Symbol. Dadurch lassen sich Sterne, bis hin zum Davidstern erzeugen, ebenso aber auch Vierecke, und Polygone der verschiedensten Art. Abge-

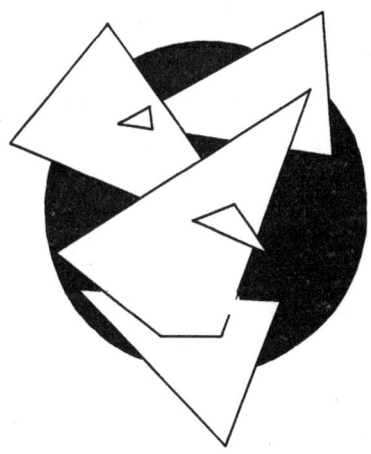

Dreieck

sehen von den Ellipsen und Kreisen und kurvigen Formen der Geometrie, lassen sich alle geometrischen Symbole auf das Dreieck zurückführen, beziehungsweise aber auch damit herstellen.

Wenig beachtet in unserer heutigen Zeit wird dagegen, daß das Dreieck auch ein Symbol seit alters her für die Feldvermessung gewesen sein dürfte. Mit drei Seiten oder auch drei Spitzen (Fixpunkte) eines Dreiecks, ließen sich auch schon vor Jahrtausenden alle karthographischen oder geometrischen Probleme lösen. Daß dies nur selten geschah, liegt daran, daß die Menschen damaliger Zeiten keine Landkarten benötigten, da man zu Fuß und entsprechend langsam unterwegs war. Man hatte genügend Zeit, sich zu orientieren. Fernreisende bedienten sich ohnedies immer örtlicher Führer. Sehr wohl aber wurde das Dreieck zur Feldvermessung anspruchsvollster Aufgaben verwendet: Pyramiden, Tempelanlagen und ganze Städte wurden mit Hilfe des Dreiecks vermessen und konzipiert. Nachweisbar ist auch, daß z. Zt. der Pharaonen die Feldvermesser den karthographischen Vorwärtseinschnitt und Rückwärtseinschnitt, sowie den präzisen Daumensprung beherrscht hatten. Die Mathematiker der griechischen Antike, darunter besonders Pythagoras und Euklid, sahen im Dreieck nicht nur ein mathematisch wissenschaftliches Symbol, sondern auch ein Instrument magischer Zahlentheorien.

Freimaurer

Unter Freimaurern verstand man durch lange Zeiten hindurch geheime Gesellschaften, die sich der Öffentlichkeit entzogen. Ihre Gliederung in Logen machte für den Außenstehenden das Ganze noch unheimlicher. Dazu kam, daß in den Gesellschaften der Freimaurer seit ehe und je bestimmte Symbole verwendet wurden und werden. Die Freimaurer wurden durch viele Jahre verfemt, verleumdet und auch konkret verfolgt. Es gibt eine Reihe von großen Religionen, die ihren Angehörigen bis heute dem Beitritt zu einer Loge verbieten.

Die Freimaurerei war und ist aber auch ein Symbol für aufgeklärtes, liberales Wissen und ein Kennzeichen der persönlichen Freiheit und Menschenwürde. Auch aufgrund der häufigen Verfolgungen, kam es dazu, daß Freimaurer sich nur noch durch Symbole gegenseitig zu erkennen gaben. Klassische Freimaurersymbole waren und sind Fünfeck, Sechseck, Achteck, Sterne in allen Variationen, der Zirkel, Hammer und Zollstab. In alten Darstellungen werden auch Symbole verschiedener Handwerke verwendet. Viele Freimaurerlogen waren auch eine ganz vernünftige Antwort gegen überholtes Zunftwesen, das jede Konkurrenz zunichte machte. Das Zunftwesen gab jungen Leuten auch keinerlei Chance und führte letztendlich dazu, daß sich in den Zünften eine negative Auslese bestimmter Handwerke fand. Fähige junge Leute waren gezwungen auszuwandern oder unter miesen Bedingungen einem Zunftmeister zu dienen. Die Freimaurer setzten sich u. a. das Ziel, diese gravierenden Mißstände abzuschaffen. Auf ihren Fahnen standen die Symbole für Demokratie, Chancengleichheit, Freiheit und Menschenwürde.

Es ist klar, daß die freimaurerischen Gesellschaften sehr rasch von den satten Inhabern bestehender Pfründen, auch der Kirchen, als ernste Bedrohung angesehen wurden. Man verfolgte sie, versuchte sie auszurotten und zu ermordern, und als Reaktion darauf gingen die Freimaurer in den Untergrund. Jetzt kam die große Zeit der geheimen Symbole, die als Erkennungszeichen dienten. Die Freimaurer unterstellten schließlich auch ihren Symbolen ganz konkrete Begriffe, um ihre Ziele eindeutig fassen zu können. Das freimaurerische Symbol ist im Gegensatz zu vielen anderen Symbolen ein exakt definierbares Sinnbild, vor allem für bestimmte geistige Inhalte. Eines der bekanntesten Freimaurersymbole wurden der Winkelmesser, der Zirkel, der Hammer und die Maurerkelle. Der Zirkel lebte bis in unser Jahrhundert in zahlreichen politischen Gesellschaften als Symbol weiter. Er wurde zum Kennzeichen dafür, daß alle Menschen Brüder sind, daß Völker sich nicht voneinander abschotten sollen, sondern einander hilfreich zur Seite zu stehen haben, damit der einzelne Mensch ein sozial gerechtes Leben führen kann. Dazu gehören gerechter Lohn und Menschenrechte. Kirchliche und politische Institutionen verteufeln die Freimaurerei zum Teil bis heute. Man belegt sie mit Feindbildern und behauptet schreckliche Dinge und versucht damit eine Diffamierung zu erreichen.

Sechsstern oder Hexagramm

Im Kapitel Zahlen und Mathematik haben wir darüber auch schon berichtet. Der Sechsstern, das Hexagramm oder der sechszackige Stern läßt sich aus zwei Dreiecken erzeugen, die man ineinander verschoben hat. Am besten eignen sich dazu zwei gleichseitige Dreiecke gleicher Größe. Die beiden Spitzen des Hexagramms müssen nach oben oder nach unten gerichtet sein. Wird das Hexagramm von einem Kreis umgeben, so wird daraus eines der bedeutendsten Symbole der Freimaurer. Die beiden Dreiecke, aus denen der Sechsstern besteht, werden als männlich und weiblich symbolisiert, wobei dies eine schon sehr gewagte

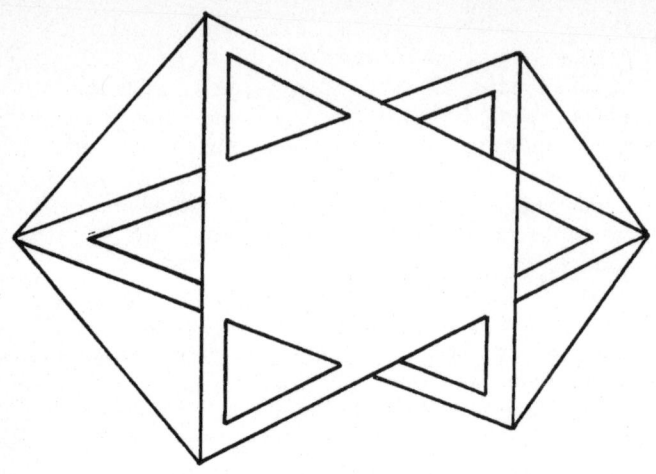

Sechsstern

Deutung ist. Wesentlich interessanter in der geschichtlichen Überlieferung ist dagegen, daß der Sechstern als das Siegel von Salomon überliefert ist. In der jüdischen Religion gilt das Hexagramm auch als Sinnbild
für den (soldatischen) Schild von König David, auf den sich letztlich das
gesamte jüdische Volk in seiner Existenz zurückführt. Dieses Hexagramm ist in Wirklichkeit eines der größten magischen Zeichen jüdischer
Kultur und Überlieferung. In ihm, als Symbol Davids, wiederholt sich das
Fortleben König Davids in allen Kindern des Volkes Israel.

Der Sechstern findet sich aber auch, wenn auch selten, bei verschiedenen Naturvölkern und bei Menschen der frühen Besiedlung der Alpen.
Die Alchemisten wiederum sahen im Sechstern ein Sinnbild der
Erschaffung der Erde und jener Materie, aus der einmal alles entstanden
sein mußte. In der heutigen Zeit wird das Hexagramm gerne auch als
Instrument geistiger Besinnung, der spirituellen Verinnerlichung und
meditativer Übungen eingesetzt.

Kreis

Auch darüber haben wir im Kapitel Zahlen und Mathematik intensiv
berichtet. Bei allen Völkern und Kulturen ist der Kreis das verbreitetetste
geometrische Symbol. In der graphischen Darstellung sieht dieses Sym-

bol immer gleich aus, kann aber auch einen Apfel, Granatapfel oder Ring, ebenso die Erde bedeuten. Der Kreis ist Anfang ohne Ende und Ende ohne Anfang. Der Kreis ist ein Sinnbild für Schutz, für Verteidigung und für Abschottung nach außen. In vielen Kulturen werden in Form von Abbildungen zahlreiche Kreise ineinander dargestellt. Kleine Kreise werden von immer größeren Kreisen umgeben und bilden interessante ornamentale Darstellungen.

Ein Kreis mit einem Punkt in der Mitte steht seit eh und je auch als Signum der Sonne. Zahlreiche Steindenkmäler, in ganz Europa, besonders aber in der Bretagne und in England wurden in Kreisform errichtet. Dabei handelt es sich um megalithische Kultorte, an denen unsere Vorfahren Sonne und Gestirne anbeteten und kultische Feste mit ihren Druiden begingen. Diese Steindenkmäler in Kreisform sind ohne weiteres an die 4000 Jahre alt und zeugen von einem großen mathematisch-astronomischen Wissensstand. Man konnte mit den Steinkreisen eine Vielzahl astronomischer Aufgaben durchführen, den Beginn der vier Jahreszeiten auf die Minute genau ermitteln, oder z. B. die Entfernung Erde-Mond ganz genau ausrechnen. Allein aus diesen drei Tatsachen können wir erahnen, wie groß der Wissensstand dieser Menschen vor 4000 Jahren gewesen sein muß. Die Erbauer dieser Steinkreise führten schwierige Schädeloperationen erfolgreich durch, verschlossen Schädel-

Kreis

verletzungen mit Silberplatten und hatten eine hochstehende Medizin.

Der Kreis wird gerne in Kombination mit anderen Symbolen verwendet. Beliebt ist die Integrierung eines Sterns in einem Kreis, sodaß der Kreis zum Umkreis wird. Kreis und Quadrat zusammen werden ebenfalls gerne verwendet. Das Quadarat ist in der Symbolkunde sozusagen der Gegenpol zum Kreis. Kreis und Quadrat gehörten in der mittelalterlichen Alchemie zu den wichtigsten Symbolen, mit denen man den Dingen auf den Grund zu kommen versuchte.

Bekannt ist das Sprichwort "die Quadratur des Kreises": Man versteht darunter das Bemühen, ein Quadrat in einen Kreis mit derselben Fläche umzuformen. Das Bemühen scheitert und muß scheitern, war Ziel jahrhundertelanger Bestrebungen der Alchemisten und gilt heute als Symbol für den Versuch, das Unmögliche wahr zu machen.

Der Kreis ist in den christlichen Religionen ein Symbol für den Heiligenschein, die Aura und für den Erdkreis, also für die gesamte Welt. Wird der Kreis als Erdkreis gemeint, so finden wir darin meistens geographische Elemente, wie Windrosen oder Himmelsrichtungen. Der Kreis wird bei verschiedenen Kulturen auch als Sinnbild des Mondes gewertet und ist dadurch auch zu einem Sinnbild für die biologische Weiblichkeit, abhängig von den Mondphasen, geworden. Vor allem die Indianerkulturen beider amerikanischen Kontinente haben sich dieser Symbolik bedient.

Mandorla

Man versteht darunter, in Abwandlung des vorher Gesagten, einen Heiligenschein, der aus zwei getrennten Halbkreisen besteht. Dieses Symbol wird mit Gott gleichgesetzt und soll von der Form der Mandel abstammen. Wir sehen z. B. die Gestalten von Hei-

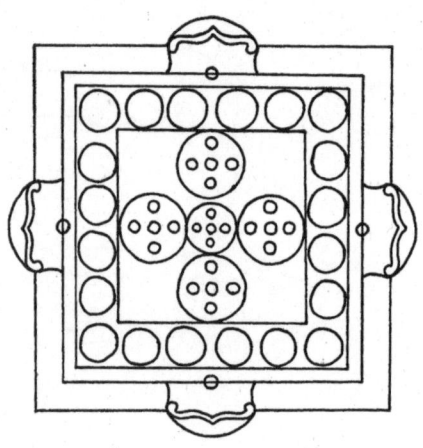

Mandorla

190

ligen, besonders auch der Muttergottes innerhalb einer derartigen Mandorla abgebildet. Die Gestalt des Heiligen oder der Heiligen wird von einem mandelförmigen Umriß umgeben. Das ist die eigentliche Mandorla und soll eine überhöhte Form der Aura unter Anbetung himmlischer Kraft verdeutlichen.

Mandala

Auch hier handelt es sich um ein Symbol, das identisch ist mit dem klassischen Kreis. Vor allem im asiatischen Raum wird die Mandala, also der Kreis, mit verschiedenen Symbolen aufgefüllt. Man spricht dann von einem sogenannten Kosmogramm. Diese Kosmogramme werden in buddhistischen Religion z. B. als Meditationsmittel verwendet, sie sollen gleichzeitig Sinn und Zweck der ganzen Erde verdeutlichen.

Kreuz

Neben dem Kreis dürfte es jenes Symbol sein, das auf der ganzen Welt am verbreitetsten ist. Es teilt eine Fläche in 4 Einzelfelder, es verdeutlicht die 4 Himmelsrichtungen, die 4 Jahreszeiten oder das Oben und das Unten. Man kann es als Sinnbild der gesamten Welt ansehen und man kann daraus auch ein Orientierungsmittel ableiten. Schon in alten Zeiten wurde eine Spitze des Kreuzes mit einem Pfeil versehen und man vermutet, daß man damit eine bestimmte geographische Orientierung angeben wollte. In den christlichen Religionen ist das Kreuz natürlich das wichtigste Sinnbild dafür, daß sich der Sohn Gottes für uns Menschen geopfert hat, indem er unsere Sünden auf sich nahm. Die verschiedenen Formen des Kreuzes

Kreuz

entsprechen nur unterschiedlichen entwicklungsgeschichtlichen Ausformungen, die aber alle den selben Sinn wie das einfache Kreuz hatten. Immer wieder wurden aber bestimmte Kreuzformen als Symbol bestimmter Religionen und Kulturen verwendet. Das Henkelkreuz war beispielsweise Sinnbild der koptischen Christen. Ebenso finden wir spezielle Kreuze in Irland, in der Bretagne oder in Frankreich. Bekannt ist auch das Andreaskreuz, das wie ein X aussieht.

Das Kreuz wird auch als Hauszeichen verwendet, findet sich in zahlreichen Wappen und ist Symbol vieler christlicher Gemeinschaften, die das Kreuz verwenden. Man will damit zum Ausdruck bringen, daß man sich christlichen Idealen verschrieben hat. Umgekehrt wurde das Kreuz in Fom des Hakenkreuzes zu einem Symbol des Bösen und des Schlechten. Das Hakenkreuz des Dritten Reiches war ursprünglich ein Geheimzeichen, das von den Angehörigen der Thulegesellschaft verwendet wurde. Die Thulegesellschaft war eine geheime Organisation, deren Mitglieder verbrecherische Ziele verfolgten. Ihr Symbol war das Hakenkreuz. Aus dieser Gesellschaft entstanden schließlich die NSDAP und das Dritte Reich mit allen seinen Verbrechen.

Wir Menschen begehen normalerweise den klassischen Fehler, die Geschichte und die Dinge des Lebens immer nur von unserem Standpunkt aus zu sehen. So interpretieren wir Europäer Geschichte aus europäischer Sicht, man nennt dies eurozentristisch. Selbstverständlich muß man Geschichte auch aus der Warte anderer Völker und Kontinente darstellen. Das für uns positive christliche Kreuzsymbol wurde für die vorkolumbianischen Völker und Kulturen von Nord-, Süd- und Mittelamerika zu einem Sinnbild größter Schrecken. Unter dem Zeichen des christlichen Kreuzes wurden systematisch und absichtlich ganze Völker, Kulturen und Kontinente ausgerottet und ermordet. So sollten wir uns beide Seiten des Kreuzsymbols vor Augen halten, und keineswegs immer nur die uns vertraute.

Pyramide

Man versteht darunter in der Mathematik einen Körper, der auf einem Polygon aufgebaut wird. Dieses Polygon oder Vieleck bildet die Grundfläche der Pyramide. Wenn man die Seitenflächen dreieckig zeichnet, und diese nach oben zusammenklappt, entsteht also die Pyramide, deren Seitenkanten alle in einer Spitze zusammenlaufen. Je nach Geschmack können drei- und mehrseitige Pyramiden dargestellt werden.

Pyramide

Die ägyptischen Pyramiden, aber auch die Pyramiden der Inkas, Mayas und Azteken sind dagegen grundsätzlich auf einer quadratischen Grundfläche aufgebaut. Demzufolge gibt es vier Dreiecke, die spitz zusammenlaufen und somit eine vierseitige Pyramide erzeugen. Berühmt und von Mythen umwogen sind die Pyramiden Ägyptens als Grabdenkmäler. Wir wissen im Grunde bis heute nicht, mit welchen technischen Mitteln sie errichtet wurden und welchen Zwecken sie tatsächlich dienten. Es gibt aber inzwischen keinen Zweifel, daß diese Pyramiden mit einer unvorstellbaren mathematischen Präzision gebaut wurden. Wenn wir Menschen von heute die selbe mathematische Präzision beim Bau einer Pyramide erreichen wollten, dann hätten wir trotz modernster technischer Mittel die größten Schwierigkeiten. Das Alter der ägyptischen Pyramiden ist mit 4000 bis 5000 Jahren in eine Dimension entrückt, die wir uns nicht vorstellen können. Die Menschen jener Zeit können wir, wenn überhaupt, nur an ihren Hinterlassenschaften messen. Und dabei stehen wir erst am Anfang unserer modernen Forschung.

Die Pyramide ist inzwischen das wichtigste Symbol für positive Energien, für Strahlung der Erde und für Strahlung des Kosmos geworden, sie ist in gewisser Weise ein kultisches Maximalzentrum unserer modernen parawissenschatlichen Methoden geworden. Pyramiden werden inzwischen in vielen Formen angeboten, und sollen letztlich dazu verhelfen, die positiven Kräfte der Pyramiden zu nutzen. Wissenschaftlich festgestellt werden konnte z. B. inzwischen, daß es an der Oberfläche von Pyramiden, genauso wie in ihrem Inneren bestimmte Punkte gibt, auf denen jeglich elektrische Energie verschwunden ist. Wissenschaftlich gesehen sind diese Phänomene nicht zu erklären, wir können sie aber messen. Wenn sich ein Mensch auf einen solchen Punkt ohne Elektromagnetismus stellt, so kann dies zur Ohnmacht und sogar zum sofortigen Kreislauftod führen.

Die Pyramiden dienten als Grabstätten, wir wissen rein schematisch gesehen, wie die Konservierung der in den Pyramiden bestatteten Menschen vor sich ging. Trotzdem wissen wir immer noch nicht, wie es möglich war, daß die Mumien Jahrtausende hindurch sich in erstklassigem Zustand erhielten. Es dürfte damit mit Sicherheit Zusammenhänge geben, die zwischen Mumifizierung und Elektromagnetismus bestehen. Die Forschungen darüber stehen erst am Beginn. Es steht weiters fest, daß Pyramien Erdstrahlungen und kosmische Strahlungen verdichten können und daß daraus bestimmte positive oder negative Energien konzentriert werden. Die negativen Energien haben auf den Menschen fast durchwegs tödlichen Einfluß.

Die Spitze der Pyramiden stellen bis jetzt das größte Fragezeichen in der Forschung über die Pyramiden dar. Es gibt aber keinen Zweifel, daß diese Spitzen der Pyramiden einem ganz bestimmten Zweck dienten. Mit großer Wahrscheinlichkeit hatten sie die Funktion von Sende- und Empfangsmasten, vergleichbar modernen Rundfunkantennen. Es gibt keinen Zweifel daran, daß die Spitzen der Pyramiden und die geographischen Standorte der Pyramiden, (egal auf welchem Kontinent) rein technisch gesehen in der Lage waren, Signale aus dem Weltall aufzufangen oder in das Weltall abzugeben. Auch die Anhäufung von meist mehreren Pyramiden und deren bestimmte Verteilung deuten darauf hin, daß es sich um regelrechte Sende- und Empfangsanlagen gehandelt haben könnte. Es ist außerdem anzunehmen, daß die Erbauer der Pyramiden über mindestens so hochwertige technisch-mathematische System verfügt hatten, wie wir heute in Form der Computer. Im Grunde genommen deutet alles darauf hin, daß die Pyramiden dazu dienten, damit Außerirdische Kontakt mit der Erde aufnehmen konnten. Die Sagen und Überlieferungen, welche von den Erbauern der Pyramiden herrühren, deuten alle in dieselbe Richtung. Von Ägypten angefangen bis zu den Inkas,

Mayas und Azteken. In unserer Zeit wurde die Pyramide dadurch auch zum vielleicht wichtigsten Symbol der Verbindung zwischen Erde und Weltall. Man ordnet ihr magische und positive Kräfte zu, man versucht mit Hilfe der Pyramide die großen Fragen der Welt zu lösen.

Pythagoras

Bei uns bekannt wurde er bei Generationen von Schülerinnen und Schülern mit seinem Lehrsatz zur Mathematik des Dreiecks. Weitgehend unbekannt dagegen ist, daß Pythagoras, der von Samos stammte und knapp ein halbes Jahrtausend vor Christus lebte, vor allem ein Philosoph war. Er beschäftigte sich intensiv mit der Symbolik der Zahlen und er versuchte, mit Hilfe der Zahlen die großen Fragen des Lebens zu klären. Pythagoras war der Ansicht, daß jede Zahl einen ganz bestimmten Gehalt hätte. Er versuchte, mittels der Zahlensymbolik Grundlagen zu schaffen, um ein Leben in Harmonie und ohne Krieg und Gewalt für die Menschen errichten zu können. Er verfolgte also ein zeitloses und moralisch hochstehendes Ziel.

Er entwickelte eine Reihe von mathematischen Lehrsätzen, mit deren Hilfe man versuchen sollte, diese Ziele zu erreichen. In unserer heutigen Zeit wird der pythagoräische Lehrsatz nur noch als rein mathematisches Schulwissen behandelt. In gewisser Weise ist dies bedauerlich, denn in Wirklichkeit verbargen sich dahinter wichtigere Zielstrebungen.

Pythagoras lebte in Griechenland, führte viele Reisen im Mittelmeerraum durch und ließ sich schließlich in Italien nieder, um seine phythagoräische Schule, die viele Jünger hatte, zu gründen. Die Geschichte Süditaliens ist ja ohnedies auch eine vorwiegend griechische Geschichte.

Quadrat

Man kann in ihm ein Viereck sehen, ebenso eine Fläche, die von vier gleich großen Linien umrandet wird. Das Quadrat besteht aus vier Teilen und Seitenkanten. Wenn wir ein symmetrisches Kreuz in das Quadrat legen, so erhalten wir vier weitere kleinere Quadrate, von denen sich jedes wieder vierteln läßt. Das Quadrat symbolisiert geradezu in Reinkultur die Zahl 4 (siehe dort). Das Quadrat ist ein Symbol für geometrische Harmonie, für die 4 Viertel der Himmelsrichtungen und es ist ein Kennzeichen für Ruhe und Ordnung. Im Gegensatz zum Rechteck wird das

Quadrat

Quadrat in der bildenden Kunst als ausgewogen und ausgeglichen definiert, während das Rechteck mehr künstlerische Dynamik und Spannung beinhaltet. Das Quadrat entspricht nicht dem menschlichen Sehen. Das Rechteck dagegen dem menschlichen Sehen: Der Mensch sieht mit beiden Augen ein rechteckiges Bild der Umwelt. Das Rechteck wiederum gilt daher in der bildenden Kunst sozusagen als dem menschlichen Auge angepaßt. Unter diesen Aspekten wird über Quadrat und Rechteck in Fotografie und Malerei seit eh und je diskutiert.

Ring

Er steht in engem Zusammenhang mit dem Symbolgehalt des Kreises. Auch der Ring ist Anfang und Ende oder Ende und Anfang. Als Fingerring dagegen war der Ring seit alters her weniger Schmuck, sondern Sinnbild bestimmter Positionen und Machtausübung. Wir kennen den Ring eines Bischofs, wir kennen Ehrenringe im militärischen Leben früherer Zeiten, wir kennen Verlobungs- und Eheringe. Ringe sind ein Zeichen der Liebe und der ehelichen Treue und sie sind ein Zeichen der Ewigkeit menschlicher Verbindung von Mann und Frau. In diesem Sinne stellen sie ein Ideal dar, das in der heutigen Zeit für viele Menschen nicht mehr erreichbar ist. Aber Kennzeichen eines Ideals ist ja seine Unterreichbarkeit.

Ringe, in die ein Stein eingearbeitet wurde, haben keineswegs nur Schmuckfunktion. Normalerweie geht diese uns vertraute Form des Schmuckringes auf ein Amulett zurück, das den Träger des Rings schützen sollte. In der Welt der Magie werden Ringe verwendet, deren Edelsteinen man geheime Kräfte zumißt. Bekannt sind die Ringe als Wappenringe und sehr beliebt sind heute Ringe, die in den Ohrläppchen getragen werden. Wenn Frauen Ohrringe tragen, so ist es weiter nicht erwähnenswert, da uns vertraut.

Der Brauch, daß Männer kleine goldene Ohrringe (oder nur einen) tragen, geht auf einen sehr sehr alten Brauch aus der Innerschweiz zurück. Der Goldring im Ohrläppchen soll den Träger nachweislich vor Gicht, Rheuma und Gelenkserkrankungen schützen und darüberhinaus die Sehstärke der Augen fördern. Berühmt ist schließlich auch der Ring der Päpste, der als Fischerring bezeichnet wird. Man meint damit, daß der Papst als Vertreter Gottes auf Erden ein Fischer ist, der die Seelen der Menschen dem rechten Glauben zuführt.

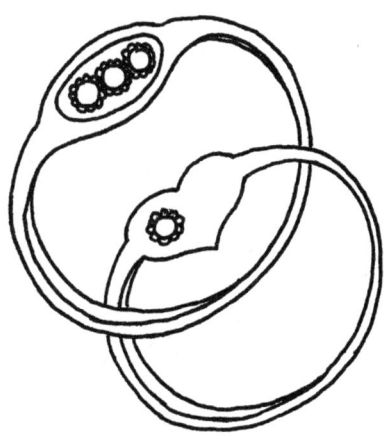

Ring

Erde und Erdkreis

Beide Symbole stehen in engem Zusammenhang. Die Erde als Material war schon eh und je ein Symbol der Melancholie, Paracelsus ordnete die Erde den inneren Organen, speziell der Galle und der Milz zu. Im Seelenleben ist Erde ein Sinnbild für den Herbst, also für die gewisserweise traurige Jahreszeit. Die Alchemisten sahen in der Erde wiederum ein Urmaterial, aus dem sie den Stein der Weisen, aber auch Gold zu Silber zu formen versuchten. Im Islam nimmt die Erde als Material ebenfalls eine wichtige Funktion wahr. Letztlich wird der Ring als der Ursprung des Lebens gesehen.

Die Erde als unsere Welt dagegen wurde von den Menschen durch Jahrtausende hindurch als Scheibe gesehen. Es ist anzunehmen, daß aus dieser Vorstellung heraus die Erde grafisch als Kreis abgebildet wurde. Viele alte Weltdarstellungen zeigen dies deutlich. Das Wort Erde im weitesten Sinn ist stark gefühlsmäßig behaftet, man spricht von Muttererde und Vatererde. Man meint damit im weitesten Sinn Heimat und darum werden um diese Symbole auch Kriege geführt. Das Wort Erde war und ist

Erde und Erdkreis

durchaus auch mit negativen Vorstellungen behaftet. Das reicht von einem blutbefleckten Schlachtfeld bis zu Blut und Boden des Dritten Reiches.

In vorchristlichen, heidnischen Epochen gab es auch viele Erdkulte. Man formte aus Erde kultische Gefäße, Gottheiten und man ließ das Blut der geopferten Tiere und Menschen ganz bewußt in die Erde versickern.

Fünfstern, Pentagramm, Drudenfuß

Siehe auch unter den Abschnitten "Zahlen", in denen wir darüber intensiv berichtet haben. Hier sei noch ergänzt, daß der Drudenfuß ein vorchristliches und vor allem keltisches Symbol war und ist. Er soll ein Abdruck der Füße der Druiden sein. Die Druiden waren die keltische Priesterkaste und bildeten zweifelsfrei die Elite des keltischen Volkes. In den Druiden konzentrierten sich Religion und Wissenschaft, Medizin und Technik. Wenn man die Kelten der Druiden beraubte, so hatte man damit auch die inneren Strukturen dieses Volkes zerstört. Genau dies wurde durch das Christentum, das mit der Landnahme der Römer nördlich der Alpen einzog, erreicht. Geblieben ist als letztes, aber höchst lebendiges Symbol aus jenen Zeiten der Drudenfuß, ein Fünfstern oder Pentagramm. Es wird bis heute von Millionen von Menschen als magisches Symbol verwendet. Man schützt sich mit dem Pentagramm im weitesten Sinn gegen böse Kräfte oder gegen schlechte Energien. Man zeichnet den Drudenfuß auf die Türschwelle eines einsamen Hauses, ehe man es betritt. Ein Drudenfuß auf das Fensterbrett gemalt, schützt vor bösen Geistern, und bewacht die Schläfer im Raum. Der Drudenfuß kann aber nur dann seine positiven Energien freisetzen, wenn er in einer bestimmten Form gezeichnet wird. Wenn wir einen Drudenfuß mit dem Finger in die Luft malen, so gilt er auch. Die Überlieferung des Drudenfußes ist mehrere tausend Jahre alt. Neben dem Kreuz der Christen und dem Davidstern der Juden ist der Drudenfuß das dritte überragende Weltsymbol. Bitte lesen Sie auch unter dem Kapitel Zahlen nach.

Winkelmaß

In seiner modernen Form besitzt es bekanntlich 360 Grad Umfang. Es ist im Grunde genommen nichts anderes als ein Symbol für den Kreis, auf dessen Umfang wir 360 feine Striche symmetrisch verteilen. Das Winkelmaß ist im 60iger System der Zahlen aufgebaut. Es beinhaltet die Komponenten 12 und 60, ebenso 4 x 90. Wenn wir ein Kreuz in das Winkelmaß legen, erhalten wir 4 gleich große Teile des Kreises. Das Winkelmaß steht aber auch für Erdkreis sowie 4 Jahreszeiten und für die 4 Himmelrichtungen. In stilisierter Form ist es seit Urzeiten überliefert. Es gibt keinen Zweifel daran, daß schon die Phönizier, welche zu den begabtesten Seefahrern zählten, sich mit dem Winkelmaß und einem einfachen Kompaß auf ihren Seereisen orientierten. Der Kompaß der Phönizier war ein Strohhalm mit einer metallenen Pfeilspitze, der

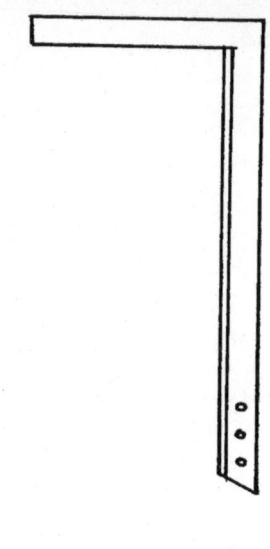

Winkelmaß

sich auf einer Achse drehen konnte, um der Nordrichtung zu folgen. Der Strohhalm selbst war schwimmend gelagert, wie wir heute sagen würden. Das heißt diese Vorrichtung, war mit einer Flüssigkeit gefüllt. Dadurch konnte sich die an sich einfache Kompaßnadel leichter drehen. Dazu wurde der Kreis in die besagten Abschnitte unterteilt, und damit konnten sich unsere Vorfahren hervorragend auf ihren Seereisen orientieren.

Der Kreis mit seiner Winkeleinteilung steht in der Mythologie, als Symbol von Geheimgesellschaften immer auch als Sinnbild für universale Weisheit, die nach allen Richtungen hin offen und aufnahmebereit ist.

Der Zirkel

Seine symbolkundliche Existenz steht in engstem Zusammenhang mit dem Kreis. Mit einem Zirkel kann man bekanntlich am einfachsten einen exakten Kreis zeichnen. Der Zirkel ist seit alters her das Sinnbild der Feldvermesser (auch Geometer genannt), er ist das Wappenzeichen von Baumeistern und Architekten geworden. Bei Geheimgesellschaften, besonders bei Freimaurern war und ist er ein beliebtes Symbol, das ursprünglich Freiheit und Unabhängigkeit von beruflichen und standesrechtlichen Zwängen darstellt. In erweitertem Sinne ist der Zirkel ein Signum für die Freiheit des Geistes. Er steht unter diesem Aspekt auch am Anfang der Aufklärung und des Ringens um demokratische Verfassungen und Regierungsformen - große Werte, die z. B. in Deutschland erst nach mühsamem und opferreichem Ringen von gut 150 Jahren Dauer geschaffen werden konnten. Die Verfassungeschichte der Bundesrepublik Deutschland, ist, um ein gutes Beispiel zu nennen, ein immerwährendes geschichtliches Zeichen für dieses Ringen gewesen. Von den Freiheitsbestrebungen in der Frankfurter Paulskirche des vorigen Jahrhunderts bis hin zu den Ereignissen von Krieg und Frieden in unserem Jahrhundert, ging es immer um die Symbole, die der Zirkel versinnbildlicht: Grundrechte des Menschen. Verwirklicht werden aber konnten sie erst in Form der Gründung der Bundesrepublik Deutschland, des ersten freien Staates auf deutschem Boden. Dieses oft verzweifelte Ringen der Menschen gegen Unterdrückung durch Kirchen und Staat war begleitet von solchen und anderen Symbolen wie sie der Zirkel darstellt. Heute, nachdem diese Ziele vorerst erreicht sind, treten die tieferen Symbolgehalte des Zirkels und ähnlicher Dinge etwas zurück. Wir sollten uns aber immer daran erinnern.

In der kosmologischen Symbolik sind Zirkel und Kreis auch Sinnbilder der Verbindung zwischen Erde und Weltall.

Symbole aus der Mythologie

Wir haben hier unter diesem Stichwort verschiedene Symbole eingereiht, die man im weitesten Sinn der Mythologie zuordnen kann. Diese Zuordnung läßt sich aber nicht in allen Fällen genau bestimmen. Und der Übergang zwischen mythologischen und nichtmythologischen Symbolen ist verständlicherweise fließend. Unter Mythologie versteht man die Summe der Mythen eines Volkes oder Staates. Unter Mythen wiederum sind die Sagen und Legenden ganzer Kulturen zu verstehen. Eine Erklärung der Mythen stößt vielfach auf Schwierigkeiten, da es hauptsächlich nur mündliche Überlieferungen dazu gibt. Mythen werden daher von vielen Leuten auch als unwahr abgelehnt. In Wirklichkeit dürfte aber die Grenze zwischen wahr und unwahr fließend verlaufen. Der Begriff kommt vom griechischen Wort Mythos und meint damit Erzählung oder Sage. Zu den Begriff Mythen zählen z. B. die deutschen Heldensagen, oder die griechischen Göttersagen. Viele Teile der Glaubensinhalte der Weltreligionen dürften ohne weiteres der Mythologie zugerechnet werden. Im Endeffekt versuchen die Menschen, mit Hilfe eines Mythos wichtige Dinge unserer Geschichte zu erklären oder zu deuten. Mythologie wird aber auch dazu verwendet, um die Welt zu deuten. Man versucht, aus dem Mythen einzelner Völker Schlüsse über die Vergangenheit und über die großen Fragen des Lebens zu ziehen. Aus diesen gedanklichen Bildern sind eine Reihe von Symbolen überliefert.

Ägypten

In unserer Welt der modernen Zeit steht Ägypten für eine unglaubliche geistige, religiöse und technische Kultur der Menschheitsgeschichte. Ägypten gilt als die wichtigste Hochkultur der Erde. Gleichzeitig sehen wir darin ein Symbol für den Aufstieg und den Niedergang des menschlichen Geschlechts. Zu den Mythen Ägyptens gehört die Sage von Atlantis, es zählen dazu Vorstellungen von Macht und Reichtum, von monarchischer Größe der Pharaonen, ebenso der Pyramiden und der rätselhaften Sphinx. Die ägyptische Hochkultur reichte Gott sei Dank bis zum Beginn der griechischen Antike. Diese wiederum bildete den geistigen Boden des römischen Weltreiches. Dadurch, daß die ägyptische Hochkul-

Ägypten

tur noch Verbindung mit den Griechen hatte, konnten die wesentlichen Inhalte über Griechen und Römer erhalten bleiben. Alle wesentlichen Erkenntnisse von Mathematik, Physik und Astrologie, sowie der Medizin stammen aus dem alten Ägypten. Sicher, die Erkenntnisse wurden von Griechen und Römern verfeinert, sie blieben aber auch für uns durch Jahrhunderte gültig.

Nicht vergessen dürfen wir, daß nach dem Rückzug der Römer aus Germanien, aus dem heutigen Süddeutschland, ein unglaublicher Rückschritt in die Barbarei stattfand. Die Hochkultur der Römer wurde abgelöst durch wahrhaft finsterste Lebensformen. Die germanischen Stämme lebten ungefähr 3 bis 5 Jahrhunderte auf einem Niveau, das Römer und Griechen und Ägyptern fremd war. Die geschichtliche Entwicklung wurde um Jahrhunderte zurückgeworfen. Erst im frühen Mittelalter konnte man bei uns wieder darangehen, eine Zivilisation zu entwickeln, wie sie unter der römischen Zeit längst auf viel höherer Stufe vorhanden gewesen war. Das von den Äygptern überlieferte Wissen reichte daher auch in unsere Geisteswelt bis weit über das Mittelalter hinaus und fand damit Anschluß an die moderne Zeit. Es ist faszinierend zu sehen, wie diese großen Linien der Geschichte abgelaufen sind. So weit zurückliegend, und doch so nah...
Ägypten und das Eigenschaftswort ägyptisch wurden aufgrund dieser geistigen Werte auch zum Sinnbild für das Geheimnisvolle, für das Rätselhafte und für das Mythologische.

Amazone

In der geschichtlichen Überlieferung vieler Völker, besonders der griechischen Antike und aus Nordafrika berichten geheimnisvolle Reminiszenzen von dem Volk der Amazonen. Amazonen waren schwerbewaffnete und kampferprobte Frauen. Sie waren als Kämpferinnen gefürchtet. Männer wurden nur für untergeordnete Dienste, wie Sklaven, gehalten. Geschichtliche Beweise für die Existenz der Amazonen gibt es nicht, nur eben Mythen, an uns überliefert. Das Wahrzeichen der Amazonen sind Pfeil und Bogen.

In heutiger Zeit steht das Wortsymbol Amazone für eine besonders intensive Form von weiblicher Emanzipation. In der Vorstellungswelt, die sich mit dem Begriff Amazone verbindet, ist mit Sicherheit auch ein Zeitalter zu sehen, in welchem Frauen die Regierung ausübten. Das war das Zeitalter des Matrimoniats.

Amor

Er ist der Gott der Liebe und er gehört zu den reizendsten Symbolen, die uns die Antike geschenkt hat. In den bildlichen Darstellungen ist Amor, der lateinisch Cupido genannt wird, keinewegs ein strahlender Held. Er ist klein, er hat eine etwas starke Figur und ist vor allem neckisch. Er trägt einen Köcher und einen Bogen und er verschießt die Pfeile der Liebe. Dort, wo die Pfeile treffen, fällt die Liebe hin. Die Liebe im Sinne des Amors ist keineswegs problemlos, sondern spöttisch, humorvoll, gelegentlich auch auf "die Seite gehend", aber immer mit echter Lebensfreude und Heiterkeit verknüpft. Das lateinische Wort cupido bedeutet dagegen im echten Sinn des Wortes Begierde. Das Symbol des Amors, also des etwas dickbauchigen kleinen Mannes, auch Knabens, findet sich in der bildenden Kunst durch die ganzen Jahrhunderte. Im Gegensatz zu den oft kasernenartigen modernen Kirchen unserer Zeit, treibt Amor in den Kirchen des Barocks sein fröhliches Unwesen. Amor ist bis heute nicht nur der Gott der Liebe geblieben, sondern auch das Symbol der Verliebtheit. Interessant ist auch, daß Amor immer eine Beziehung zwischen Mann und Frau stiftet, niemals aber zwischen gleichgeschlechtlichen Partnern.

Zwitter (Androgyn)

Die moderne anatomische Wissenschaft und Medizin wissen seit einigen Jahrzehnten, daß keineswegs alle Menschen als klar definierte Männlein oder Weiblein das Licht der Welt erblicken. Seriöse Medizinwissenschaftler schätzen, daß ca. 10% aller Menschen in unseren Regionen von Geburt an keine eindeutige geschlechtliche Orientierung besitzen. Dies war mit Sicherheit den Menschen der Antike auch bekannt. Um diese fließenden Übergänge zwischen Mann und Frau auch symbolisch darzustellen, wurde das androgyne Wesen erfunden. Es handelt sich um ein Zwitterwesen, das auch als Hermaphrodit. bezeichnet wird. Sehr bösartig wäre die Bezeichnung Mannweib, da man damit auch automatisch groß gewachsene und stark gebaute Frauen abqualifizieren würde. Der Ausdruck sollte daher in diesem Zusammenhang nicht verwendet werden. Das Zwitterhafte kann sich übrigens, damals wie heute eher körperlich, oder eher seelisch darstellen.

Ein androgyner Mensch ist in der Symbolik meist mit 2 Köpfen dargestellt, er besitzt einen männlichen und einen weiblichen Kopf, gelegentlich wird die androgyne Eigenschaft auch in Form der männlichen und weiblichen Geschlechtsorgane abgebildet. In vielen urgeschichtlichen Mythen kommt der Mensch ursprünglich zuerst als Zwitter, als androgynes Wesen vor. Erst später wird aus ihm Mann und Frau geformt. In der Überlieferung ältester Art ist der Zwitter daher vergleichbar mit dem Urelement, aus dem Männer und Frauen gemacht wurden. Das Androgyne lebt auch als Symbol der Reinheit und der Weisheit, das in sich die Vorstellungswelt der Männer und Frauen vereinigt. Bei manchen Kulturen sieht man im Androgynen auch eine wünschenswerte Vereinigung von Mütterlichkeit plus Väterlichkeit. Leider ist es unserer sogenannten modernen und aufgeklärten Zeit vorbehalten gewesen, den Zwitter als Minderheit abzuqualifizieren, zu verspotten und verächtlich zu machen. Hermaphroditen wurden sogar im Dritten Reich als unwertes Leben ermordet. Die Antike hat sichtlich ein höheres Menschenbild im Umgang mit sogenannten Minoritäten gehabt.

Ariadne

In der griechischen Sagenwelt ist sie die Tochter des Königs Minos. Nach ihm wurde der gleichnamige Kult des Minotaurus benannt. Diese wunderschöne Mythe spielt auf Kreta. Ariadne versuchte, Theseus aus dem Labyrinth auf Kreta herauszuhelfen. Mit der typischen List der Frau gab sie ihm ein Garnknäuel, mit dessen Hilfe er aus dem Labyrinth herausfand. So entstand der Faden der Ariadne. Adriadne heiratete der Sage zufolge Dionysos und wurde zur großen Symbolgestalt der antiken Welt. Der Faden der Adriadne aber ist bis heute das große Sinnbild geblieben, um aus einem Problem herauszufinden.

Äskulapstab

Er ist das Symbol der Ärzte und der Apotheken, es zeigt eine Schlange, die sich um einen Stab ringelt. Äskulap war der Gott der Heilkunst im antiken Griechenland und Rom. Die Verbindung mit der Schlange soll angeblich deswegen entstanden sein, weil die Schlangen sich jährlich häuten und dadurch das Zeichen der Wiedergeburt, also der Gesundung versinnbildlichen würden. Belege für diese etwas eigenartige Theorie sind natürlich nicht vorhanden. Nach dieser Sage sind auch die Äskulapnattern benannt worden. Nicht nur meiner Ansicht nach ist die Schlange hier deswegen zu finden, weil sie seit alters her fast überall auf der Welt als heilig gegolten hat und nicht, weil sie sich häutet. . In einer vorchristlichen Zeit wollte man vermutlich die Heilkunst des Gottes Äskulap noch durch die Heiligkeit der Schlange sozusagen verdoppeln. Das könnte durchaus nach dem Motto abgegangen sein, je mehr heilige Götter zusammenwirken, desto besser ist es. Nach diesem Verfahren leben auch heute noch viele tiefgläubige Christen. Es ist sicher besser im Auto mehrere Medaillons der Muttergottes zu haben, als nur eines, denn der Mensch kann gar nicht Schutz genug haben. Diese Ausführungen sind nicht spöttisch gemeint.

Der Stab des Äskulap kann sowohl Symbol des guten Hirten sein, numerologisch gesehen ist der Stab aber auch ein Symbol für die Zahl 1 und damit Zeichen positiver Männlichkeit.

Atlas

Er war sozusagen der berühmteste Bodybuilder der Antike. Er ist das Symbol für athletische Kraft und für positive Kraftentfaltung. Die antiken Darstellungen sehen ihn oft als Titanen, Atlas trägt die Erde auf den Schultern, oft sogar den Himmel mit den Sternen. In ihm verkörpert sich

Atlas

auch das Symbol des Riesen überhaupt. Riesen spielen in vielen Sagen und Mythen eine wichtige Rolle. Das Symbol des Riesen ist interessanterweise immer mit Gutmütigkeit und Hilfsbereitschaft verbunden. Es ist eigentlich genauso wie im wirklichen Leben auch, wo körperlich große Männer viel eher zu Großzügigkeit neigen, als kleinere Männer.

Aura

In der Symbolkunde tritt uns die Aura als der Heiligenschein in der kirchlichen Darstellung von Engeln und Heiligen entgegen. Es ist mit großer Sicherheit anzunehmen, daß das, was wir als Heiligenschein bezeichnen, schon von den Kirchenvätern als Aura angesehen wurde. Die Aura ist ein körperliches Umfeld, das über besonders viele positive Kräfte und über eine starke Ausstrahlung verfügt. Jeder Gegenstand, jeder Mensch, jedes Tier hat eine unsichtbare Aura. Nur in ganz seltenen Fällen ist es möglich, daß Menschen eine derartige Aura sehen. In der christlichen Überlieferung ist die Abbildung des Heiligenscheines, der Aura, auf eine besondere Gabe des Heils und der himmlischen Gnade zurückzuführen.

In den letzten Jahrzehnten ist es mehreren Leuten gelungen, die Aura fotografisch und elektronisch abzubilden und nachzuweisen. Diese Nachweise wurden zum Teil auch von wissenschaftlichen Instituten durchgeführt. An der Richtigkeit der dabei gemachten Abbildungen und Aussagen kann keinerlei Zweifel mehr bestehen. Die Aura ist in ihrer grafischen Darstellung ein Symbol des Göttlichen, des Gnadentums und der Auserwähltheit. Zweifel dürfen durchaus angebracht werden, ob bisherige Arten von Heiligenschein (es gibt unterschiedliche Darstellungen) überhaupt nicht schon von Anfang an als Aura zu deuten wären. Aber auch das überlieferte wunderschöne, deutsche Wort Heiligenschein besagt ja im Grunde genommen auch nichts anderes als Aura.

Der wissenschaftliche Nachweis der Aura ist für den Parawissenschaftler völlig irrelevant, da er immer schon Aura mit seinen Methoden nachweisen konnte. Demgegenüber mag der wissenschaftliche Nachweis moderne Techno-Bürokaten beruhigen. Aber einmal davon abgesehen, was bedeutet schon "Wissenschaft" bei uns? Ihr fehlt in den meisten Bereichen jede moralische und tiefere Legitimation und genau deshalb werden sie vom Steuerzahler gar nicht mehr wahrgenommen. Im Grunde genommen ist es Humbug, wenn sich Menschen riesiger, verkrusteter Bürokratenstrukturen Themen der Paramedien annehmen wollen.

Bacchus

Der Gott des Weines gehört nun schon seit gut 4000 Jahren zu jenen Symbolen, die mit ungebrochener Kraft auch in das nächste Jahrtausend gehen werden. In der antiken Welt war Bacchus nicht nur der Gott des Rausches, sondern noch stärkerer Formen, die mit Ekstase, Halluzinationen und Bewußtseinserweiterungen zusammenhingen. Bacchus war der greichischen Sage zufolge, ein Sohn von Zeus. In der symbolischen Darstellung wird er mit Weinblättern und Weinstöcken dargestellt. Der Name Bacchus wurde auch von den Römern übernommen. In der Symbolkunde unserer Zeit dürfte er vermutlich das bekannteste Symbol überhaupt sein.

Diana

Sie ist die europäische Nachfolgerin der griechischen Göttin der Jagd, und zwar der Artemis. In der Darstellung wird die Diana mit klassischen Attributen der Jagd gezeigt. Dazu zählen Hunde, Pfeil und Bogen und ähnliches.

Dracula

Das Ursymbol der Draculasage besteht darin, daß tote Menschen wieder auferstehen und als blutsaugende Vampire ihr Unwesen treiben. Der Dracula kann nur in der Nacht das Blut anderer Menschen saugen, die er im Schlaf überfällt und in einen willenlosen, hypnotischen Zustand versetzt. Die Sage selbst wird in ihrem Ursprung in Rumänien, genauer gesagt in Siebenbürgern lokalisiert.

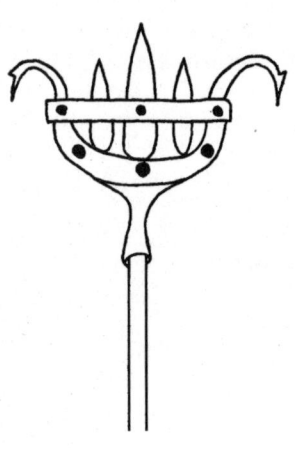

Dreizack

Dreizack

Eines der bekanntesten Symbole von Poseidon, dem Gott des Meeres in der Antike. Mit dem Dreizack wurden Fische gejagt und gefangen. Bemerkenswert daran ist auch die Zahl 3, die hier wieder symbolisch ihren Ausdruck findet. Es wäre durchaus denkbar, daß die Dreizackigkeit einen noch tieferen mythologischen Ursprung hat, im ähnlichen Sinne der Dreifaltigkeit.

Faust

In ihm, auch Faustus genannt, dokumentiert sich eines der ganz klassischen Symbole des deutschen Menschen. Faust oder Faustus soll angeblich im Badischen gelebt haben. Insgesamt aber ist das unbedeutend, denn die Symbolik, die sich mit ihm verbindet, ist uns unvergleichlich auf den Leib geschneidert. Er symbolisiert das nicht endende Suchen nach den letzten Wahrheiten unseres irdischen Daseins. Faust möchte auch die letzten Fragen von Jenseits und Hölle herausfinden und erforschen. Kein Preis ist ihm zu hoch, schließlich verkauft er dem Teufel seine Seele, um Antwort auf seine Fragen zu bekommen. Dieses Faust-Motiv hat viele Schriftsteller und Philosophen angeregt, das berühmteste Faustwerk stammt bekanntlich von Goethe, wobei zwischen der Abfassung von Faust I. Teil und Faust II. Teil sehr viele Jahre liegen.

Wesentliche Teile Goethes Faust wurden in einer verklausulierten, teils sogar codierten Symbolsprache abgefaßt. Elemente der Freimaurerei, der Sprache der Sinti und Roma finden sich darin. Diese Tatsachen sind für den Kenner geheimer Sprachen evident, werden aber von der offiziellen, germanistischen Faust- und Goetheforschung konsequent totgeschwiegen.

Wir sprechen auch von der faustischen Natur der deutschen Menschen, und meinen damit das ewige Suchen nach den letzten Dingen. Etwas moderner gesagt, könnte man darin auch den Hang von uns sehen, den Dingen möglichst endgültig auf den Grund zu gehen. Diese Eigenschaft wird wiederum im Ausland als deutsche Tüchtigkeit geschätzt. Das entscheidende Motiv aber im Falle Faust war, daß er seine Seele verkauft hatte. Und hier offenbart sich nun auch das Dämonische seines Tuns und seines Schicksals.

Feuer

Es wird bei allen Völkern als Symbol mit zwei Seiten interpretiert. Auf der einen Seite verkörpert es Licht, Wärme, Helligkeit, auf der anderen

Seite bedeutet es Tod, Zerstörung und Vernichtung. Kulturgeschichtlich bildete die Entdeckung und die Nutzbarmachung des Feuers mit Sicherheit einen der Wendepunkte der Entwicklung der menschlichen Zivilisation. Das Feuer findet bei vielen kultischen Anlässen, vor allem vorchristlich heidnischer Art symbolhafte Bedeutung. Dieses Spektrum reicht von den Sonnwendfeuern zu den Osterfeuern, oder zu brennenden Holzrädern, die an bestimmten Tagen in den Alpen zu Tal gerollt werden.

In der christlichen Weltanschauung kommt es als sogenanntes Fegefeuer vor. In dieses Fegefeuer werden jene Seelen entsandt, die noch der Reinigung bedürfen, die aber nicht für die Hölle vorgesehen sind. Man könnte sagen, daß das Fegefeuer eine Art Vorhölle ist, wo sündige Seelen ihre letzte Chance erhalten. Dadurch erreichen sie Vergebung und können in das Paradies eingehen. Feuer ist aber auch in der Vorstellung der Menschen ein vitales Symbol, das fast mythische Dimensionen erreicht. Wer sich näher mit der Psyche von Brandstiftern beschäftigt, der könnte darüber viel erzählen.

Das Feuer und die Kerze

Eine hohe kulturelle Form der Verehrung des Feuers können wir in der Kerze und im Kerzenlicht erkennen. Das Entzünden einer Kerze bedeutet im christlichen Sinne das Licht des Herrn, was soviel wie geistig-seelische Erleuchtung ist. Man kann auch ohne weiteres sagen, daß damit der Christ aus der Finsternis der ewigen Verdammnis zu Gott geführt wird. Wir Menschen unserer Zeit können uns diese Dinge nur schlecht vorstellen, da strahlendes Licht mittels Elektrizität zu unserem Alltag gehört, aber noch vor 3 Generationen waren die Nächte sehr lange, vor allem im Winter, sehr einsam und von mühsamen Märschen in der Nacht über das Land ganz zu schweigen. Die Finsternis als Dämon hätte auch uns moderne Menschen sehr rasch übermannen können. Eine Kapelle, eine Kirche mit brennenden Kerzen bedeutet die Erlösung von dieser Last. Die Kerze ist vielleicht das schönste Symbol für Feuer.

Blitz

Physikalisch gesehen ist ein Blitz bekannterweise eine elektrische Entladung und hat überhaupt nichts Mythologisches an sich. Dennoch empfinden bis heute die meisten Menschen, wenn Blitze vom Firmament zucken, das Dämonische des Ereignisses. Physiker lächeln darüber und fürchten sich auch. Der Blitz ist ein Symbol für den Zorn der Götter oder für den Zorn Gottes, mit dem er die sündhaften Menschen bestrafen möchte. Leider schlägt der Blitz aber auch in die Häuser hochanständiger Menschen ein. Also irgendwie scheint die Rache Gottes hier nicht zuzutreffen.

Wenn wir jetzt aber die physikalische Erklärung für die Entstehung des Blitzes selbstverständlich gelten lassen, so wissen wir aber dennoch immer noch nicht, warum es zur Auslösung des Blitzes kommt und wer ihn auslöst. Und wenn wir das wüßten, dann kämen wir wieder nicht weiter, denn kein Mensch weiß, was Elektrizität ist. So gesehen könnte(n) also sehr wohl Gott oder antike Götter die Blitze verschleudern.

Einer der intessantesten Bräuche bayerischer Volksreligion erkennen wir in der sogenannten schwarzen und geweihten bayerischen Wetterkerze. Es handelt sich um schwarze Kerzen, die an den großen Wallfahrtsorten verkauft werden. Erst wenn diese schwarze Kerze geweiht ist, wird sie zur Wetterkerze. Bei einem herannahenden oder tobenden Gewitter wird die schwarze Kerze entzündet und in ein Fenster gestellt, mit Blickrichtung zu Blitz und Donner. Der Mensch, der die Kerze aufstellt, bekreuzigt sich. Erfahrungsgemäß, und dies ist kein Witz, ist das Unwetter nach 5 Minuten abgezogen und spielt sich in gefahrloser Entfernung ab. Ich besitze mehrere, geweihte Wetterkerzen, außerdem befindet sich eine im Rucksack, um mich auf Bergtouren zu schützen. Wenn die Theorien über Elektrizität und Strahlungen stimmen, dann ist es durchaus denkbar, daß die kleine Kerzenflamme eine bestimmte elektromagnetische Wirkung auf das Wetter auszuüben vermag. Dieser Brauch ist so alt wie die katholische Kirche, also fast 2000 Jahre, und wir sollten uns nicht anmaßen, über die Intelligenz unserer Vorfahren negative Urteile zu fällen. Wir können solche Symbole doch auch einfach sozusagen im Raum stehen lassen, und dafür sorgen, daß sie in unserer Welt weiterleben.

Auch mir bekannte, ausgewiesene Atheisten, lassen sich gerne mit geweihten Wetterkerzen von mir beschenken, da die Angst vor dem Dämon Gewitter eine Urangst des Menschen ist. Egal wie man darüber denken mag, nach Entzünden der schwarzen geweihten, Wetterkerze - im Antlitz des Gewitters -, wird dessen Macht gebrochen.

Donner

Ihm wird die gleiche Bedeutung im Prinzip unterlegt wie dem Blitz. Er ist Ausdruck göttlichen Zornes und bei den Germanen Symbol des Gottes Thor. Im Zusammenspiel von Blitz und Donner dokumentierte sich

für die Menschen früherer Generationen die ganze furchterregende Allmacht von Gott oder anderer höherer Wesen. Zugleich wurde einem die
Winzigkeit des menschlichen Daseins vor Augen geführt. So ist es wohl
verständlich, daß sich die Menschen dieser Zeiten vor Blitz und Donner
fürchteten und sich verkrochen.

Fortuna

Die Göttin des Glücks aber auch ein Beispiel für die Launenhaftigkeit
des Schicksals. Fortuna kann einem hold sein, oder sie kann uns ein
Menschenleben lang aus dem Weg gehen. Wenn einem das Glück lacht,
soll man es wie eine zarte Pflanze pflegen. Glück muß man ernst nehmen, man darf es nicht verspotten. Man muß sich des Glückes würdig
erweisen. Glück läßt sich nicht erkaufen.

Golem

Er entstammt ohne jedem Zweifel der Welt weiser Rabbiner. Diese
Weisheit jüdischer Wunderrabbis ist berühmt, da sie auch die Gabe der
Prophetie, der Vorhersehung aufweist. Der Golem ist ein künstlich
geschaffener Mensch, der als Roboter durch das irdische Leben schreiten
muß. Ursprünglich bedeutet das Wort Golem, daß ein Mensch aus einer
Art von Erde geformt wird.

Mit den Methoden der Kaballistik sei es angeblich möglich, dem Golem
nun Leben einzuhauchen. Dieses Leben aber bleibt starr und masken-
haft und ist ähnlich einem Roboter. Interessant ist in diesem Zusammenhang, daß der Golem eine Erfindung im Prag lebender Rabbiner war, die
unter Kaiser Rudolf II. hoch angesehen waren. Das Wort Roboter wurde
auch in Prag erstmals verwendet, gehört zu den Erfindungen und Wort-
schöpfungen der tschechischen Sprache.

Mit der Gestalt des Golems verbinden sich viele Sagen und Symbole.
Das eine Symbol sagt uns, daß man zwar einen Kunstmenschen schaffen
könne, dessen Entwicklung aber auf halbem Wege stecken bleiben muß.
Umgekehrt berichten aber auch Sagen über einen Golem, der seinen
Schöpfer umbrachte. In diesen Motiven erkennen wir das Symbol als
Warnung, sich nicht an Dinge heranzuwagen, die einem entgleiten kön-
nen. Goethe formulierte es mit dem berühmten Ausspruch "Die Geister
die ich rief, die werd' ich nicht mehr los".

Gral

In der mittelalterlichen Geisteswelt der christlichen Religion kommt der Gral oft vor. Der Name leitet sich von einem griechischen Wort ab, und es bedeutet soviel wie eine große Schale, auch Schüssel. Zentrum der Gralsverehrung ist eine Schale, in der das Blut von Christus gesammelt wurde. Wer den Gral besitzt, der besitzt wunderbare Kräfte und findet Erlösung und ewiges Leben im Paradies. Der Gral ist also ein Symbol für die Suche nach ewigem Glück und außerdem nach Erlösung im Jenseits. Der Gral bedeutet also Glück im Diesseits und außerdem auch Garantie für Glück im Jenseits. Er verheißt uns Erfüllung der größten Wünsche, die alle Menschen beseelen. In der heutigen Zeit gibt es immer wieder kleinere Gruppierungen von sogenannten Gralsbruderschaften, die einem speziellen Christentum nachzuleben versuchen.

Greif

Diese phantasievolle Tiergestalt stammt aus dem vorderen Orient und setzt sich aus einem Erdtier und einem Lufttier, aus Löwe und Adler zusammen. Er wird auch als "Vogel Greif" bezeichnet. In der monarchischen Tradition Europas finden wir ihn in vielen Wappen. Meistens wird er in erhobener majestätischer Form dargestellt. Anstelle der Pfoten des Löwen finden sich riesige Vogelkrallen, zwei Flügel wachsen aus dem Rücken des Königs der Wüste und der Kopf ist eine Mischung aus Adler und Löwe. Er symbolisiert in der Heraldik das absolute Herrschaftsdenken. Er ist positiv besetzt, denn er schützt die Menschen vor sämtlichen anderen Tieren, von Raubtieren angefangen bis hin zur Giftschlange. Oft wird der Vogel Greif auch mit einem Löwen verwechselt. Das Symbol des Vogel Greif ist positiv besetzt, es zählt zu den schönsten Motiven deutscher Heraldik.

Hain

In der Vorstellungswelt der Antike ist der Hain ein Ort des Lichtes, der Wärme und der Schönheit. Im Hain herrschen Friede und zeitloses Glück. Die Griechen, die Römer und die Kelten haben daher in ihrer Vorstellung einen solchen heiligen Hain mit entsprechenden Gottheiten besiedelt. Der Hain ist somit auch ein interessantes Beispiel über die Vorstellungswelt unserer Vorfahren: Das, was schön war, hat man mit passenden Gottheiten noch schöner gemacht, und somit den Menchen ein entsprechendes Symbol für die Seele gegeben. Und Gottheiten gab es in Griechenland sowie in Rom in ungeheurer Menge. Jeder konnte sich für jeden Zweck seine Gottheit heraussuchen. Der Hain war auch eine mystische Stätte, in der man z. B. bei Vollmond rauschende Feste feierte. Frauen und Jungfrauen spielten dabei immer im Sinne der Erotik eine wichtige Rolle in der Vorstellungskraft der Männer. Lebensfreude, Sinnlichkeit und Kultus fanden in heiligen Hainen eine würdige Stätte.

Hexen

Die Vorstellung, daß Hexen existieren können, ist die Ausgeburt krankhafter Phantasien von seelisch kaputten Männern. Hexen werden mit zahlreichen negativen Symbolen gleichgestellt: sie essen Menschenfleisch, sind Zauberinnen, können über große Entfernungen Morde begehen und können jeden anderen Menschen in ihre Gewalt bringen. Die Hexe mußte daher verbrannt werden, damit keine Spur von ihr übrig bleibt. Die Hexe wird meistens dargestellt, wie sie auf einem Besen reitet und mit den Vögeln der Nacht, aber auch mit den Schlangen spricht.

Hexen

Ikarus

In wüsten Szenerien begehen die Hexen Orgien, z. B. in der Walpurgis-
nacht. Die Hexe ist aber einwandfrei eine Erfindung einer von Männern
nicht mehr beherrschten, sondern sogar terrorisierten Welt, in der man
mißliebige Frauen mit einem derartigen Feindbild verunstaltete. Damit
wurde der Boden für die Hexenverfolgungen bereitet.

Ikarus

Er steht für das Bestreben des Menschen, sich über die Erde zu erheben,
es den Vögeln gleich zu tun und zum Himmel emporzuschweben. In
unserer modernen Sprache würden junge Menschen sagen, er hat abge-
hoben.

Ikarus flog mit künstlichen Flügeln aus Federn und Wachs so nahe an die
Sonne heran, daß das Wachs zerrann und Ikarus abstürzte. Sein Schicksal
aber ist Symbol dafür, daß die Erde auch eine schwere Last sein kann
und man ihr entfliehen möchte. Weg von der Erde, hin zur Sonne und zu
den Gestirnen… das besagt das zeitlose Ikarus-Motiv.

Hirte

Mit ihm verbinden sich die Begriffe von Herde, Hüter und Hund. Sein Symbol ist der Hirtenstab, aber auch das Schaf oder besser gesagt das Lamm. Der Hirte wird oft mit Hirtenhund abgebildet. Kennzeichen seiner äußeren Haltung sind Nachdenklichkeit, Gelassenheit und Wachsamkeit. Das Symbol des Hirten ist ausschließlich mit edlen Eigenschaften besetzt. So ist es wohl auch verständlich, daß er in viele Religionen Eingang gefunden hat. Gott wird mit dem guten Hirten verglichen, dem wir Menschen als Schafe und Lämmer vertrauensvoll folgen mögen. Hirten waren bei der Geburt von Jesus dabei und Hirten begleiten den Christen in symbolischer Form durch sein Leben. Noch heute werden bestimmte schriftliche Mitteilungen der Bischöfe als Hirtenbriefe bezeichnet. In der katholischen Vorstellungswelt wird der Bischof traditionell als Hirte gesehen. Er soll seine Lämmer anleiten und führen sowie beschützen und gleichzeitig muß er ein gottgefälliges Leben in Bescheidenheit und materieller Armut führen, so wie es dem Hirten zusteht. Es ist völlig undenkbar, mit dem Hirten den Begriff von materiellem Reichtum zu verbinden. Der Hirte ist auch das Symbol für Bischof schlechthin.

Janus

Er gehörte zu den besonders wichtigen römischen Gottheiten. Sein Kopf wird mit zwei Gesichtern dargestellt. Normalerweise drücken beide Gesichter dieselbe Mimik aus. Wir sprechen von Janusköpfigkeit. Das Positive an diesem Symbol war, daß Gott Janus ein Symbol der Wachsamkeit und des Schutzes war. Nach ihm ist der Monat Januar benannt. In späteren Zeiten wurde die Janusköpfigkeit bis heute herauf als Doppelbödigkeit, Doppelsinnigkeit aufgefaßt. Man verbindet heutzutage damit fast ein Schimpfwort, und meint damit, daß sich jemand alle Wege offen halten will. Dieser Begriff der Janusköpfigkeit als Verschlagenheit wurde von Ideologen des Dritten Reiches aufgebracht. Man versuchte damit, politische Gegner zu diffamieren, indem man sie als janusköpfig beschimpfte. Wir sollten diese Verfälschung des antiken Begriffes nicht übernehmen.

Jupiter

Wenn wir vorher von Donner und Blitz gesprochen haben, so sei hier ergänzt, daß Jupiter jener Gottvater war, der die Blitze nach den Menschen schleuderte. Nach ihm ist auch der gleichnamige Planet des Sonnensytems benannt. Jupiter ist ein Symbol für Glück im weitesten Sinne. Rot und grün gehören als Farbe zu ihm und der vorher schon oft erwähnte Smaragd. Der griechischen Sage nach residierte Jupiter (Zeus) auf dem Gipfel des Olymp.

Kassandra

Sie war die Tochter von König Priamos. Sie galt als eine große Priesterin, deren prophetische Gaben berühmt waren. Der griechischen Sage nach hatte sie schreckliche Dinge immer richtig prophezeit, jedoch schenkte ihr niemand Glauben, niemand nahm Kassandra ernst. Darin lag die Tragik ihrer göttlichen Existenz. Wenn wir heute von Kassandrarufen sprechen, so meinen wir damit, daß jemand vor bestimmten Gefahren warnt, daß aber niemand diese Warnungen ernst nimmt. Im Gegenteil, der Betreffende wird auch noch als Kassandra verhöhnt.

Centauren

Bei ihnen handelte es sich um Zwittergestalten, deren Leib die Gestalt eines Pferdes hatte, deren Oberkörper und Kopf jedoch Menschengestalt aufwiesen. Die Centauren sind ein Symbol für die Zwiespältigkeit des menschlichen Lebens. In ihnen verdeutlicht sich tierische Kraft, starkes Triebverhalten und ganz allgemeine animalische Eigenschaften.

Circe

Sie war in der griechischen Vorstellungswelt eine geheimnisvolle Frauenfigur, deren Hauptaufgabe darin lag, andere Männer zu becircen: in Gestalt einer wunderschönen Frau trat sie den Männern entgegen um sie dann z. B. in andere Wesen zu verwandeln. Die Begegnung von Odysseus mit Circe gehört zur Weltliteratur. Insgesamt symbolisieren sich in der Circe sämtliche weiblichen Verführungskünste.

Krone

In unserer Vorstellungswelt war sie durch Jahrhunderte hinweg das Symbol für die höchste Stufe menschlicher Position, die ein Mensch erringen

Krone

konnte, König und Kaiser. Nach einer alten Überlieferung soll die Krone mit mit ihren Zacken die Mauer einer Burg mit der Burgkrone symbolisieren. Die Krone einer Burgmauer entsteht bekanntlich ja dadurch, daß Zwischenräume als Schießscharten freigelassen werden. Die Krone ist in diesem Falle Sinnbild für Adel und Rittertum. Sie kommt aber auch selbstverständlich bei nahezu allen anderen abendländischen und orientalischen Kulturen vor. Sie ist grunsätzlich eben das Kennzeichen für Könige und Kaiser. Demzufolge wird die Krone normalerweise aus Gold hergestellt, die Zacken der Krone werden mit Edelsteinen und astrologischen Elementen verziert. Der Reif der Krone versinnbildlicht den Erdkreis und alle jene Dinge, die wir mit den Begriffen Kreis und Ring schon beschrieben haben. Je nach Epochen, gab es verschiedene Typen von Kronen. Die Entwicklung der Krone könnte man genauso gut mit der Entwicklung unserer Automobile vergleichen. Jede Zeit hatte ihren eigenen Stil und ihren eigenen Geschmack. In der Heraldik, der Wappenkunde, werden Kronen je nach dem Rang des Wappeninhabers dargestellt. Die Krone eines Freiherrn hat weniger Zacken als die Krone eines Fürsten. Diese Meinung ist eine richtige, aber auch eine Fehlmeinung. Man kann das nicht verallgemeinern, denn je nach Staat und Volk wurden diese äußeren Symbole des Adels völlig unterschiedlich gehandhabt. Das, was beim deutschen Adel in Preußen Brauch war, wurde noch lange nicht in Bayern oder Tirol oder in Württemberg akzeptiert (und umgekehrt). Jeder monarchische Staat, und davon gab es bis zu 43 auf deutschem Boden, hatte seine eigenen Gesetze und Regeln, um diese äußeren Dinge eines Adelsranges darzulegen. Man hüte sich also vor Verallgemeinerungen.

Auch der Papst trägt eine Krone, die dreifache Tiara. Die Krone kommt im Grunde genommen bei fast allen Völkern und Kulturen, wenn auch abgewandelt, vor. Bis heute lebt der Spruch "Das bricht dir keinen Zacken aus der Krone" bei uns weiter. Man versteht darunter, daß man jemand anderem etwas zumutet, das aber im Grunde genommen durchaus akzeptabel ist.

Latein

Latein ist die ältestes Kultursprache, die am längsten in Verwendung stand (in der ungarischen Hälfte der österreichischen Monarchie bis gegen Ende des 18. Jahrhunderts). Diese Sprache war immer schon die Sprache der Priester und der Elite, die Inhaber des Wissens waren. Nach dem Untergang des römischen Weltreiches, blieb Latein die Sprache der katholischen Kirche bis heute. Nachdem katholische Geistlichkeit, Pfarrer und Ordensleute, weit über 1600 Jahre die Träger von Bildung und Schule waren, lebte Latein, außerdem als lithurgische Sprache der Kirche, nahtlos weiter. Latein ist daher nicht nur von Mythen, sondern auch von Legenden umgeben. Sehr oft wurde Latein als geheime Sprache verwendet, sehr oft wurde Latein in Form von Kürzeln eingesetzt. Diese Symbole leben zum Teil bis heute weiter. Es handelt sich dabei um Sprachsymbole. Latein ist auch die Sprache der klassischen Universität geblieben, sowie bis heute die der Medizin. Ärzte verwenden es aber leider auch, um ihre Fehler und Unkenntnis hinter bombastischen Fremdwörtern zu verbergen. Latein ist in der heutigen Medizin nicht mehr nur Fachsprache, sondern auch Mittel, um zu verbergen. Jeder kennt den Spruch "mit seinem Latein am Ende sein". Das bedeutet, daß man nicht mehr weiter weiß und stammt aus der ärztlichen Fachsprache.

Labyrinth

Ausgehend von einem Mittelpunkt, werden in schlangenartigen Linien in sich verschlungene Wege aufgezeichnet, aber auch in der Natur errichtet. Ein Labyrinth ist in gewisser Weise ein Irrgarten und als solcher wurde er vor allem in der Zeit des Barock gerne angelegt. Hier diente er primär für näckische Schäferstündchen. Das Labyrinth findet sich bei nahezu allen Völkern der Erde, trotzdem weiß man bis heute nicht, welchem Zweck es diente.

Wir finden Labyrinthe in kirchlichen und weltlichen Gebäuden. Meistens ist ihnen gemeinsam, die symmetrische Aufteilung in Form eines Achsenkreuzes mit 4 Vierteln und einem kreisförmigen Umfang. Ebenso gibt es Labyrinthe mit quadratischem Umfang. Beide Formen deuten einmal auf die symbolische Bedeutung von Kreis und Quadrat, die wir schon behandelt haben.

Im mythischen Sinne könnte das Labyrinth auch gedeutet werden als Ort der Bewährung, wo man mit Geduld und Ausdauer den Eingang nach außen findet. Also sozusagen ein Akt der Befreiung.

Licht

In der Vorstellung aller Völker ist alles Negative mit dem Begriff von Nacht und Dunkelheit belegt. Alle dämonischen Kräfte, Tod und Jenseits spielen sich im Schattenreich ab. Schwarz ist auch die Farbe üblicher Vorhersagen usw. Licht ist das Gegenteil davon. Licht in jeder Form, von der Sonne bis zur Kerze ist Glauben, Hoffnung und Liebe. Licht ist Befreiung aus dem Reich der Schatten, ist der neue Tag und Licht ist das Frühjahr. Zur Winter- und Sommersonnenwende wurden und werden große Lichtfeiern, Sonnwendfeuer, veranstaltet. Viele Religionen setzen Licht auch gleich mit den von ihnen verehrten Göttern, oder auch nur mit einem Gott, z. B. in der jüdischen Religion. Die Sonne als stärkstes Lichtsymbol wurde ohnedies von sämtlichen Kulturen der Antike verehrt. Die Verehrung der Sonne äußert sich z. B. auch in unserem heutigen Begriff Sonnenanbeter, Menschen, die sich gerne in die Sonne legen. Licht findet sich in allen kirchlichen und religiösen Schriften aller Religionen und Völker.

In der Sprache der Geheimgesellschaften bedeutet Licht fast immer auch das Erreichen jenes Ziels, das man sich gesetzt hatte. Physikalisch gesehen, besteht Licht aus Schwingungen, die durch ihre Frequenz und Amplituden definierbar sind. Ob Licht Energie oder Materie ist, kann bis heute nicht beantwortet werden. In Wahrheit weiß kein Mensch, was Licht ist.

Leuchter

Verständlicherweise steht er in engstem Zusammenhang mit dem Begriff
Licht. Die ersten Leuchter benützten Öllämpchen. Dadurch allein schon
erhielt das Öl eine so große kultische und religiöse Bedeutung. Ein
Leuchter war somit Träger des Lichts und wurde damit automatisch zum
Zentrum kultischer Verehrung durch die Menschen. Leuchter wurden
daher seit alters her, je nach Epoche, in verschiedensten Formen hergestellt. Eine besonders große Rolle spielt die Form des Leuchters in der
jüdischen Religion. Außerdem finden sich bei den meisten Leuchtern
die klassischen heiligen Zahlen symbolisch dargestellt (z. B. in Form
eines Leuchters mit 7 Armen).

Mars

Nach ihm wurde der Monat März (Martius) benannt. In der griechischen
und römischen Antike war Mars der Kriegsgott, aber auch der Schutzpatron der Landwirtschaft. In der Abbildung wird er mit Waffen dargestellt.
Der Mars ist bekanntlich auch ein Planet, von dem wir aber bis heute
nicht wissen, warum er mit diesem Namen belegt wurde. In der Symbolik wird der Mars mit Jähzorn, cholerischen Eigenschaften und der Farbe
Rot verbunden. Auch das Feuer gehört zu ihm.

Maske

Bei allen Völkern und Kulturen ist die Maske bekannt. Der Träger einer
Maske nimmt durchaus die Eigenschaften der Maske an. Masken dienten
daher von Anfang an dazu, um sich für Kampf und Krieg stark zu machen,
um den Feind zu erschrecken. Vor allem Masken eines Dämons werden
bis heute auch zu kultischen Zwecken bei vielen Völkern verwendet.
Bekannt sind die alpenländischen Perchtenmasken, deren Herstellung
allerdings ursprünglich exakt nur für eine bestimmte Person vorgesehen
war. Fast alle Leute im Alpenraum glauben heutzutage, daß jeder
Mensch ein x-beliebige Perchtenmaske tragen dürfe. Natürlich kann er
das, aber die Maske ist nicht mehr in der Lage ihren Zweck zu erfüllen.
Die überlieferten Regeln für das Schnitzen einer Perchtenmaske
besagen, daß eine Maske nur für einen bestimmten Menschen geschnitzt
werden darf. Das Innere der Maske muß praktisch wie ein Abguß paßge-
nau sitzen, die Funktion von Augen, Nase und Mund müssen erhalten
bleiben. Das überlieferte Gesetz besagt weiters, daß das Aussehen der

Maske

Maske dem Wesen von Träger oder der Trägerin entsprechen muß. Die Perchtenmaske muß daher Grundeigenschaften jenes Menschen verdeutlichen, der die Maske tragen wird. Maske und Träger sind eine kultische Einheit. Insoferne ist das Tragen von Perchtenmasken heute zu einem lustigen Sport verkommen, da Perchtenmasken erstens in großer Serie hergestellt und zweitens von x-beliebigen Leuten getragen werden.

Menhir

Der Name bedeutet "langer Stein" und wurde vor allem in der keltischen Kulturwelt verwendet. Menhire sind Steinsetzungen, die auch mit Steinzeichnungen geschmückt werden können, die in gewisser Weise an unsere Grabsteinkultur erinnern. Menhire wurden in bestimmten geometrischen Formen in oft großer Anzahl gesetzt. Bekannt sind kreisförmige Anordnungen, aber auch quadratische und rechteckige. Entscheidend sind die topographischen Punkte, auf denen diese Steindenkmäler errichtet wurden. Man hat inzwischen nachweisen können, daß mittels Menhiren man genaue Jahreszeit- und Uhrzeitbestimmungen machen konnte.

Außerdem konnte die Kelten mit großer Wahrscheinlichkeit astronomische Entfernungen berechnen. Pendler und Wünschelrutengänger untersuchen in Vollmondnächten gerne jene Stätten und können Erstaunliches herausfinden: es handelt sich mit Sicherheit um heilige Stätten mit größter positiver Energiedichte. Diese Energiedichte kann auch von uns Menschen in der heutigen Zeit sozusagen abgerufen und genutzt werden. Bei geeigneten Fähigkeiten ist es durchaus möglich, an derartigen Stellen Krankheiten zu heilen, auch psychische Erkrankungen zu eliminieren. Darüberhinaus kann man persönliche Fragen über Beruf, Gesundheit, Liebe und Zukunft klären. Dieselben Eigenschaften finden wir übrigens auch an den Stellen keltischer Hügelgräber und Burganlagen in Bayern, das heute zum Zentrum der größten Keltenforschungen Europas geworden ist.

Merkur

Mit ihm, einer antiken Gottheit der Griechen und der Römer verbinden sich überaus angenehme Eigenschaften. Geld, Reichtum, Tüchtigkeit im kaufmännischen Bereich und Wohlstand. Wer möchte das nicht haben. Die Griechen nannten ihn Hermes und sagten, daß er ein Bote der Götter ist. Hermes wird daher, ebenso wie der römische Merkur, gerne mit Symbolen des Fliegens (z. B. Flügel) dargestellt. Auch nach ihm wurde ein Planet benannt und auch hier wissen wir nicht warum. Er gilt als Symbolgestalt der Kaufleute und auch kaufmännischer Eigenschaften: verbindliche Ausdruckweise, die Fähigkeit auf andere Menschen einzugehen, das zu sagen was andere Leute sich erwarten. Merkur nimmt diese Dinge aber nicht sehr ernst, da sie ja nur einem bestimmten Zwecke dienen.

Mühle

Sie ist seit altersher ein Symbol für das sich ewige Drehen des Lebens. Gleichzeitig versinnbildlicht die Mühle aber auch, daß das Leben einen zermahlen kann (zwischen die Mühlsteine geraten). Die Mühle als Mühlstein ist der eine Inhalt dieses Symbols. Aus vorchristlicher Zeit, speziell bei den Kelten und Germanen, sind Mühlen als Steinzeichnung in ungeheurer Anzahl überliefert. Diese Mühlen haben die gleiche grafische Form wie das bekannte Brettspiel. Hierbei handelt es sich einwandfrei um ein vorchristliches, kultisches Symbol, das oft als Irrgarten (?) definiert wird.

Mond

In ihm verdichten sich die mythischen und magischen Wünsche sämtlicher Menschen und Völker unserer Erde. Die Zusammenhänge zwischen Ebbe und Flut, dem biologischen Leben der Frau, dem Wachsen, Gedeihen und Ernten in der Landwirtschaft liegen auf der Hand.

Berühmt sind die magischen Kräfte des Vollmondes, die aber von vielen Fachleuten überhaupt nicht als magisch, sondern als praxisnahe bezeichnet werden. Landwirtschatsministerien z. B. geben eindeutige Empfehlungen, wann die Aussaat bestimmter Pflanzen bei Vollmond oder bei Neumond zu erfolgen hat. Auch Bauern und Bäuerinnen richten sich danach seit Jahrhunderten und betrachten dies weder als magisch oder esoterisch, sondern als etwas, das sie von den Eltern gelernt haben.

Der Mond ist ein altes Kultsymbol, das von vielen Völkern bis heute angebetet wird. Christliche Religionen haben den Mond früher auch mit Weiblichkeit identifiziert.

Unabhängig von er mythischen Bedeutung des Mondes, gibt es ganz konkrete Anschauungen darüber, daß der Vollmond z. B. eine absolute Verdichtung positiver Kräfte ermöglicht. Die Frage ist nur, ob jemand diese Kräfte nutzen möchte. Die Kraft des Vollmondes zeigt sich u. a. auch darin, daß viele Menschen in Vollmondnächten zum Schlafwandler werden, daß sie von Unruhe erfüllt sind, daß sie nicht schlafen können. Erst in den Morgenstunden, wenn der Vollmond schon untergegangen ist, fällt man in einen bleiernen, kurzen Schlaf. Darüberhinaus ist das Phänomen der Mondsüchtigkeit bekannt. Aktive Menschen dagegen empfinden Vollmond als einen paradisischen Zustand, der ihnen Arbeitskraft bis weit in die Nacht gibt, wo sie nur mit ganz wenig Schlaf auskommen und mit voller Tatkraft und Euphorie durch das Leben schreiten.

Unbestreitbar ist der Einfluß des Vollmondes auch auf die Geburt neuer Erdenbürger. In unseren Kliniken wird ja inzwischen zu gerne aus Gründen von Arbeitszeit und tarifvertraglicher Regelung eine Geburt so gesteuert (z. B. durch Prostaglandine), daß ein Kind möglichst von Montag bis Freitagmittag auf die Welt zu kommen hat. Abgesehen davon, daß dies einen ungeheuren Mißbrauch anderer Menschen darstellt, wissen die meisten Leute nicht mehr, daß die Natur gerne bei Vollmond die Kinder auf die Welt kommen läßt (Vollmondkinder). So erlauben sich dann die Mächte des Kosmos auch, eine Mondphase nach vorne zu überspringen und so wird im Nu aus einem Neunmonatskind ein Achtmonatskind, die vom ersten Augenblick an zu den gefährdesten Kindern zählen. Ganz besonders der Vollmond wirkt sich auf das Leben von Menschen, Tieren und Pflanzen aus. Diese Auswirkungen können konkreter Natur sein, spielen sich aber auch auf geistig-seelischer Ebene ab. Der Mond gilt auf der gesamten Erde gleichsam als Symbol für die Kräfte der Natur und des Universiums.

Sterne

Sie sind das Symbol des Lichtes schlechthin. Es gibt fast nichts, das man den Sternen an positiven Dingen nicht schon zugeordnet hätte. Sterne können die Seelen der Verstorbenen sein, sie gelten als Laternen des Gottes, sie beschützen uns und sie können uns den Weg in Nacht und Finsternis weisen. Als Sternbilder werden sie verehrt und oft mit geheimnisvollen Eigenschaften versehen. In der christlichen Religion nehmen Sterne immer die symbolische Kraft des Überirdischen, also von himmlischen Ereignissen ein. Hier wurde der Stern von Bethlehem vielleicht das berühmteste Symbol der Sternenanbetung.

Geheime Gesellschaften aller Völker wiederum bedienten sich des Sternes, um bestimmte Ziele und Botschaften zu symbolisieren. Sterne kommen in geometrischer Form in einer Vielzahl von Möglichkeiten bei allen Völkern vor. Für viele Menschen waren und sind Sterne in Zeiten von Not und Einsamkeit ein Symbol des Trostes. Man fühlt sich nicht mehr so allein. Sterne wurden und werden in Gedichtform und Liedern verehrt. Die Astrologie ist vielleicht die bedeutendste Weltanschauung in den Industriestaaten geworden, und wesentlich mehr Menschen hängen der Astrologie an, als z. B. Menschen den Sonntagsgottesdienst der größten Religionen besuchen. Das ist nachgewiesen, und das stört natürlich die Vertreter von Amtskirchen über alle Maßen. Menschen, die der Astrologie anhängen, zahlen nämlich keine Kirchensteuern und sind auch sonst nicht für irgendwelche kirchliche Zweck ansprechbar.

Die Beschäftigung mit den Sternen in Form der Astrologie ist mit Abstand die größte Massenbewegung in den hochzivilisierten Industriestaaten. Das Ganze tritt öffentlich nicht in Erscheinung und wird daher in seiner Bedeutung kaum wahrgenommen. Die Sterne spielen für die meisten Menschen eine große Rolle, egal ob dies ernst oder mehr humorvoll aufgefaßt wird. Tatsache ist, daß man sich damit beschäftigt. Im kultischen Bereich werden Sterne bei uns vor allem als Fünfstern und als Sechsstern verwendet. Darüber haben wir an anderer Stelle berichtet.

Musen

Sie sind das große Symbol der freien Künste. Musen sind wunderbare weibliche Wesen, die einen anderen Menschen zu künstlerischen Höhenflügen verhelfen. Wer besonders schöpferisch ist, von dem sagt man, daß er von dem Musen geküßt wird. Der Ursprung der Musen geht auf einen Kult mit Nymphen zurück. Unter Muse verstehen wir aber auch die außereheliche Geliebte des Künstlers, der sich von "seiner Muse" inspirieren läßt...

Nornen

Diese düsteren Weiber entstammen den dunkelsten Ecken der germanischen Seelenwelt. Nornen sind geheimnisvolle Frauen, die ewig am Faden des Schicksals spinnen. In der germanischen Vorstellungswelt entscheiden sie über sämtliche Eckdaten des menschlichen Lebens, sowohl über den Tod als auch über die Geburt und über das persönliche Schicksal. Die Norne wird in unserer Zeit immer noch als düsteres Symbol, von abgewandelter Bedeutung, gesehen. Man spricht von einer Norne, wenn jemand ausschließlich negative und ungute Dinge vorhersagt und übermittelt.

Obelisk

Diese pfeilerartigen Steindenkmäler von oft großer Höhe stammen aus der Welt der ägyptischen Frühzeit. Obelisken werden an ihren Oberflächen durchwegs mit Ornamenten geschmückt. Fast immer war bzw. ist die Spitze eines Obelisken in Form einer ägyptischen Pyramide konstruiert, oft auch noch vergoldet. Eine genaue Deutung ist für uns heute nicht mehr durchführbar. Die Deutungsversuche, daß man mit Obelisken die Sonne und die Gestirne angebetet hätte, können zutreffen, können aber ebenso kompletter Humbug sein. Diese Deutungsversuche entsprechen der Vorstellungswelt der Historiker vor 100 Jahren. In der Zwischenzeit gibt es zahllose Hinweise, daß diese Urkulturen ein mathematisches Wissen hatten, von dem wir überhaupt keine Ahnung haben. Komplizierteste Rechenmaschinen in Form von Computer oder auch nicht, sind als real anzunehmen. Die Spitzen von Pyramiden und Obelisken haben mit Sicherheit für ganz andere Zwecke gedient. Man kann sie z. B. heute noch als trigonometrische Fixpunkte verwenden, um Landkarten äußerster Genauigkei herzustellen. Mit den Spitzen von Pyramiden und

Obelisk

Obelisken in Ägypten lassen sich auch heute noch Weltkarten größter Präzesion erzeugen. Es ist auch durchaus möglich, daß man von diesen Spitzen aus Funkverbindung mit Systemen im Weltall aufgenommen hatte. Die Spitzen von Pyramiden und Obelisken können ohne weiteres als Erdfunkstationen, wie z. B. in Raisting in Bayern, gedient haben. Die auf ihnen montierten technischen Anlagen sind im Laufe der Jahrtausende selbstverständlich verschwunden. Geblieben sind sozusagen nur noch die dienstlichen Gebäude, ähnlich wie bei Observatorien von Inkas, Mayas und Azteken. Wenn allerdings jemand meint, wie so manche Historiker, daß ein Obelisk ein phallisches Symbol sei, dann kann man ihn ob seiner verqueren Phantasie nur bedauern.

Orpheus

Er zählt zu den wunderbarsten griechischen Göttergestalten. Er ist das Symbol von Musik, Gesang und sphärischer Klänge von überirdischer Schönheit. Er wird gerne mit der antiken Zither abgebildet. Von melancholischer Traurigkeit ist die Sage von Orpheus und Eurydike. Eurydike wurde von einer Schlange gebissen und starb. Aus Kummer darüber stieg Orpheus in das Reich der Toten hinab (Hades), um seine geliebte Frau zu suchen. Er begann im Schattenreich zu singen und bewirkte dadurch, daß ihm gestattet wurde, seine Frau Eurydike wieder in das Diesseits mitzunehmen. Diese Gunst wurde ihm aber nur unter der Bedingung gewährt, daß er sich Eurydike erst wieder im Diesseits nähern dürfe. Aus Sehnsucht und Liebe vergaß Orpheus diese Abmachung und so verlor er Eurydike auf ewig. In der Welt der Musik gilt Orpheus als das Symbol höchster Ausdruckskraft.

Pan

In den antiken Darstellungen wird dieser Hirtengott der Griechen ähnlich wie der Teufel in der Kirche abgebildet. Man verleiht ihm Hufe, die Beine von Ziegen oder Rindern, ebenso verziert man seinen Kopf mit häßlichen Hörnern. In der antiken Sage kam er aus den wilden Bergen zu den Menschen. Vom Wort Pan wurde auch der Begriff Panik geformt. Pan gilt als unberechenbar, ekelhaft und entsetzlich lüstern. Sein Instrument ist die Pan- oder Hirtenflöte. Er liebte es, Hirten zu erschrecken und in Panik zu versetzen. In seinem Namen versteckt sich aber auch das griechische Wort für allumfassend, universell. Das Wort Pan ist auf jeden Fall auch ein griechischen Symbolwort. Es lebt weiter in modernen Begriffen, wie z. B. Pangermanismus, Panslawismus, was soviel bedeutet wie Gesamtdeutsch oder Gesamtslawisch.

Pandora

In dieser Gestalt der griechischen Antike wiederum sehen wir erneut, wie sehr auch schon vor Jahrtausenden das Weibliche oder die Frau an sich diffamiert wurden. Pandora soll eine Göttin gewesen sein, die von wunderbarer Schönheit, die Menschen besuchte. Sie trug eine Büchse und wenn sie diese öffnete, so kamen gefürchtete Greuel über die Menschheit. Davon stammt der Ausdruck die Büchse der Pandora ab. Er bedeutet, daß trotz der Schönheit der Pandora die Büchse nichts Gutes bringe. Meiner Ansicht nach, können solche Anschauungen, auch wenn sie in der Antike entwickelt wurden, nur von Männern konstruiert worden sein, die absolute Frauenverächter waren. Dies könnte auch durchaus auf die damals übliche und weit verbreitete Homosexualität griechischer Männerbünde und Priesterkasten hindeuten. Auch wenn diese Aussage in heutiger Zeit auf den Widerstand mancher Leser treffen dürfte, so muß sie in diesem Zusammenhang ausgesprochen werden und bedeutet keine Diffamierung der Homosexualität an sich. Anderseits gilt bis heute, daß Homosexualität, gerne in reinen Männerkasten stark verbreitet ist (z. B. bei Hitlers SS, bei der Marine per se, usw.), Hauptquelle der Diffamierung der Frau war und ist.

Pegasus

Mit ihm verbindet sich die Symbolgestalt heiliger Pferde. Man spricht auch von den Pferden des Pegasus. Pegasus war das Sinnbild für Schnelligkeit, Eleganz und Beflügelung. Dies ist auch im geistigen Sinne gemeint. In der Gestalt des Pegasus jedenfalls vereinigen sich außerdem die besten Eigenschaften, die wir dem Pferd zurechnen.

Phönix

In der Symbolkunde der Vögel nimmt er die wichtigste Gestalt ein. Seine Überlieferung wurde von den Ägyptern nach Griechenland und von den Griechen nach Rom gebracht. Er galt als heiliger Vogel, der in Gestalt eines Kranichs oder Fischreihers abgebildet wurde. Er ist ein Symbol der Sonne, der Unsterblichkeit und der Wiederauferstehung. Der ägyptischen Sage nach verbrannte er sich auf einem heiligen Altar selbst und stand aus der Asche wieder auf. Davon stammt der bis heutige gültige Spruch "wie Phönix aus der Asche". Das bedeutet, daß ein Mensch sich auch aus aussichtloser, beruflicher Situation, wieder emporschwingt. Der Phönix kommt in abgewandelter Form auch in sämtlichen lateinamerikanischen Kulturen vor. Als Symbol der Göttlichkeit wurde er meist mit einer stilisierten Krone abgebildet.

Prometheus

Auch in ihm erkennen wir das Motiv des gutmütigen Riesen, wie es ihn in der Vorstellungswelt aller Völker gab und gibt. Der Prometheus war nicht nur ein Riese im Sinne von körperlichen Kräften, ein Titan, sondern er soll auch das Sinnbild eines starken religiösen Glaubens gewesen sein. Religiös müssen wir uns in diesem Zusammenhang natürlich immer im Sinne der griechischen Welt vorstellen, in der es praktischerweise für absolut alles maßgeschneiderte Göttinnen und Götter gab. Prometheus soll außerdem den Menschen mit seinen eigenen Händen aus Erde oder aus Lehm geschaffen haben. Jetzt erkennen wir darin auch einen Vorläufer des Golem, dem das gleiche mythische Motiv zugrunde liegt. Für uns gilt er als Symbol der Stärke, von ihm stamt auch der bis heutige gültige Spruch ab "auf den Schultern des Prometheus".

Planeten

Nachdem sich alle Kulturen aller Epochen mit den Sternen beschäftigen, haben die Planeten, seit eh und je eine enorme Bedeutung. Sie gehorchen bekanntlich nicht dem Weg der Fixsterne und das Wort Planeten bedeutet soviel wie herumirren. Zu den wichtigsten Planeten des Altertums zählen Saturn, Jupiter, Venus, Merkur und Mars. Oft wurden auch Mond und Sonne dazugerechnet. In der Mythologie jedenfalls spielen aber die 5 vorhergenannten Planeten die wichtigste Rolle. Mit den Planeten verbinden sich bis heute bestimmte weitere Symbole: die Venus steht für die Farbe Weiß, für die Himmelsrichtung West und für Metalle im allgemeinen. Der Merkur symbolisiert Wasser, die Farbe Schwarz und die Himmelsrichtung Nord. Der Mars versinnbildlicht die Himmeslrichtung Süd, die Gewalt des Feuers und die Farbe Rot. Jupiter gehört zur Farbe Blau, ist Symbol für das Holz, sowie für die Himmelsrichtung Osten. Der Saturn schließlich vertritt die Farbe Gelb, die Materialien Erde und Lehm und bei den Himmelsrichtungen symbolisiert er keine bestimmte davon, sondern das Zentrum des Erdkreises. In der Astrologie kommt den Planeten außerdem eine Vielzahl wichtiger Aufgaben zu. Jedem Planet werden bestimmte astrologische Eigenschaften zugewiesen, die dann auf den betreffenden Menschen übergehen sollen.
Wenn wir jetzt noch den antikem Brauch entsprechend, Sonne und Mond auch zu diesen Urplaneten dazurechnen würden, so wäre der Mond das Symbol von Mystik und Magie, von zauberhaften Kräften. Die Sonne aber ist nach wie vor der Inbegriff des Lichtes. Im römischen Weltreich wurden die Namen der 5 Planeten, wie wir sie vorher aufgezählt hatten, sowie jener von Sonne und Mond als Symbole für die 7 Tage der Woche verwendet. Uran, Pluto, Neptun und die Erde wurden nicht als Planeten in der Antike gewertet bzw. waren als solche nicht bekannt.

Orakel

Der Name stammt von lateinischen Wort oro, das bedeutet ich spreche. Man versteht darunter eine Wahrsagung oder einen Spruch von schicksalshafter Bedeutung. Das Orakel ist aus den meisten Kulturen und Religionen der Erde her bekannt. Berühmt ist es als das Orakel von Delphi. Das Orakel gibt also Auskunft auf Fragen, die ein Priester zu stellen hat. Die Wahrsagung oder auch Voraussagung wurde durch kultische Embleme, durch Totenopfer, rituelle Schlachtungen usw. begleitet. Das Orakel wurde in der griechischen und römischen Antike schließlich zu einer der bedeutendsten parapsychologischen Wissenschaften ausgebaut. Sämtliche Erscheinungen in der Natur wurden von speziell geschulten Personen registriert und untersucht, ob sich darin eine orakelhafte Deutung ergeben könnte. Gedeutet wurde außerdem der Schlaf des Menschen, der Gang der Gestirne, kurzum alles, das registrierenswert war.

Sternzeichen

In den 12 Sternzeichen erkennen wir das Zwölfersystem der Zahlen, das auf das alte Ägypten zurückgeführt wird. Die 12 Sternzeichen sind Schütze, Skorpion, Waage, Jungfrau, Löwe, Krebs, Zwilling, Stier, Widder, Fische, Wassermann und Steinbock. In der Zahl 12 verdeutlicht sich in erster Linie die uralte Zahlenmagie einer heiligen und in sich abgerundeten, harmonischen Zahl. In der Summe von 12 verbergen sich die Zahl 3, aber auch 1 oder 2. Die Zahl 12 wiederum läßt sich aus den nahezu heiligen Zahlen 3, 4, 5, 7 und 9 - je nachdem - zusammensetzen. Die Alchimi-

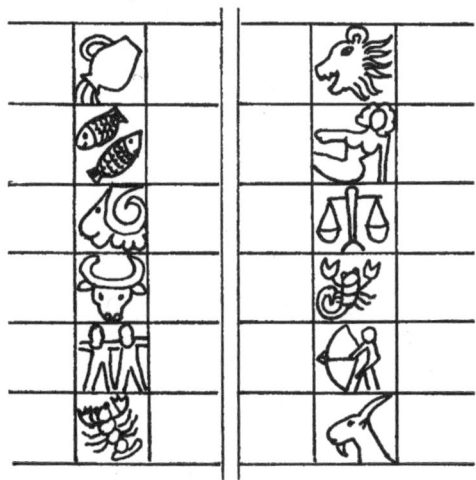

Sternzeichen

sten des Mittelalters verwendeten fast nur die 5 und die 7, um 12 zu erzeugen. Hier nahm die 7 größte Heiligkeit ein, während in der 5 die 2 als das harmonische weibliche Element und die 3 als das männliche Symbol gewertet wurden. In der Astrologie wird dem Träger eines bestimmten Sternzeichens auch die Summe der Eigenschaften des betreffenden Sternzeichens zugeordnet. Bekannt ist auch das chinesische Horoskop, das sich der Tiere bedient (Hund, Hahn, Schwein, Affe, Schlange, Schaf und Pferd, Drache, Tiger, Ratte, Rind und Hase). Auch wenn es sich von unserem vertrauten astrologischen System unterscheidet, so gibt es dennoch viele Gemeinsamkeiten.

Es ist nahezu unmöglich, über das Thema Astrologie eine positive oder negative Aussage zu fällen. Im Grunde genommen ist es auch hier letztlich eine Sache des Glaubens und des Zweckes, für den man diesen Glauben einsetzen möchte. Es ist also eher eine Frage der Moral und der ethischen Verantwortung, sich der Systeme für positive Zwecke zu bedienen, aber keinesfalls für negative Vorhaben. Unabhängig davon ist die Astrologie vermutlich mit Abstand das verbreitetste weltanschauliche System auf der Erde. Ergänzt sei hier noch, daß jedem astrologischen Sternzeichen bestimmte Symbole zugeordnet sind. Diese Symbole stammen aus uralten Zeiten und können meiner Ansicht nach u. U. mehr über ein Sternzeichen verraten, als z. B. die Visualisierung desselben Sternzeichens. Allerdings bedarf es dazu eines schon sehr symbolkundigen astrologischen Wissenschaftlers, um nicht in Spekulationen zu verfallen. Insgesamt zeigt der astrologische Tierkreis also 12 Zeichen in einem äußeren Kreis. Der innere Kreis wiederum zeigt die Symbole der Götter und der Planeten aus der Mythologie der griechischen Antike, grundsätzlich immer einem bestimmten Tierkreiszeichen verbunden. Wenn wir eine gesamte Abbildung des astrlogischen Tierkreises nehmen, so sehen wir in ihm u. a.: das Zwölfersystem, die Einteilung des Kreisumfanges in 360 Grad, die 4 Himmelsrichtungen und Jahreszeiten und die gesamte Symbolik des Kreises an sich. Der Tierkreis sollte keineswegs nur für ein bestimmtes Sternzeichen isoliert gesehen werden, sondern sollte auch als symbolträchtige Ganzheit betrachtet werden.

Quelle

Sie gehört zu den ältesten Symbolen der Menschheit und findet sich schon in allen vorchristlichen Religionen. Die Quelle wird primär als weibliches Sinnbild verehrt, sie ist Leben, Fruchtbarkeit, Gesundheit und Geburt. In zahlreichen Religionen kommt es im Laufe der Jahrhunderte bis heute zur Verehrung ganz bestimmter Quellen, die somit zu heiligen Orten geworden sind. Das kennt auch das Christentum. In der Volksmedizin des Mittelalters spielten warme Quellen aufgrund ihrer häufigen Heilkraft eine besonders große Rolle in der Religion und Mythologie. Man ging davon aus, daß diese Quellen aufgrund ihrer Heilkraft sozusagen besonders heilig wären. In der vorchristlichen Religion der Kelten ist die Quelle eines der bedeutendsten heiligen Symbole gewesen. Die keltische Religion beseelte bekanntlich Gegenstände, wichtige Punkte in der Landschaft und zahllose Bäume, Hügel, Gewässer, Seen und vor allem Quellen. Es gibt zahlreiche Überlieferungen, die auf diese keltischen Bräuche zurückgehen, und die vor allem sich dann gehalten haben, wenn eine heilige Quelle noch dazu in einem heiligen Hain aufgefunden werden konnte. Die Verbindung von Hain und Quelle führte zu besonders großer Heiligkeit, muß bei den Kelten schon sehr hoch geschätzt worden sein.

Riese

Er steht am Anfang aller Symbole. In der Vorstellungswelt der Menschen aller Epochen regte der Riese die Phantasie ins grenzenlose an. Interessant ist, daß die Gestalt des Riesen immer in Epochen gelegt wird, die sozusagen vor der Entstehung des Menschen lagen. Zuerst war also die Erde da, das Wasser, der Schlamm, der Lehm und die Erde, dann kamen die Riesen. Und lange nach ihnen in weltenferner Zukunft erst, wurde das Geschlecht der Menschen geschaffen. So in etwa ließe sich der mythologische Ablauf erklären. Die Riesen, ebenso Titan und Prometheus wurden als gutmütige und gutherzige Gestalten beschrieben. Gleichzeitig betonte man aber auch ihre urwüchsige Wildheit und animalische Kraft, die aber niemals aggressiv gedeutet wurden. In vielen Volkssagen schließlich kämpfen besonders tapfere Menschen gegen einen Riesen und überwinden ihn letztlich. Dieses Motiv findet sich auch in kirchlichen Parallelen. Eigenartig ist gewiss, daß diese wirklich mythischen Urvorstellungen über Riesen fast immer auch zusammenfallen mit Legenden des Drachens, also der Dinosaurier. Es gibt jedenfalls keinen Zweifel daran, daß diese wirklich ältesten Symbolvorstellungen der Menschen (Riese und Drache) durchaus auch einer weltenfernen mündlichen Überlieferung entsprechen können. Umgekehrt gibt es auch keinerlei Hinweise dafür, daß irgend ein schlauer Mensch einmal diese Symbole sozusagen erfunden hätte. Und bemerkenswert ist außerdem, daß auch modernste und intelligenteste Personen des Computerzeitalters, die weder mit Religion noch Mythologie irgend etwas am Hut haben, sich unverzüglich von Berichten über Riesen und Dinosauriern fesseln lassen. War das alles einmal Wirklichkeit?

Schalensteine

Bei sehr vielen Völkern, Mittel-, Nord- und Osteuropas sind diese Erscheinungen bekannt. Es handelt sich um künstlich hergestellte Vertiefungen, die auf meist ebenen Felsbrocken angebracht wurden. Die Vertiefungen haben die Form eines halben Apfels, also einer Art von Schale, daher auch der Name. Schalen können auf einem kleinen Felsbrocken angebracht worden sein, ebenso gibt es ganze Felsplateaus von mehreren Kilometern Länge und Breite, die mit solchen Schalen übersät sind. Die Schalen wurden mit großer Präzision und Genauigkeit angebracht. Die Instrumente dazu müssen einen enormen Härtegrad gehabt haben, denn Schalensteine finden sich auch in ungeheurer Menge in Granit und in quarzhaltigen Gesteinen. Die Verteilung der einzelnen Schalen folgte fast immer einem bestimmten geometrischen und mathematischen System. Am Ende ergeben dann mehrere solcher Systeme ein komplettes Felsbild. Die Schalensteinforschung in Deutschland und Österreich wurde und wird bisher weitgehend verachtet und nur ganz selten an Universitäten betrieben. Im Gegensatz dazu werden staatliche Schalensteinforschungen von Universitätsprofessoren an zahlreichen Universitäten in Nord- und Osteuropa seit Generationen betrieben. Dort sind die Schalensteine das Zentrum seriöser Universitätsforschungen. Das erste und umfassende Lehrbuch über Schalensteine wurde vom Verfasser dieses Buches im Jahre 1975 herausgegeben und mitverlegt ("Die Welt der Felsbilder in Südtirol" von Dr. med. Franz Haller). Altersbestimmungen beweisen inzwischen längst, daß die Schalensteine alle weit aus vorchristlicher Zeit stammen. Sie können ohne weiteres zwischen 3000 und 6000 Jahre alt sein. Umgekehrt bedeutet dies, daß die Schalensteinkultur mehrere Jahrtausende existierte. Von den Menschen, die diese Monumente anbrachten, wissen wir weniger als nichts. Das einzige, was sie uns hinterlassen haben, sind die Schalensteine. Der erste Wissenschaftler von Weltrang war Dr. med. Franz Haller in Meran, mit dem ich viele Jahre wissenschaftlich zusammenarbeitete, der die modernsten Forschungen zu den Schalensteinen anstellte. Dabei arbeitete er fast nur mit ganz konventionellen Wissenschaftlern, vor allem mit Technikern, Vermessern, Astronomen berühmter Universitäten zusammen. Die Ergebnisse seiner Forschungen sind fern jeder Esoterik oder Parawissenschaft und sind von konventioneller Wissenschaft perfekt abgesichert. Als Resultat wurde ermittelt, daß die Anordnung der Schalensteine genauesten Regeln folgte

- egal ob es sich um ein riesiges Felsbild oder um ein winziges gehandelt hat. Felsbilder von Schalensteinen können auf einer Fläche von 40 x 40 cm vorkommen, genauso wie auf Felsbrocken von mehreren Quadratmetern, aber auch auf riesigen Felsplateaus. Mit Hilfe der Anordnung der Schalensteine konnte man die Entfernung zum Mond und zu den Planeten mit einer für uns unvorstellbaren Präzision ermitteln. Das ist vielleicht das sensationellste Resultat von Hallers Forschungen. Es war ferner damit möglich, Entfernungs- und Zeitmessungen zu machen, deren Genauigkeit größer war, als unsere metrischen Systeme! Jetzt erheben sich natürlich Fragen über Fragen. Menschen, die solche System benötigten, müssen einen hohen Zivilisationsstandard gehabt haben. Ein primitives Nomaden- oder Hirtenvolk, benötigt derlei Dinge nicht. Wozu haben sie das gebraucht? Haller war mit seinen Universitätskollegen letztlich der allerdings nicht beweisbaren Ansicht, daß mit den Schalensteinen ein enger Kontakt zu außerirdischen Wesen alltäglich gemacht wurde. Reinkarnation und Transformation menschlicher Gestalt in andere Formen wären selbstverständlich denkbar gewesen. Menschen unserer Welt hätten damit andere Welten besuchen können, ohne Verwendung von Raumschiffen oder ähnlichen Transportmitteln. Die rein physiologische Gestalt des Menschen wäre durch kinetische Umwandlung in ein physikalisches Gebilde von Schwingungen in der Lage gewesen, als Schwingung Lichtjahre zu überwinden, um andere Welten zu besuchen und wieder von dort zurückzukehren und durch Transformation erneut Mensch zu werden. Ergänzt sei hier noch, daß Dr. med. Franz Haller am 12. Mai 1989 im Alter von 95 Jahren verstarb. Er stammte aus einer keltisch/bayerischen Urfamilie aus Augsburg, der Name Haller birgt das keltische Wort Hal, was soviel wie Salz (Salz = Gold der Kelten) bedeutet.

Seele

In der Mythologie der Völker kommt sie überall vor, aber kein Mensch kann sie definieren. Die Seele ist kein Gegenstand, kein Muskel und trotzdem ist sie in unserer Vorstellungswelt verankert. Wir sprechen von einer guten Seele ebenso von einer schlechten Seele. Seit eh und je gingen die Menschen davon aus, daß die Seele weiterlebt und das einzige ist, was von unserer irdischen Existenz übrig bleibt. In vielen Vorstellungen existiert daher die Seelenwanderung, vom Diesseits in das Jenseits. Darin verdeutlicht sich die Hoffnung auf ein Weiterleben nach dem Tode. Verbreitet sind auch Vorstellungen, daß die Seelen Verstorbener mit uns, den Lebenden, Kontakt aufnehmen können. Es ist außerdem durchaus anzunehmen, daß die Seelen der Toten uns Lebende sehen und daß sie spüren können, wie wir über sie denken. Umgekehrt würde schlechtes Denken über die Seelen der Toten dazu führen daß dieses negative Potential auf uns zurückfällt. In der Mythologie der meisten Völker existieren bestimmte Plätze, auf denen die Seelen der Toten sich treffen. Das Wort Seele gehört mit Sicherheit zu den interessantesten und schönsten Wörtern der deutschen Sprache. Es ist abstrakt und greifbar und doch so fern. Der Einfluß der Seele auf unseren Körper ist unermeßlich groß und wird häufig unterschätzt. Von "armen Seelen" sprechen wir speziell dann, wenn wir uns vorstellen, daß die Seelen zuerst im Fegefeuer von ihren Sünden gereinigt werden müssen. Das sind dann die armen Seelen, für die wir besonders intensiv beten sollen. Insgesamt aber, wenn man z. B. die Forschungen von Einstein unterstellt, kann das Wort Seele auch verdeutlichen, daß es fraglich ist, ob die Substanz des Menschen aus Materie oder aus Energie (Schwingungen) oder aus Materie plus Energie besteht. Alle diese Deutungen erlauben an ein Weiterleben in anderer Form zu denken.

Sibylle

In der antiken Überlieferung existierten über 10 Sibyllen. Im ganzen alten antiken Lebensraum rund um das Mittelmeer soll irgendwo irgendeine Sibylle gewirkt und gehaust haben. Sibyllen waren Frauen, die die Fähigkeit zu mystischer Weissagung hatten. Man kann auch etwas spöttisch sagen, daß die Sibylle der größte Exportartikel des griechischen Orakels war. Die Weissagungen der Sibyllen hatten eher den Ruf von geheimnisvoller Deutung. Man konnte nicht alles in die Wirklichkeit umlegen, was eine bestimmte Sibylle uns mitteilte. Etwas mystisch Dunkles war immer dabei, sodaß letztlich immer auch Fragen und Rätsel aufgegeben wurden. Daraus entstand das Wort sibyllinisch und man meint damit geheimnisvoll und rätselhaft. Die Weissagungen und Orakelsprüche der diversen Sibyllen wurden gesammelt und als sogenannte sibyllinische Bücher bezeichnet. Die letzten davon wurden im Zuge der Christianisierung leider zerstört oder befinden sich in den unergründlichen geheimen Archiven des Vatikans, in denen mit Sicherheit Schätze der Parawissenschaften ruhen

Um das Ganze zu relativieren, sei aber betont, daß man über die Archivalien auch im Vatikan längst die Übersicht verloren hat. So wie in jedem Museum und Archiv, stellen die benutzten Bestände ungefähr 10% des tatsächlichen Bestandes dar. D. h. also, daß 90% eines Archivbestandes in irgendwelchen Gewölben vor sich hindämmern.

Sichel

Sie gehört vermutlich zu den ältesten landwirtschaftlichen Geräten. Ihre ersten Ausführungen sind aus Stein gefertigt. Die Sichel gilt als Symbol des Ackerbaues und der Landwirtschaft, ebenso aber des Mondes (Mondsichel). Außerdem ordneten die Griechen die Sichel dem Saturn zu und damit wurde sie zu einem uralten Sinnbild der Fruchtbarkeit. Der römische Gott Saturn war der Nachfolger des griechischen Gottes Chronos, der für den Ablauf der Zeiten zuständig war. Dadurch wurde die Sichel aber auch zu einem Signum der Zeit, die jedem Menschen zwischen den Fingern zerrinnt. In vielen kirchlichen Darstellungen ist die Sichel daher ein Mahnmal dafür geworden, die Zeit zu nutzen, denn am Ende unserer Tage steht der Tod. Der Schnitter Tod! ! ! In der heiligen Geschichte der katholischen Kirche aber gehört die Sichel zur heiligen Notburga, die bekanntlich in Rattenberg in Tirol gelebt und gewirkt hat. Dort wird sie auch am meisten verehrt, ebenso im oberbayerischen Raum. Mit der Sichel und der heiligen Notburga verbinden sich große menschliche Tugenden.

Siegfried

Wenn wir einmal von allen grauenhaften Verkitschungen absehen, die Richard Wagner und Generationen von Nazis der Siegfriedgestalt angetan haben, so bleibt ein mythologischer Kern übrig, der bei vielen Völkern vorkommt. Unser Siegfried aber ist eben speziell in der germanischen und nordischen Geisteswelt beheimatet. Er wird in zahlreichen Heldenliedern besungen als strahlender Held, groß und stark und erreicht fast die Ausmaße eines Riesen. Womit wir wieder beim Thema wären. Siegfried, symbolisch gesehen der Riese, überwindet den Drachen, der in der deutschen Mythologie als Lindwurm vorkommt. Dieses Lindwurmmotiv zeigt sich auch am schönsten in Klagenfurt (Lindwurmdenkmal). Im Leben Siegfrieds, dargestellt in vielen Heldenliedern, finden sich die Motive von Treue, Tapferkeit und des Verrates am Helden.

Skelett

Das Symbol des Gevatter Tod, der uns traditionell als Skelett entgegentritt. Meistens schmückt ihn noch eine Sichel oder eine Sense. Das Skelett ist außerdem Sinnbild für den Zerfall unseres irdischen Körpers. Durch Jahrhunderte hindurch fanden sich Skelette in den Gelehrtenstuben, um den Menschen auf die Begrenztheit seines Tuns hinzuweisen. Dieselbe Bedeutung käme auch einem Totenkopf am Schreibtisch zu. Zu den Symbolen, die mit dem Skelett verbunden werden, zählen nicht nur die Sense oder die Sichel, sondern auch die Sanduhr. Im frühen Mittelalter wurden umfangreiche Totentänze als Wandmalereien erstellt. Das waren die religiösen Mickey-Maus-Geschichten mittelalterlicher Frömmigkeit. Jeder Totentanz setzte sich meistens aus einer Vielzahl von Einzelbildern zusammen. In jedem Bild tanzt der Tod mit dem Vertreter eines Standes. So ein Totentanz reichte also vom Bettler bis zum Papst. Die Message lautete, "auch du mein Freund kommst dran".

Sonne

Zu allen Zeiten und bei allen Völkern und Kulturen die Verkörperung des Lichtes (siehe dort), sowie des Lebens, der Geburt, der Wärme und des Frühjahrs. Die Sonne wird in zahlreichen bildlichen Darstellungen verehrt. In der bildenden Kunst vielen Völker gibt es ganz bestimmte Darstellungen der Sonne, wie sie jeweils in einer bestimmten Epoche abgebildet wurde. Man kann als Kunsthistoriker z. B. herausfinden, aus welcher Epoche eine bestimte Sonnendarstellung stammt. Gerne wurde auch die Sonne als Strahlenkranz symbolisiert, der ein mystisch lächelndes Antlitz umgibt. Interessant ist dabei, daß dieses Antlitz einer Sonne

Sonne

Sphinx

weder Mann noch Frau zeigt, sondern immer ein neutrales, geschlechts-loses Zwitterwesen.

In Gestalt der Sonnenuhr wird aus der Sonne erstens ein Gerät ziemlich genauer Zeitmessung und zweitens ein Symbol für die Vergänglichkeit des irdischen Lebens. Stilisierte Sonnenuhren finden sich daher auch in Verbindung mit dem Totenkult vieler Völker.

Bei uns bedeutet die Sonnenuhr aber auch viel Positives: "Mach es wie die Sonnenuhr, zähl' die heitren Stunden nur".

Sphinx

Die berühmtesten Vertreter dieses Fabelwesens befinden sich in Gizeh in Ägypten. Sie wurden vor über viereinhalb Jahrtausenden errichtet. Eine Sphinx ist ein Zwitterwesen, das Teile des Menschen und des Löwen verbindet. Es stellt Rätselhaftigkeit, Weisheit und vor allem Unbesiegbarkeit dar. Die Sphinx ist ein klassisches Monument höchster Würdenträger. In diesem Falle der ägyptischen Pharaonen (= in etwa ver-gleichbar mit dem Gottesgnadentum Römisch-Deutscher Kaiser).

Spiegel

In der internationalen Symbolkunde wird dem Spiegel eine unglaublich große Vielzahl an Deutungen unterstellt. Keine dieser Deutungen ist auch nur irgend wie in der Geschichte belegbar. Der Spiegel steht aber selbstverständlich für die Untugenden übertriebener Schönheit, der Verliebtheit in sich selbst (Narzißmus) und sozusagen der Sündhaftigkeit. Der Spiegel wird gerne auch als phantasievolles Symbol bei verschiedenen allegorischen Abbildungen verwendet. Damit will man des Rätselhafte des Spiegelbildes verdeutlichen. Gleichzeitig will man damit uns Menschen einen Spiegel vorhalten und in diesem alten Vergleich wird zum Ausdruck gebracht, daß der Spiegel nicht lügt.

Spirale

Sie kommt bei allen alten Kulturen vor. Oft ist schwer zu unterscheiden, ob es sich um eine Spirale oder um eine Ansammlung von konzentrischen Kreisen handelt. Die Spirale wird flächig abgebildet und ist dann von einem Kreis meistens umgeben. Hier finden wir den Kreis als Symbol erneut Die Spirale kann aber auch als senkrecht aufsteigende Form dargestellt werden, sie windet sich beispielsweise um einen Stab. In diesem Fall muß es sich keineswegs immer um eine Schlange handeln.

Die Spirale gilt als weibliches Symbol, sie verdeutlicht das Weltall und den Kosmos, sowie Dymanik und Kraft. Sie kann durchaus mit einem Lebensbaum verglichen werden, und verdeutlicht dann das ewige Auf und Ab des Lebens, das keinen Anfang und kein Ende kennt. Nur der einzelne Mensch kommt und vergeht, die Welt als Universum aber bleibt bestehen.

Sturm

In vielen allegorischen Abbildungen christlicher Kirchen finden sich Darstellungen des Sturms. Meist bläst er in Form eines rundlichen Gesichts mit mächtig aufgeblasenen Backen über die Erde. Er ist ein Symbol für die Gewalten der Natur und zählt zu den Geschwistern von Donner, Blitz und Gewitter. Die Germanen sahen darin ein Symbol von Wotan. Es ist sicher verständlich, daß das Toben eines Sturmes die Menschen mit Furcht und Schrecken erfüllte, da sie sich in diesen Urzeiten überhaupt nicht zu wehren oder zu schützen vermochten.

Hakenkreuz

In der Symbolkunde wird es auch als Swastika bezeichnet. Es kommt bei vielen Völkern vor und versinnbildlicht verschiedene Dinge. Seine 4 Felder entsprechen den 4 Jahreszeiten, die oft labyrinthartigen Ausformungen mit den Haken sollen ein Sonnenrad darstellen. Als ganzes gesehen, sieht es aus wie ein symmetrisches Kreuz. Die Gesamtheit der Darstellung ist meistens vom Rahmen eines Quadrates umgeben. Man kann darin also einerseits Elemente des Kreuzes und der anderen erwähnten Aspekte erkennen, ebenso wichtig aber ist die Eigenschaft des Quadrates, der Harmonie und Abrundung. Das Hakenkreuz ist ein Beispiel dafür, wie sich politische Systeme überlieferter Symbole in verbrecherischer Weise bedienen können. Es wurde zum staatlichen Kennzeichen des Dritten Reiches und somit zu einem Signum, das mit der Erinnerung an grauenhafteste Verbrechen gegen das eigene und gegen andere Völker verknüpft ist.

Tarot

Bei allen medialen und parapsychologischen Methoden, werden auch mediale Hilfsmittel verwendet. Diese Hilfsmittel sollen beispielsweise die Phantasie und die kreative Energie verstärken, um sie einem Ziel zu unterstellen. In gewisser Weise wirken diese medialen Hilfsmittel wie eine elektrische Relaisstation oder wie ein Transformator. Mit dem Begriff Tarot werden traditionell jene Spielkarten bezeichnet, die man als medialen Transmitter gerne einsetzt. Wesentlich bekannter ist dieses Kartenspiel mit dem Namen Tarock. Der Tarot und seine Karten symbolisieren klassische Eigenschaften, Tugenden und sonstigen Inhalte. Das Spektrum reicht dabei vom Tod über die Liebenden bis hin zu Feuer und Sonne. Vom Tarot bestehen viele Querverbindungen zu den Geheimgesellschaften, die in der Geschichte eine Rolle spielten, ebenso aber auch zur jüdischen Religion und zu anderen spirituellen Dingen.

Tempel

Rein äuerßlich zeigt jeder Tempel bereits durch eine entsprechende Architektur, welche Bedeutung ihm innewohnt. Der Tempel kann im weitesten Sinn als Zentrum kultischer oder religiöser Dienste definiert werden. Die Insignien der jeweiligen Religion schmücken ihn innen und außen. Die Architektur eines bestimmten Tempels, einer bestimmten

Tempel

Epoche, wird außerdem mit den parapsychologichen Elementen der jeweiligen Zeit ausgestattet. Hier reicht das Spektrum nun von Schalensteinen bis hin zum Zeichen des christlichen Kreuzes einer Kirche. Sehr bemerkenswert ist in diesem Zusammenhang, daß nahezu alle bayerischen Urkirchen, Bausteine beinhalten, die von einem Tempel stammen, der vorher an dieser Stelle stand. Hier finden wir auch z. B. kunstvoll behauene Schalensteine, ebenso aber auch Natursteine mit den Symbolen römischer Besiedlungen. Meistens wurden diese Steine der älteren Kultur so eingebaut, daß sie jeder Kirchenbesucher sehen kann (Türschwellen, Bodenplatten, Umrahmungen von Portalen). Der Tempel ist außerdem Symbol für das Priestertum im weitesten Sinne und damit ein Sinnbild für Wissen und Weisheit. Zusätzlich wird der Begriff Tempel auch als Mittelpunkt kommunikativen Lebens betrachtet. Hier wurden und werden im gemeinsamen Gespräch auch nach wie vor wichtige Entscheidungen getroffen.

Thron

Er dürfte mit Sicherheit aus den ältesten Zeiten der Menschheit stammen, in der wir noch als verhältnismäßig primitive Stammesgesellschaften leben mußten. Jede dieser Stammesgesellschaften hatte einen Führer. Schon rein symbolisch mußte dessen Bedeutung und Funktion überhöht werden. Dies zeigte sich in entsprechender Bekleidung und in äußeren Insignien, aber auch in Form eines erhöhten Sitzplatzes. Ein solcher Sitzplatz wird als Thron bezeichnet. Das Wort stammt aus der griechischen Antike. Im Laufe der Jahrtausende wurde der Thron immer reichhaltiger ausgestattet. Der Inhaber des Thrones war automatisch auch identisch mit der Gestalt eines Königs, Kaisers, oder obersten Führers, eines Herrschers. Dies ging schließlich so weit, daß auch die Götter der Antike, aber auch der Gott der Christen, symbolisch auf einem Thron "thronen".

Tod

Rein spekulativ wird überliefert, daß die Abbildung von mehreren Kreisen ineinander (= konzentrisch) das älteste Symbol des Todes sei. Es wird behauptet, daß diese konzentrischen Kreise die Ewigkeit, aber auch das Sterben eines Menschen bedeuten. Im Laufe der Geschichte wurden viele verschiedene Symbole mit dem Tod verknüpft. Dazu zählen der schwarze Rabe, ein Schiff, ein Bach und viele andere Symbole. Selbstverständlich waren Skelett und Totenkopf beliebte Kennzeichen für den Gevatter Tod. Das Stundenglas (die Sanduhr) wurde ebenfalls zu seinem Markenzeichen.

Totem

In der Welt der Indianer nimmt das Totem eine unglaubliche Vorstellungskraft ein. Überwiegend werden dazu Holzstämme mit kultischen Symbolen bemalt oder in Schnitzform geschmückt. Die Maske ist hierbei besonders reich vertreten. Man nennt das einen Totempfahl. Mit einem solchen Totempfahl wird z. B. der Zutritt zu bestimmten Stellen untersagt. Ein Totem kann sowohl positive als auch negative Kräfte entfalten. Es ist anzunehmen, daß die Kultur der Totempfähle bei allen Völkern einmal vorhanden gewesen war. Daraus sollen sich dann die Symbole der Wappen, sowie des Schildes entwickelt haben. Totem-Darstellungen wurden auch durch Jahrhunderte in Kombination mit Todesgebräuchen verwendet. Eine der schönsten Überlieferungen in dieser Richtung dürfte der Volksbrauch der Totenbretter im Bayerischen Wald sein. Hier werden die Totenbretter künstlerisch oft ausgestaltet, senkrecht an markanten Punkten in der Nähe des Hauses des Verstorbenen aufgestellt. Im Laufe der Zeit kamen immer mehr Totenbretter zusammen, von denen jedes einen bestimmten Angehörigen symbolisiert. Es versteht sich von

Totem

selbst, daß ein normal empfindender Mensch diesen Totenbretter gegenüber Ehrfurcht und Respekt fühlt. Der seelisch geistige Sprung vom Totenbrett zum Totem indianischer Kulturen ist mehr als naheliegend. Das bayerische Totenbrett symbolisiert aber auch sehr konkret Körper und Geist eines bestimmten Menschen, genau so wie ein Totempfahl die Eigenschaften gewisser guter oder schlechter Geister und Dämonen versinnbildlicht.

Traum

In der Symbolkunde eines der interessantesten, aber auch umstrittensten Gebiete. Einerseits versucht man, Symbole mit Hilfe des Traumes zu deuten, umgekehrt aber versucht man ebenfalls, Vorstellungen, die wir im Traum erleben, mit Hilfe der Symbole zu erklären. Es besteht also ein wechselseitiger Zusammenhang zwischen Symbol und Traumdeutung. Wenn wir unterstellen dürfen, daß die Träume sehr viel über das Unterbewußtsein des Schläfers aussagen können, so kann man natürlich auch das eine oder das andere tiefenpsychologisch zu deuten versuchen. Es steht aber andererseits zweifelsfrei fest, daß die tiefenpsychologische Beschäftigung mit Sicherheit zu den schwierigsten Dingen der Seelenkunde zählt. Eine rein sexuelle Deutung des im Traum erlebten muß man mit Sicherheit heute in Frage stellen. Aus diesem tiefenpsychologischen Trend von Freud und auch Adler stammen Deutungen, die man nicht mehr gelten lassen kann. Dies sei hier in aller Kürze gesagt.

Die Auslegung der Symbole des Traumes aber interessierte die Menschen seit Jahrtausenden. In der Antike war man der Ansicht, daß man aus den Inhalten der Träume auch Voraussagungen machen könne. Unabhängig davon wird der Traum immer die Menschen faszinieren, da er sich in einem Land abspielt, das wir nicht betreten können, in das wir nicht auf unseren Wunsch hin verreisen können. Die Welt der Träume ist eine für sich eigene Welt, die uns gelegentlich vermutlich einen winzigen Blick hineinwerfen läßt.

Turm

Das berühmteste Beispiel eines Turmes ist der Turmbau zu Babel. In seiner unendlichen Höhe symbolisiert er den Größenwahn des Menschen, der schließlich daran zugrunde geht. In der Mythologie ist ein Turm eine Stätte des Schutzes, des Lichtes und ein Ort des starken

Turm

245

Glaubens. Viele Städte und Gemeinden führen in ihrem Wappen das Abbild eines Turmes.

Uhr

In unserer heutigen Form kann sie natürlich nicht zu den alten Symbolen gehören. Dies waren die Sanduhr oder das Stundenglas, sowie die Sonnenuhr, die immer als Mahnung dafür stehen, daß die Zeit nicht in unseren Händen liegt und daß sie bemessen ist. Die Uhr verdeutlicht in der Symbolkunde Nachdenklichkeit und Vergänglichkeit und daß wir uns dieser Dinge bei allem was wir tun, bewußt sein sollten.

Venus

Die Göttin der Schönheit, bei den Griechen Aphrodite genannt. Der nach ihr benannte Planet wird sowohl als Morgen- wie auch als Abendstern bezeichnet. Die Venus ist das Sinnbild der Schönheit, der sinnlichen Gefühle und der Verkörperung der Erotik. Ihr zu Ehren gab es im antiken Rom und Griechenland zahlreiche Venuskulte. Ebenso wurden ungezählte römische Tempeln der Venus geweiht. Die Venus war auch ein beliebtes Symbol bei den römischen Legionären, die über ganz Europa verstreut als Soldaten dienten. Venusstatuetten fanden sich bei nahezu allen römischen Ausgrabungen außerhalb des alten Roms. Man könnte auch mit unserer Anschauung von heute sagen, daß die Venus das Glamourgirl der römischen Legionäre war.

Waage

Sie gilt als Tierkreiszeichen der Astrologie für ausgleichend, gutmütig und gerecht. Außerdem stellt die Waage das Symbol von Justiz und Gerechtigkeit dar. Meist wird dabei die Justitia, oft recht schwülstig, mit verbundenen Augen abgebildet. Dies soll symbolisieren, daß sich die Rechtsprechung nicht von Äußerlichkeiten leiten lassen darf. Etwas hart ausgedrückt, ist dies wohl eine der größten Lügen unserer modernen Gesellschaft. Es wäre besser, die Justitia mit der Augenklappe eines Blinden abzubilden. Die Waage steht auch dafür, daß nach dem Tod eines Menschen die Götter über seine Taten und Untaten zu richten haben werden. In die eine Waagschale werden die guten, in die andere Waagschale die schlechten Taten gelegt. Je nachdem, wohin sich die Waag-

Waage

schale neigt, wird das Schicksal - zwischen Himmel oder Hölle, zwischen Gut und Böse entschieden.

Wasser

Die Menschen aller Epochen waren sich der erdgeschichtlichen Bedeutung des Wassers bewußt. Es war ihnen auch bekannt, daß das Wasser die Quelle jeglichen Lebens war und ist. Wasser war somit ein Symbol der Verehrung, zahlreiche Fruchtbarkeitskulte wurden mit Wasser zelebriert. Wasser ist aber immer auch ein monsterhaftes Sinnbild des Grauens gewesen. In der Sintflut, in der Sage von Atlantis leben derartige schreckliche Visionen bis heute fort. Ähnlich wie bei den Dinosauriern gibt es auch hier durchaus die Möglichkeit, daß die ersten Menschen der Erde mit derartigen Katastrophen konfrontiert waren und daß die Handvoll Überlebender ihre schrecklichen Erlebnisse an spätere Generationen weiter gaben. In vielen vorchristlichen Religionen heidnischer Art ist das Wasser von Göttern und Geistern bewohnt. Nixen gehören dazu, Froschkönige, und Wassermänner. In der christlichen Symbolik ist das Wasser das großartige Signum der Taufe geworden. Seine Bedeutung lebt ganz allgemein auch im Weihwasser weiter. Auch hier ist das Wasser neben allem kirchlichem Inhalt ein Zeichen für Geburt und neues Leben. Unabhängig von diesen Dingen, wurden warme und heilkräftige Quellen zusätzlich noch besonders verehrt. Diesen Quellen brachten die Menschen Opfergaben. Davon stammt unser heutiger Brauch, in gewisse Brunnen Münzen zu werfen, um Glück zu finden. An zahlreichen christlichen Wallfahrtsorten gibt es auch kirchliche Wunder, die direkt mit Wasser zu tun haben. Hier sei übrigens ergänzt, daß es Wunder durchaus gab und gibt.

Mit dem Begriff Wasser verbinden sich auch durch Jahrtausende bei allen Völkern rituelle Waschungen, die im Rahmen kultischer Handlungen statt fanden. Der Hintergrund dieser rituellen Waschungen war aber auch ganz bewußt ein hygienischer. Mit Hilfe kultischer Motivation sollte den Menschen der Reinigungszweck deutlich gemacht werden. Indem man den an sich profanen Grund kultisch erhöhte, wurde er von den Menschen auch akzeptiert. Wer dieses Verfahren perfekt beherrscht, der kann auch heute noch über die Massen der Zivilisationsgesellschaft Herrschaft und Macht gewinnen.

Wilde Menschen

Bereits im Kapitel der Maske haben wir über die Bedeutung dieser uralten Symbolik gesprochen. Maske und wilde Menschen werden meistens mit denselben Symbolen in Zusammenhang gestellt. Von Pan angefangen, über die Faune der griechisch-römischen Welt bis zum Teufel und den bayerischen Perchten reicht dabei das Spektrum der wilden Menschen. Sie sind in der Mythenwelt sehr sehr alt. Die Entstehung dieser Mythen wird in die Zeit zurückdatiert, in der auch die Legenden der Riesen und Dinosaurier spielen. Gemeinsam ist den Geschichten über die wilden Menschen, deren Kraft, animalische Lebensweise und furchterregende Gestalt. Im Grunde genommen ist zwischen wilden Menschen und der Darstellung des Teufels oft nur ein geringer Unterschied. Interessant ist auch, daß die Existenz der wilden Menschen dahingehend gesehen wird, sich endlich einmal auch ausleben zu können. Die Überlieferung der wilden Menschen lebt bis auf den heutigen Tag weiter. Vor allem im Tiroler Alpenraum, der bis zum Aufkommen des Massentourismus, eines der letzten Reservate uralter Überlieferungen war, gibt es zahlreiche Gasthäuser, die den Namen Wilder Mann, oder zum Wilden Mann führen. In den weltberühmten Sagen von Nord- und Südtirol kommt der wilde Mann auch häufig vor. Je weiter weg wir uns von den Alpen entfernen, desto weniger gibt es Mythen über den wilden Mann. Er scheint tatsächlich der Wurzelsepp der Mythologie gewesen zu sein. Man verleiht ihm gelegentlich Hufe und Beine eines Ziegenbockes, schmückt sein Haupt mit dessen Gehörn und sehr rasch kann bildlich gesehen aus dem wilden Mann auch der Satan, der Leibhaftige werden.

Yin und Yang

Hier handelt es sich um das klassische Symbol der chinesischen Philosophischen Schule über die Zweiseitigkeit des Lebens. Zugleich ist Yin und Yang ein Sinnbild für Männlichkeit und Weiblichkeit. Yang entspricht dem Manne, bedeutet Tatkraft, die Himmelsrichtung Süd, Licht und das Paradies. Yin dagegen nimmt die Rolle der Frau ein, versinnbildlicht die Himmelsrichtung Nord, ist Erde, Gutmütigkeit und das Wasser. Yin und Yang symbolisieren, daß alles auf der Welt zwei Seiten hat, daß die Frau Teile des Mannes und daß der Mann Teile der Frau in sich birgt. Dies heißt aber auch, daß es eine sozusagen 100% eindeutig definierte Geschlechtlichkeit nicht geben kann. In der Symbolik wird Yin dunkel, Yang hell abgebildet. Dies soll angeblich den Gegensatz von Licht und Nacht deutlich machen. Yin und Yang stehen meiner Ansicht nach auch dafür, daß die meisten Menschen eine seelisch-körperliche

Yin und Yang

Ergänzung suchen. Bezogen auf Platon würde dies das folgende schöne Gleichnis unterstreichen: Einst gab es auf der Welt keine Männer und Frauen, sondern nur Äpfel. Eines Tages nahm Zeus, der unbeherrscht und zornig war, ein Messer und teilte sämtliche Äpfel in zwei Hälften, wirbelte sie durcheinander. Aus den Hälften wurden Mann und Frau. Seither suchen Männer und Frauen rund um die Erde nach der richtigen Hälfte, sprich nach der wahren Liebe.

Zahn

Er gehört zu den alten Symbolen für Männlichkeit, für Lendenkraft und große Vitalität. Noch heute werden Zähne von Tieren bei vielen Völkern in Schmuckstücke eingearbeitet und getragen. In Bayern gehören Zähne von Wildschweinen und anderen Wildtieren zu den traditionellen Schmuckstücken der Männertracht. Die Symbolkunde ist sich nicht sicher, woher dieser Brauch stammt. Völkerkundler sind der Ansicht, daß der Zahn in diesem Sinne eine Trophäe ist und ein Zeichen des Sieges. Außerdem soll die Körperkraft des getöteten Tieres auf den Besitzer des Zahnes übergehen.

Zepter

Es ist das Sinnbild der Herrschaft und zugleich das äußerste Zeichen für höchste Position, also Symbol von Königen, Kaisern und Herrschern jeglicher Art. Das Zepter symbolisiert bei feierlichen Anlässen den Anspruch auf Ausübung von Herrschaft und Macht. Eine ähnliche Bedeutung haben die Bischofsstäbe im kirchlichen Leben. Stäbe an sich werden übrigens bis heute zu vielerlei Anlässen feierlicher Art eingesetzt. In der englischen Armee führen Offiziere zu zeremoniellen Anlässen derartige Stäbe mit sich, die in rituellen Bewegungen zu führen sind. Ein weiteres Beispiel dafür ist der deutsche Marschallstab. Alle diese Formen des Stabes sollen Vorläufer des Zepters gewesen sein. Vor allem in Europa wird das Zepter mit einer Kugel geschmückt. Diese Kugel symbolisiert die Erde und damit wiederum eine allumfassende Machtausübung.

Zwillinge

Sie stehen in der Welt der Symbole ebenfalls für den Dualismus. Sie sollen wiederum die Zweideutigkeit des Lebens verkörpern. In vielen

Sagen kommen Zwillinge vor. Eine der bekanntesten ist der Mythos von Kastor und Pollux. Der Volksmund beschäftigt sich übrigens bis heute recht gerne mit dem Zwilling. So wird z. B. gesagt, daß ein Zwilling ohne den anderen nicht leben könne. Oder man vertritt die Meinung, daß beim Tod eines Zwillings auch der andere Zwilling sterben würde, auch wenn zwischen beiden Zwillingen tausende Kilometer liegen würden. In den Mythen und Sagen vieler Völker werden die Zwillinge auch ähnlich wie Yin und Yang beschrieben. Wenn der eine Zwilling fröhlich ist, so ist der andere Zwilling traurig, ist der eine Zwilling krank, so ist der andere Zwilling mit Gesundheit ausgestattet. Zwillinge dienen auch dazu, um in der Symbolik Gegensätzliches zu zeigen.

Zwerg

Die Wohnungen und Siedlungen der Zwerge werden in allen Mythen in das Innere der Erde verlagert. Den Zwergen gemeinsam ist außerdem, daß sie trotz ihrer Winzigkeit über erstaunliche Kräfte verfügen. Sie werden als mißtrauisch, sonderbar und höchst eigenartig geschildert. Komischerweise ist fast immer nur von männlichen Zwergen die Rede, niemals aber von Zwerginnen, die gibt es nämlich nicht. Zwerge stellen also eine reine Männergesellschaft dar. Die Frage der Vermehrung von Zwergen auf menschenüblichem Weg scheint in der Mythologie nicht zu interessieren! Symptomatisch ist auch, daß sie in großen Scharen auftreten. Sie kommen aus dem Erdinneren, richten oft Unfug an, necken die Menschen und verschwinden wieder. Ihr Antlitz wird meist greisenhaft gesehen, wobei Spitzbärte diesen Eindruck noch verstärken. In vielen Überlieferungen sind die Zwerge auch die Wächter großer unterirdischer Schätze. In der Welt der Bergleute spielen Zwerge eine gute Rolle. Sie gelten als Schutzsymbol der Bergleute und als Helfer in Not und Unglücken. In Form des Gartenzwerges wurde der Zwerg zu einem der typischen deutschen Symbole.

Religiöse Symbole

Viele religiöse Symbole wurden bereits im Rahmen der vorigen Abschnitte behandelt. Zu beachten ist außerdem, daß die Grenzen zwischen den einzelnen Symbolkategorien oft verwischt verlaufen. Viele Symbole können außerdem religiös und atheistisch, sowie heidnisch-vorchristlich interpretiert werden. Wir greifen hier nachfolgend einige wichtige Symbole noch zusätzlich heraus, die uns als erwähnenswert erscheinen.

Über Adam und Eva wurde schon berichtet. Ebenso beschäftigten wir uns intensiv mit Heiligenschein und Aura, dem Turmbau zu Babel, mit dem Wein, den Engeln, dem Fegefeuer, dem Jenseits und einer Reihe weiterer Symbole. (Wie Kreis, Kreuz, Leuchter, Licht, Totentanz, sowie Yin und Yang, u. v. a. mehr). .

Weihnachten

Dieses größte Fest der Christenheit hat viele Parallelen in anderen Religionen. Die Geburt von Christus und Augustus weist darüber hinaus große Ähnlichkeiten auf. Augustus war ja der römische Kaiser zu jener Zeit als das Jesuskind auf die Welt kam. Das Weihnachtsfest ist gleichsam ein Knotenpunkt, an dem religiöse, heidnische und griechisch-römische Hoffnungen zusammentreffen. Die überragende Symbolik des Weihnachtsfestes ist, daß ein Messias erscheint, welcher unserer Welt das Heil bringt.

Damals wie heute war das Leben der Menschen voll von Krieg, größten Grausamkeiten, schlimmsten Nöten und Ungerechtigkeiten. Die Sehnsucht nach Heil und Heiland muß unendlich groß gewesen sein, da die soziale Stellung der Menschenmassen und das Fehlen jeglicher technischer Zivilisation es unmöglich machten, daß sich die Menschen selbst helfen konnten. Sie waren dem Schicksal so ausgeliefert, wie man es sich heute nicht mehr vorstellen kann. In diese unendliche Not kommt also der Messias, der der Welt das Heil verspricht. Dort in Bethlehem treffen zur damaligen Zeit außerdem kulturell und religiös der Orient und der Okzident, Morgenland und Abendland zusammen. Man kann auch sagen, daß die Zeit vor 2000 Jahren reif für einen neuen Messias war. Daß dies alles letztlich auch mit der Wintersonnenwende zusammenfiel, ist mit Sicherheit von größter symbolischer Bedeutung.
Im Erscheinen des Messias sind die größten Symbole enthalten. Eine vergötterte Frau, Jungfräulichkeit als Symbol der Reinheit, unbefleckte Empfängnis, dennoch Geburt und das Jesuskind als Gleichnis des neuen Lebens. Engel mit einer ungeheuren Aura (Heiligenschein) erschienen über dem armseligen Stall und riefen "Fürchtet euch nicht". In der Gestalt der Engel sehen wir auch in Form der Aura oder des Heiligenscheines Elemente, die sich damals wie heute unendlich weit von unserem Wissen entfernt haben. Bereits an anderer Stelle haben wir in diesem Buche ausgeführt, daß es heute möglich ist, Aura mit wissenschaftlichen Methoden nachzuweisen. Astrologisch gesehen, stand dieses damalige und erste Weihnachten im Zeichen des Steinbocks. Fassen wir noch ein-

mal zusammen, Weihnachten ist damals wie heute das allerhöchste Symbol für die Ankunft des Messias, der die Menschheit retten will.

Zu all den oben genannten stärksten, ja magischen Symbolen äußerster Energiedichte gesellte sich noch das unendlich schöne Signum des Sterns von Bethlehem. Allein die gleichzeitige Existenz aller dieser Symbole zum Zeitpunkt der Geburt des Jesuskindes, sagt uns auch heute noch: Hier geschieht heute und jetzt vor fast 2000 Jahren das größte Ereignis für die Zukunft der Welt. Es gibt übrigens keine einzige mythisch-religöse Erzählung mit einer auch nur annähernd so enormen Symboldichte und Energiestärke wie im Augenblick der Geburt Jesus'.

Engel

Wesen aus einer anderen Welt. Nicht Mann, nicht Frau. Wunderschön, aber geschlechtslos. Groß, stark, souverän. Prachtvolle Ausstrahlung in der mündlichen, schriftlichen und visuellen Überlieferung. Umgeben von einem Heiligenschein, einer Aura, die unendliche Liebe und göttliches Heil wie von selbst verheißt. Autoritäten ohne Armeen und ohne Divisio-

Engel

nen, aber jeder folgt ihren Spuren. Sendboten Gottes? Ja, gewiß. Von dieser Erde? Nein.

Nur gekommen im Auftrag von Gott Vater, Gott Sohn und dem Heiligen Geist, um uns armen Seelen im Kampf gegen das Böse beizustehen. Es existiert in der gesamten kulturellen, heidnischen oder religiösen Überlieferung der Menschheit nichts Vergleichbares, was den Engeln an kosmischer Größe ebenbürtig wäre. Und ich darf hier anfügen, daß es Engel selbstverständlich gibt, damals wie heute.

Heiland

Symbol für Weihnachten und für den Messias, der die Welt von ihren Sünden befreien wird. Siehe auch unter Weihnachten. Darüberhinaus ist der Begriff Heiland ein erstes großes Signum dafür, daß das Böse auf der Welt maßlos ist und daß deswegen ein Erlöser, Messias, eben ein Heiland kommen muß, um die Menschen von dem Bösen zu befreien. Schon wenige Jahrhunderte nach der Ankunft des Heilands, verfaßte der berühmte Heilige Augustinus seine Standardwerke, die bis heute in jedem Punkt Gültigkeit haben. Der Tenor dieser Werke von Augustinus (z. B. über den Staat Gottes auf Erden) besagt, daß das gesamte menschliche Leben ein Kampf zwischen dem Bösen und dem Guten ist. Wir können diesem Kampf nicht entrinnen, aber wir müssen uns auf die richtige Seite stellen. All' dieses wird auch in der Gestalt des Heilands symbolisiert.

Die Ankunft des Heilands, des Messias auf Erden signalisierte den Menschen, daß sie wählen können, ob sie den Weg des Guten oder jenen des Bösen in Zukunft gehen wollen. Der Messias kam als Herrscher, der den Menschen die Wahl beläßt. Im Vergleich zu allen vorchristlichen Gestalten von Glaube und Kultus, ist Jesus ein Symbol für die Tatsache, daß wir Menschen ja "einen freien Willen haben". Das gab es vorher nie.

Brot

Seitdem der Mensch von Jagd und Nomadentum zum Ackerbau wechselte, den Anbau von Getreide beherrschte, wurde Brot zum wichtigsten Nahrungsmittel. Neben der Zähmung des Feuers war dies der andere Riesensprung nach vorne. Brot wurde zum Symbol für Speisung. Brot wurde den Gästen feierlich dargeboten, es wurde "gebrochen" und nicht

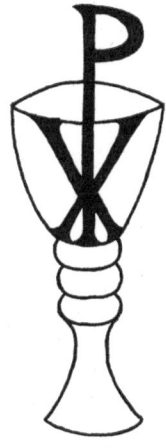

Chrismon

geschnitten. Brot wurde auch zum Sinnbild des gemeinsamen Speisens: Menschen in einer Runde beisammen. Berühmt ist das Gleichnis der wundersamen Brotvermehrung des Neuen Testamentes. In der Feier der kirchlichen Eucharistie erlebt Brot eine großartige religiöse Interpretation, - die Wandlung - es wird zum Brot des Lebens.
Zahlreiche Bräuche verbinden sich mit dem Brot. Der bekannteste ist wohl die Anbringung des Kreuzzeichens auf einem Laib Brot, ehe wir ihn anschneiden.

Chrismon

Eines der schönsten Buchstabensymbole des Christentums. Es besteht aus einem P, in dessen Senkrechte ein X integriert ist. Hier finden wir das klassische Buchstabensymbol für das Christentum, für den Christen schlechthin. Häufig wird das Zeichen mit einem Kreis umgeben. Dieser stellt den Erdkreis, die Erde, die Allgegenwart des Christentums dar.

Christophorus

Er gehört zu den 14 Nothelfern der katholischen Kirche. Wunderschön ist die Heiligenlegende, die hinter ihm steht: Christophorus war ein

Mann eines Bergstammes, der sogenannten Hundeköpfigen. Wir erkennen hier das alte Zwitterwesen von Mensch und Tier, ein Urmotiv der Symbolik. Er galt zugleich auch als Riese. Hier tritt nun auch das Riesen-Motiv zutage. Als dieser Riese das Jesuskind über einen Fluß tragen sollte, wurde das Kindlein immer schwerer und schwerer. Schließlich mußte Christophorus untertauchen und wurde vom Jesus getauft! Der zu überquerende Fluß vertritt das Symbol des Grenzflusses vom Diesseits zum Jenseits, wir sehen das Hades-Motiv! Christophorus bedeutet soviel wie "Christus-Träger", er ist der Schutzheilige der Wanderer und Autofahrer. Er wird mit dem Jesuskind, dem Stab des Wanderers (und Heiligen) abgebildet. Reißende Fluten umspülen seine mächtige Riesengestalt. Wir erkennen wiederum, so wie bei den anderen Riesen-Symbolen, die Eigenschaft der Gutmütigkeit.

Dreifaltigkeit, Trinität, Trinitas

Sie symbolisiert sich in der Darstellung von Gott Vater, Gott Sohn und dem Heiligen Geist. Die Einheit Gottes wird hier in der Dreiheit bekräftigt. Interessant die Zahl 3, die sich hier sogar aus gleichwertigen Zahlen 1 + 1 + 1 zusammensetzt. Die Dreifaltigkeit ist, abgesehen von ihrer ungeheuren religiösen Bedeutung, ein Symbol für Einheit, Kraft und harmonisches Zusammengehen. Bemerkenswert auch der visuelle Formenreichtum, mit dem gläubige Menschen seit Jahrtausenden diese Dreifaltigkeit in der bildenden Kunst darstellen. Wir sehen oft schier magische Wesen in Kombination von drei Figuren. Häufig gesellen sich das Zepter und der Reichsapfel hinzu, um die königliche Würde zu unterstreichen. Der Reichsapfel ist hier übrigens als Erde, Erdkreis zu interpretieren.

Ei, Osterei

Bei sehr vielen Völkern mit demselben Symbolgehalt gekennzeichnet: Sinnbild für das neue Leben, für die Geburt, für das Werden. Oft wird das Ei auch symbolisiert als Ursprungsort der Erde. Das steht für große Kräfte, für Gesundheit und für starke Lebensenergie.

Viele Völker legten es den Toten in das Grab - als Wegzehrung auf dem langen und mühsamen Weg ins Jenseits. Das ist aber auch Sinnbild der formvollendeten In-sich-Geschlossenheit. Außerdem gilt es als stark und zerbrechlich zugleich. Das Osterei verdeutlicht die Kraft des Frühlings, dieAuferstehung und das ewige Leben.

Eremit

Die von ihm selbst gewählte Lebensform wird auch als Einsiedelei bezeichnet. Der Eremit zieht sich, auch zeitweise, von den Menschen zurück, um in Einsamkeit und größter äußerer Armut Gott zu dienen. Durch Abstand von den Menschen will man Gott näher kommen. Große Frauen und Männer der Kirche wählten den Weg des Eremiten, so zum Beispiel der Kirchenvater Augustinus, der in den Einsamkeit der afrikanischen Wüsten seinen Weg zu Gott suchte und fand. Das Wort Eremit steht für die Symbole der Armut, der Keuschheit, der Weisheit und der weltenfernen Gelassenheit.

Das alles mag auf den ersten Blick hart erscheinen, aber Hand aufs Herz, wer von uns hat sich nicht schon öfters danach gesehnt, eine längere Kontaktpause zu den lieben Mitmenschen einzulegen?!

Evangelisten

So werden die Verfasser der vier Evangelien genannt. Ihnen werden vier Symbole zugeordnet, welche der Prophet Hesekiel und der Evangelist Johannes in Visionen gesehen hatten: Der Engel ist das Symbol des Mätthaus;der Löwe ist Sinnbild des Markus; der Stier ist Signum des Lukas und der Adler ist das Kennzeichen des Johannes. Evangelium bedeutet frohe, gute Botschaft. Gemeint ist damit die Verkündigung von der Ankunft des Heilands, des Messias. Die Evangelien (vier) des Neuen Testaments behandeln das Leben und Wirken von Jesus. Sie sind in der religiösen, aber auch profanen Literatur absolute Höhepunkt der Weltliteratur, Botschaften von Zeitlosigkeit, gespickt mit Wort- und Buchstabensymbolen. Die Auslegung der Evangelien war in den ersten Jahrhunderten des Christentums Aufgabe der Hermeneutiker, der Schriftgelehrten, die zu den Säulen der frühen Kirche gehörten. Die zugehörige Wissenschaft wurde als Hermeneutik bezeichnet: Sie diente dazu, um auch "einfachen" Menschen die Botschaft der vier Evangelien und der Heiligen Schrift verständlich zu machen.

Felsen

Eines der großen Ur-Symbole der Menschheit. Bei den heidnischen Völkern Kennzeichen für ewige Haltbarkeit, Robustheit und Unverrückbarkeit, wurde der Felsen in abgewandeltem Sinne zum festen Fundament von jüdischer und christlicher Religion. Als die Juden aus Agypten auszogen, gelang es Moses, aus einem Felsen Wasser sprudeln zu lassen. Hier haben wir die Motive Felsen und Wasser. Berühmt ist die Wort- und Glaubenssymbolik des Apostels Petrus (Simon Petrus), denn Petrus bedeutet Felsen. "Auf diesem Felsen will ich meine Kirche bauen! ". Das ist wohl des edelste Symbol für Felsgestein.

Hölle

Himmel und Hölle, das sind die großen theologischen Gegenpole der Menschen und der christlichen Religion. Auch hier erkennen wir den Dualismus unserer Existenz. Das Paradies, der Himmel steht als Gegenstück zur Hölle, dem Ort ewiger Verdammnis und endloser Qualen, denen die armen Sünder ausgesetzt sind. Gott wohnt im Himmel, ebenso früher die griechischen Götter in der Vorstellung der Antike. Die Hölle aber ist das Symbol der Finsternis, der Verdammnis, der tiefsten Nacht, der gräßlichsten Schwärze. Hier herrscht der Teufel, pechverklebt, auch "der Schwarze" genannnt, der Leibhaftige, das Sinnbild von Schwarz schlechthin. Hölle bedeutet auch in der Symbolik, daß es kein Entrinnen mehr gibt. Es gibt kein, Leben, kein Sterben, nur ewige Verdammnis - kein Ende winkt als schwacher Trost... Die Hölle ist Synonym für absolute Trostlosigkeit.

Joseph

In ihm versinnbildlicht sich der Inbegriff des Nährvaters, des guten und anständigen Hausvaters, dessen Liebe und Fürsorge über seiner Familie wachen. Er wurde und wird auch als Joseph, der Zimmermann bezeichnet. Joseph war der Mann von Maria, der Mutter von Christus und er zog Christus bis zu dessen neunzentem Lebensjahr auf. Großartig die mit Josepf verbundenen kirchlichen Bilder:

Ein Engel berichtete Joseph, daß der Heilige Geist mit Maria ein Kind gezeugt hat. Maria bringt das götttliche Kind als Jungfrau zur Welt. Joseph verzichtet hinfort auf geschlechtliches Beisammensein mit Maria. Er widmet sich seiner Familie in hingebungsvoller Fürsorge (der Nährvater), er achtet und beschützt die ewige Jungfräulichkeit Mariens. Als Joseph stirbt, erscheinen Engel des Herrn und geleiten ihn ins Paradies. Joseph also: Nährvater, Zimmermann (Baumeister, Tischler) auch ein Handwerker der ältesten, ehrbarsten Berufe. Mit Joseph verbinden sich die Symbole der Bescheidenheit, Liebe, Fürsorge und des Sich-selbsthintan-Stellens. Er wurde zu einem der beliebtesten Heiligen. Er ist der Namenspatron seit altersher der "Freien und Gefürsteten Grafschaft Tirol und Vorarlberg", sein Namenstag wird in den katholischen Ländern als Josefitag groß gefeiert (19. März). Als Kosename wird aus dem Joseph ein Sepp, Seppi, Sepperl, Bepi, früher häufig auch ein Joschi.

Jungfrau

Das Symbol der Reinheit, der Keuschheit, der seelisch-körperlichen Unnahbarkeit. Zugleich versinnbildlicht die Jungfrau auch das Interesse an geistigen, religiösen und überhaupt an moralisch edlen Wertvorstellungen. Die Enthaltsamkeit wird weder als Last noch Herausforderung angesehen, sondern gehört zum jungfräulichen Weltbild, das auch die Askese beinhaltet. Schon ehe Christus auf die Welt kam, gibt es aus dem griechisch-römischen Kulturkreis viele Legenden, die einen Zeugungsakt mit Jungfrauen ohne direkten geschlechtlichen Kontakt eines Mannes belegen. In der Kirchengeschichte werden diese antiken Quellen, nebst anderen Hinweisen, als Vorzeichen der Geburt Jesus' angesehen.

Maria

Die Mutter Gottes, Sinnbild der Fürsorge, der reinen Liebe, des Schutzes. Inbegriff der Mütterlichkeit. Als Schutzmantelmadonna von oft überirdischer Erhabenheit und von fast unglaublichem Charisma. Symbol der unbefleckten Empfängnis und Sinnbild eines körperlich-geschlechtlich reinen Lebens. In der kirchlichen Symbolik ist die Taube inmitten eines Strahles das Werkzeug göttlicher Zeugung. Der Lichtstrahl berührte das Haar, auch das Ohr Mariens. Lichtstrahlen, die in der kirchlichen bildenden Kunst Räume, Wände, Fenster durchdringen, symbolisieren den Heiligen Geist während der Zeugung und gehören zu den größten Insignien Mariens.

Können diese Lichtstrahlen denn nicht doch Wirklichkeit gewesen sein? Ausgesandt von Gott? Warum eigentlich nicht? Religiös ohnedies, aber auch parawissenschaftlich eine völlig plausible Erscheinung.

Die Verehrung der Mutter Gottes (Marienverehrung) gehört zu den schönsten Teilen des katholischen Glaubens. Die Maria mit dem Kind (Jesus) ist vielleicht das häufigste Motiv der bildenden Kunst überhaupt. Der Marienglaube stellt im lebendigen katholischen Kirchenleben ein ewiges Zentrum der Erneuerung des Glaubens dar. Die Verehrung Mariens unterstreicht aber auch den Schutz, den die katholische Kirche der Frau, dem Kind und der Familie zumißt.

An vielen Marienwallfahrtsorten wird die Gnade und das Heil Mariens erfleht - Maria gilt neben Jesus als die größte Heilsbringerin der Kirche. Und wenn Ihre Gnade uns zuteil wurde, dann können wir auf alten Votivtafeln lesen: "Maria hat geholfen... "

In der Buchstabensymbolik existieren übrigens seit Urzeiten optisch beeindruckende Verknüpfungen der einzelnen Buchstaben des Wortes Maria. Marienlieder von ergreifendem Gehalt, Mariengebete verdeutlichen vielleicht am besten, welche Symbolkraft die Heilige Mutter Gottes symbolisiert.

Wallfahrt

Ein Symbol dafür, daß wir von Geburt an bis zum Tod Wanderer zwischen den Welten sind. Wir glauben zwar, zu wissen, wohin wir gehen wollen, doch nur Gott kennt Anfang und Ende. Die Wallfahrt symbolisiert all' dieses. Entlang heiliger Stätten und Punkte ziehen die Wallfahrer dahin. Das Ziel ist ein Zentrum großer Heiligkeit, ein Gnadenort (Altötting, Andechs, Wessobrunn, Lourdes, Fatima usw.). Je länger die Wallfahrt dauert, desto größer und stärker wird die fromme Stimmung der Pilger. Auf Wallfahrt zu gehen, das bedeutet eine der kirchlich kreativsten Tätigkeiten göttlicher Meditation, der Hinwendung zu Gott durch das Gebet. Wichtig bei jeder Wallfahrt ist vor allem dieses unglaubliche Geborgenheitsgefühl, umgeben von gleichgesinnten Gläubigen. Man bewegt sich wie in einem Schoß des Glaubens dahin. Die oft große Einsamkeit von uns Menschen ist wie weggeblasen. Der Stab des Hirten und Wanderers zählt zu den Wallfahrtssymbolen - und das Kreuz des Herrn, das oft mitgeführt wird.

Orans-Haltung

Sie gilt als die älteste Gebetshaltung der Christen, heute fast nur noch von Priestern ausgeführt (während des Heiligen Abendmahls). Beide Hände werden mit den Handflächen nach vorne gerichtet und gleichzeitig in etwa bis Gesichtshöhe hochgehoben, ab und zu auch mit zum Himmel gekehrten Handflächen. Diese Geste entspricht an sich dem Beten, also den gefalteten Händen. Die zum Himmel gerichteten Handflächen, die ganze Gestik versinnbildlichen auf herrlichste Art, das Fürbitten, das Erbitten, das Erflehen, ja das Herabflehen von Heil und Gnade Gottes. Unter sehr gläubigen Menschen gilt diese Orans-Haltung als die mit Abstand stärkste Form des Betens mit enormer Dichte an positiven Heils-Energien. Jesus, die Mutter Gottes und viele Heilige werden häufig so abgebildet. Voller Mystik und Glaubensstärke, unendlich schön für den, der zu fühlen vermag.

Paradies

Der Garten Eden, ein urzeitlicher Raum voll von Frieden, Sicherheit und Glück, sowie des sorglosen Lebens. Gewiß auch der heilige Hain von Griechen, Kelten und Germanen. Milch und Honig fließen im Übermaß. Durch den Sündenfall von Adam und Eva, die vom Baum der Erkenntnis aßen, verloren sie das Paradies und mußten sich der rauhen Welt sozusagen stellen. Die Schlange, der Apfel, der Baum wurden zum Symbol für das Paradies. Die Vertreibung aus dem Paradies wurde zum Beginn aller menschlich-irdischen Probleme, von denen uns nur Gott erlösen kann. Die Vorstellung vom Paradies gibt es übrigens in nahezu allen Weltreligionen, ebenso in vorchristlichen Anschauungen.

Pforte

Nicht nur das Symbol für eine Türe oder für einen Durchgang, nein noch viel mehr Sinnbild, um in eine andere, bessere Welt einzutreten, die sich schöner, edler und größer erst hinter der Pforte auftut. Die Pforte steht auch für den Wechsel von einem geistigen Lebensabschnitt in den nächsten. Religiös verdeutlicht die Pforte immer den Übergang zu etwas wesentlich "Besserem". Demzufolge wurde der Ausgestaltung kirchlicher Portale von den Baumeistern frührerer Zeiten größte Aufmerkamkeit gewidmet. Viele Kirchenpforten wurden reich mit Symbolen geschmückt, denn die ursprüngliche christliche Symbolik verstand unter einer Kirchentüre den "Eintritt ins Paradies".

Posaunen

Aus dem Horn des Widders entstandenes Blasinstrument, kultisches Gerät christlicher und heidnischer Kulturen. Gemäß Johannes werden

Posaunen das Ende der Welt ankündigen. Die Posaune ist Symbol des Weltuntergangs und des Jüngsten Gerichts. Die Posaune wird daher als das Musikinstrument der Apokalypse definiert.

Sintflut

Schon vor dem Christentum wurde das Motiv der Sintflut verwendet. Dieses Motiv wird immer in derselben Form beschrieben: Aufgrund der Sünde der Menschen wird nahezu die ganze Erde von Wasser überschwemmt und vernichtet. Nur ein einziger Mann kann sich mit einigen Tieren retten. Wir erkennen darin natürlich Noah. Die Sintflut, ebenso große Katastrophen kommen als göttliches Strafgericht bei den meisten anderen alten Kulturen auch vor. Geschichtswissenschaftlich höchst bemerkenswert ist daran, daß derartige Katastrophen immer wieder, also periodisch sich ereignen.

Auch das Christentum sieht solche Zyklen von Werden und Vergehen und des Wiederauferstehens. Hier sehen wir einen uralten Mythos, der die Weltgeschichte in Zyklen darstellt. Es könnte durchaus sein, daß sich die Dinge genauso ereignet hatten, daß mehrere große Zyklen von kosmisch-terrestrischen Katastrophen das Menschengeschlecht immer wieder beinahe ausrotteten - und daß die Überlebenden immer wieder von vorne anfingen.

Aus weltenferner Urzeit haben sich diese archaischen Ereignisse zu uns in mündlicher Überlieferung herübergerettet, ähnlich wie die Geschichten der Riesen und Drachen.

Das Symbol der biblischen Sinflut ist übrigens Noah, der nur mit seiner Familie und umgeben von seinen Tieren, sein Schiff sicher im Sturm steuert. Noah mit seiner Arche wurde dadurch zum großen Sinnbild der Selbstbehauptung und der erneuten Chance des Lebens. Ich finde, daß der moderne Ausdruck gut auf Noah paßt: "Er war ein echt starker Typ".

Metalle und Steine

Sowohl Steine, wie sie in der Natur vorkommen, aber besonders Edelsteine und Halbedelsteine, sowie Metalle werden seit alters her mit symbolischen Eigenschaften versehen. Ein bekanntes Beispiel dazu wäre der schwarze Opal als Unglücksstein. Seit alters her werden auch Steine in ihrer natürlichen Form verarbeitet. Diese Tradition stammt vor allem von den Naturvölkern und wird heute noch in Amerika von den Indianerstämmen in beeindruckender Form praktiziert. In Mitteleuropa wurden seit eh und je außerdem besonders schöne Bergkristalle, Rauchquarze, Zitrine etc. in weltliche und kirchliche Schmuckstücke verarbeitet (Monstranzen, Messgewänder, Schmuck für Frauen und Männer).

In der Magie und Symbolkunde geht man prinzipiell davon aus, daß jeder Stein, jedes Metall bestimmte Schwingungen verstärkt, auch abwehrt und dadurch spezielle Wirkungen entfalten kann. Meßtechnisch konnte die Theorie inzwischen auch in der Wissenschaft hochfrequenter Schwingungen nachgewiesen werden. Die Meinung von Parawissenschaftlern, jahrundertelang verspottet, erhielt so nun auch ihren bürokratischen Segen.

Amethyst

Ein häufig verbreiteter Stein, der gerne in Schmuckstücke verarbeitet wird. Der Amethyst ist ein Quarz, im Grunde genommen nichts anderes als ein Bergkristall, der erst durch seine Färbung zwischen blau und violett zum Amethysten wird. Er gilt als Symbol der philosophischen Weisheit, er soll Geistesgaben stärken. In seelischer Hinsicht steht der Amethyst für Zurückhaltung, für Bestreben nach harmonischem Frieden und für religiöse Spiritualität. Aufgrund letzterer Eigenschaft gehört er auch zu den traditionellen Steinen, aus denen man Rosenkränze herstellt.

Opal

Der Name stammt aus dem Sanskrit und bedeutet Edelstein. Berühmt ist der Opal für seine wunderschönen, wandelbaren Farbenspiele. Wenn der Opal gebrochen wird, so zeigt er sehr schöne glänzende, aber muschelige Bruchstellen, die sogar transparent sein können. Als Edelstein wird er vor allem auch seit der Antike in geschliffener Form verwendet. Dem Opal werden im wesentlichen positive Kräfte zugeordnet, andererseits gibt es eine uralte Überlieferung aus Ägypten, die besagt, daß der Opal auf seinen Träger Depressionen und Schwermut übertragen würde. Demzufolge wird der Opal auch als Unglücksstein bezeichnet, vor allem der schwarze Opal. Es sei aber noch einmal betont, daß diese negative Komponente des Opals in der Überlieferung eine nur minimale Rolle spielt. Der Opal gilt auch als Schutzstein gegen Augenkrankheiten.

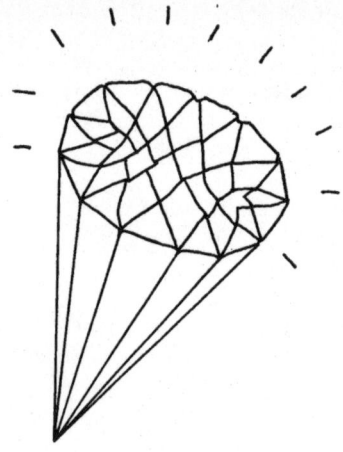

Diamant

Diamant

Er gilt als Inbegriff des Edlen und Schönen. Er wird außerdem als jener Edelstein angesehen, der die geistige Konzentration am meisten fördert. Der Diamant verhilft einem zu schneller und präziser Intelligenz, er beseitigt psychische Probleme im Zuge geistiger Arbeit und stabilisiert das Nervenkorsett. Er gilt als Symbol auch dafür, um das an sich labile Gleichgewicht des Mannes zu stabilisieren. Zugleich zieht der Diamant weibliche Kräfte an sich.

Edelsteine und Halbedelsteine

Beiden Gruppen werden seit alters her bis heute wunderbare Kräfte zur Heilung von Krankheiten unterstellt. Zur Zeit der Alchimisten im Mittelalter waren diese Aspekte der Höhepunkt einschlägiger Forschungen. In Indien und Asien, vor allem Japan und China werden bis heute Edel- und Halbedelsteine oft sehr erfolgreich zur Heilung von Krankheiten eingesetzt. Uralt ist außerdem die Tradition, Schmucksteine als Amulett zu tragen. Der ursprüngliche Zweck dabei war, einen Talisman zu besitzen, der einen gegen Unglück und böse Geister schützt. Auch heute noch wirken Schmucksteine mit unsichtbaren Energien auf unseren Körper, sowie auf Geist und Seele. Dasselbe gilt auch für bestimmte Metalle.

Entscheidend dabei ist, ob man den Schmuckstein oder das Metall direkt auf der Haut trägt. Ein Stein, der so gefaßt ist, daß er keinen Hautkontakt besitzt, kann eine nur geringe Wirkung entfalten und wird dadurch zum tatsächlichen Schmuckstein. Sehr bemerkenswert ist außerdem, daß das Tragen von Schmuck im weitesten Sinn bis heute bei allen Völkern in erster Linie Sache der Frauen ist. Frauen haben im Umgang mit Schmuck eine sehr große, auch intuitive Erfahrung, da sie dies eben seit Jahrtausenden gewohnt sind. Männer tragen dagegen fast keinen Schmuck.

Wenn wir jetzt unterstellen, daß Schmuck positive Energien aus dem Kosmos sammelt, verdichtet und an den Körper weitergibt, so kann sich das darin zeigen, daß Frauen wesentlich weniger chronische oder schwere Erkrankungen haben als Männer. Rein vordergründig gesehen, dürfte es dafür nämlich keinen Anlaß geben. Im Gegenteil, das weibliche Geschlecht müßte wesentlich krankheitsanfälliger sein, da es seit Urzeiten mehrfachen Belastungen, heute auch in beruflicher Hinsicht, strapaziös ausgesetzt ist. Die Lebensarbeitsleistung des Mannes war und ist um mindestens die Hälfte geringer als jene der Frauen. Demzufolge müßte es sich in der Krankheitsstatistik genau umgekehrt auswirken. Eine einzige Erklärung dafür, daß Frauen wesentlich gesünder sind (sowohl mental als auch seelisch), kann unter anderem im intensiven Tragen von Schmucksteinen und Metall gesehen werden. Frauen waren seit Urzeiten außerdem der Inbegriff an Weisheit und Klugheit, sowie der Intuition. Vielleicht liegt darin auch der tiefere Grund, der uns heute nicht mehr bewußt ist, warum Schmuck von Frauen so sehr geschätzt wird. Rein vernunftmäßig läßt sich dieser Brauch keineswegs begründen.

Metalle und Steine können ohne jeden Zweifel also Strahlung aus dem Kosmos speichern. Sie wirken wie eine Batterie für Energie. Das jeweilige Schmuckstück erhält dadurch in sehr kurzer Zeit, in der man es trägt, eine äußerst intensive Aura. Generell sei angemerkt, daß die Aura sich sowohl im gutem wie im schlechten Sinne (schwarzer Opal) auswirken kann.

Achat

In ihm symbolisieren sich positive Energien zur Bekämpfung geistiger Krankheitserscheinungen im weitesten Sinn. Er besitzt die Gabe, seinem Träger innere Gelassenheit, dauerhaftes Glück und Sprachkunst zu verleihen. Bei fieberhaften Erkrankungen wirkt er fiebersenkend, wenn man ihn an einer Stelle auflegt, an der man den Puls spüren kann. Ein altes Mittel der Volksmedizin, die in solchen Fällen empfiehlt, den Achat am Puls anzubinden oder anzukleben. In den romanischen Ländern mit traditionsreichen Weinbau gilt der Achat als Stein, der die Leber stärkt.

Türkis

Von seinen Eigenschaften her könnte er der Stein sein, der dem Sternzeichen des Schützen auf den Leib geschneidert wurde. Der Türkis versinnbildlicht Tatkraft, einen starken Glauben an die Machbarkeit des Lebens, das Streben nach Gerechtigkeit und Freiheit und die Reiselust. Zugleich ist er ein Symbol für Wissenschaft, Forschung und generelle Bildung. Dem Türkis wird seit altersher nachgesagt, daß er schlechte Energien speichert, und sie dann vom Träger hinwegstrahlen läßt. Der Türkis gibt seinem Träger Gelassenheit, Großmut und seelischen Tiefgang. Vor allem in der lateinamerikanischen Volksmedizin wird er sehr in Ehren gehalten: Schon lange, ehe man schwer erkrankt, wechselt der Türkis tatsächlich seine Farbe.

Aquamarin

Der Aquamarin war in der mittelalterlichen Medizin ein Stein, dem wundersame Kräfte zur Linderung und Heilung von Herzkrankheiten nachgesagt wurden. Diese Eigenschaft unterstellt man ihm heute noch im gesamten asiatischen Raum. In der modernen Herzmedizin, die in den letzten 30 Jahren unvorstellbare Fortschritte machte, weiß man inzwischen längst, welche feinsten elektrischen Energien das Herz in lebensvollem Gang halten, oder zum Tod treiben können. Zwischen der richtigen Spannung und Frequenz und der falschen (letztlich tödlichen) liegen winzigste physikalische Welten eines Mikrokosmos. Die elektrische Leitfähigkeit von Steinen und Metallen kann sich in dieser Hinsicht durchaus positiv oder negativ auswirken.

Granat

In alten deutschen Schriftquellen wird er traditionell auch als Karfunkel bezeichnet. Der Karfunkelstein ist vielleicht einer der typischen, deutschen Steine mit großer magischer Wirkung. Ursprünglich wurde er in allen seinen Varianten in Böhmen und in den Hohen Tauern in Salzburg abgebaut. Sein mineralogischer Name fand dann hier Eingang, wir sprechen von böhmischen Granaten oder von Tauerngranaten. Beide sind in ihrer kristallisierten Form, in der wurderbaren dunklen und reinen Färbung nach wie vor unerreicht. Die Vorkommen in Böhmen und in den Hohen Tauern sind aber inzwischen schon seit gut 200 Jahren weitgehend erschöpft. Inzwischen wurden diese traditionellen Karfunkelsteine Europas durch Granaten aus Südamerika ersetzt. Auch wenn diese noch so schön sein mögen, so reichen sie an unseren Karfunkelstein nicht heran. Die mythologischen Eigenschaften des Granaten beziehen sich in der europäischen Geisteswelt nur auf böhmische oder Tauerngranaten.

Wer einen Granaten aus parapsychologischen Gründen verwenden möchte, sollte einen europäischen Karfunkel wählen. Das bedeutet in der Praxis, aus einer absolut seriösen Quelle einen antiken Schmuck zu kaufen, z. B. aus der Barockzeit, dessen Granaten nur aus Böhmen oder den Hohen Tauern stammen können. Die Färbung des böhmischen Granaten geht mehr in das kräftige Rot hinein, während der Tauerngranat durch oft dunkelrote Färbung besticht. Sogenannte neue böhmische Granaten gibt es auch in geringer Anzahl und extrem teuer, wobei der Herkunftsnachweis äußerst problematisch ist. Meist handelt es sich um südamerikanische Granaten geringerer energetischer Strahlkraft. Der Granat steht für Dynamik, Ausdauerleistung, persönlichen Mut, für Rückgrat, für Zivilcourage, für die Bereitschaft einem Kampf nicht unbedingt aus dem Weg zu gehen. Er ist außerdem ein Symbol der persönlichen Ehre. Seine höchste Verehrung findet der Granat in den alten katholischen Monstranzen Bayerns und des Alpenraumes, in denen er oft verarbeitet wurde. Wird der Granat in einem ovalen Metallstück in der Mitte eingearbeitet, so bezeichnet ihn der Volksmund als das Auge Gottes.

Onyx

Er gilt als das große Symbol für dauerhaftes Glück und für eine stabile Gesundheit. In Indien wird er als Kennzeichen der Zahl 8 genommen und als solcher verdeutlicht er erneut eine Verstärkung positiver weiblicher Kraft. Er versinnbildlicht dann die harmonischen Zahlen 2 und 4.

Grüne Steine

Grün gilt auch hier als Symbol für Sanftheit, Gelassenheit und für Respekt vor der Schöpfung. In diesem Sinne sind alle grünen Steine

(Jade, Smaragd und der bei uns beliebte Malachit usw.) zu interpretieren. Der Malachit wurde seit frühen Zeiten außerdem schon als ein Stein verwendet, in den man gerne symbolische Darstellungen schnitt. Der Malachit gehört daher zu den ganz klassischen Talisman-Steinen. Man kann mit ihm sozusagen böse Kräfte abwehren.

Karniol

Er ist der klassische Wappenstein und als solcher wird er heute noch geschätzt. Zu beachten dabei ist, daß ein Wappen negativ in den Stein zu gravieren ist, so daß es als Abdruck seitenrichtig erscheint. Wird das Wappen in den Stein bereits seitenrichtig geschnitten, so verliert es nach der Überlieferung seine positiven Kräfte. Als Wappen ist dabei einerseits z. B. ein überliefertes Familienwappen zu verstehen, das keineswegs ein Adelswappen sein muß, es kann sich aber auch um eine Art von selbstentwickeltem Wappen handeln: wir fügen bestimmte Symbole zusammen und konstruieren uns dadurch ein eigenes seelisches Wappen, das besondere Kräfte beinhalten kann. Dazu zählen z. B. Sterne, Dreiecke, Zirkel und Kreise - die alten Kraftsymbole und seelischen Energiespender seit Generationen.

Perle

Sie gehört zwar nicht zu den Steinen oder Metallen, wird aber in deren Sinn verwendet, nämlich als Schmuck, Die Perle ist das Symbol des Mondes, speziell des Vollmondes. Damit zählt sie auch zu den urweiblichen Insignien der Welt des Schmuckes. Sie vereinigt in sich eine Vielzahl von positiven Eigenschaften. Sie stärkt die mentalen Kräfte, sie stabilisiert das Seelenleben, vergrößert pekuniären Reichtum und unterstützt die Verwirklichung unserer persönlichen Wünsche. Der schwarzen Perle wird sehr selten auch eine gewisse negative Komponente in Asien zugebilligt. Während dies in unseren Kreisen nicht der Fall ist.

Saphir

In der Magie gilt er als der wichtigste Stein, um Dämonen, böse Geister und alles Schlechte von seinem Träger wegzuhalten. Je nach Farbe des Saphirs, besitzt dieser auch noch zusätzlich spezielle Eigenschaften. Die Farbe Gelb des Saphirs zählt zu den wichtigsten Heilkräften für Erkrankungen der inneren Organe. Ein blaugefärbter Saphir gilt vor allem als Symbol beständiger Liebe zwischen Mann und Frau.

Smaragd

Über seine Eigenschaften haben wir schon in vorhergehenden Kapiteln gesprochen. Für ihn gilt generell, daß er durch seine Farbe Grün die Eigenschaften dieser Farbe in Reinkultur verkörpert. Dazu zählen die gleichen Eigenschaften, wie wir sie im Abschnitt Grüne Steine aufgezählt haben.

Gold

Man hüte sich davor, in historischen Malereien die Farbe Gelb gleichsam automatisch als Gelb zu nehmen. In sehr vielen Fällen bedeutet nämlich die gelbe Farbe das Symbol für Gold, das sich in der Malerei nicht darstellen ließ. Und das Vergolden von Flächen eines Bildes wäre viel zu teuer gewesen. Wenn die Farbe Gelb vor allem in Zusammenhang mit Wappenfarben vorkommt, so ist damit meistens Gold gemeint. Gold ist das Symbol der Sonne und das Sinnbild der Weisheit, so wie großer spiritueller Kräfte. Im Christentum versinnbildlicht Gold das Licht und die Sonne, also die wichtigsten religiösen Vorstellungen des Christentums. Als Schmuckstück schreibt man dem Gold große Reinigungskraft der Körpersäfte zu. Obwohl Gold bekanntlich nicht oxydieren kann, so zeigt sich bei Menschen mit medialen Kräften folgendes Phänomen: Noch ehe eine ernst zu nehmende Krankheit ausbricht, diese aber im Körper schon schlummert, verfärbt sich bei nicht wenigen Menschen die Haut unter einem Goldreifen am Handgelenk oder unter einem Ring am Finger schwarz. Nachdem Gold nicht oxydieren kann, möge man mir bitte einen Menschen auf der Welt nennen, der mir sagen kann, woher dieser schwarze Abdruck, genau identisch mit dem Schmuckstück, stammt. Einen solchen Menschen gibt es nämlich nicht. Eine Krankheit kündigt sich dadurch 100%ig an. Umgekehrt gibt es auch Metalle, deren Oxydationskraft eine Krankheit aus dem Körper zu ziehen vermag. (Siehe unter Kupfer). In einer materiellen Welt ist Gold natürlich das klassische Sinnbild für Reichtum und Macht.

Glückliche Epochen in der Menschheitsgeschichte, aber auch Träume eines unbeschwerten Daseins werden symbolisch gerne als goldenes Zeitalter benannt. Schon im antiken Rom war diese Vorstellungswelt sehr verbreitet. Dichter nahmen sich ihrer an und nannten diese glückseligen Zeiten, meist in der Vergangenheit gelegen, als aetas aurea. Hier erkennen wir wiederum das biblische Motiv des Paradieses, das der Mensch durch seinen Sündenfall aus eigener Schuld verloren hat. Der Verlust des goldenen Zeitalters, die Vertreibung aus dem Paradies waren verursacht worden, durch das Ablegen kindlicher Unschuld. Nicht alles frommt dem Menschen, von dem er glaubt, daß es für ihn gut sei...

Silber

Zu verschiedenen Epochen wurde Silber mit dem Mond identifiziert. Aufgrund der viel größeren Vorkommen konnte es auch traditionell zu günstigeren Preisen gekauft werden als Gold. Allein aus diesem Grund wurden und werden zahlreiche Gegenstände des weltlichen oder kirchlichen Gebrauchs aus Silber gefertigt. Interessanterweise schreibt man dem Silber im wesentlichen keine magischen Kräfte zu.

Kupfer

Es ist das Symbol der Venus und gehört zu den ältestes Metallen. Seine Beliebtheit in geschichtlichen Epochen gründet sich auch darauf, daß es verhältnismäßig einfach zu bearbeiten war (und ist). Kupfer gilt außerdem als Kennzeichen für menschliche Wärme und für das Licht in mythologischer Hinsicht. Schon in alten Zeiten, wurde sehr darauf geachtet, daß Kupfer nach den zwei überlieferten Methoden bearbeitet wird: Die eine Methode besteht darin, daß es erwärmt wird und dadurch wesentlich einfacher zu formen ist. Für kultische Zwecke wurde und wird Kupfer seit eh und je bis heute kalt bearbeitet. D. h. , Kupfer wird möglichst schon im Tagebau als ganzes Stück gefunden, und von Anfang an nicht sozusagen aus vielen kleinen Funden zusammengeschmolzen. Das mehr oder weniger große Stück Kupfer wird dann in mühevoller, oft monatelanger Arbeit kalt bearbeitet. Es wird überhaupt nicht erwärmt, und dafür mit verschiedenen Instrumenten aus Stein, aber auch mit eisenharten tropischen Hölzern bearbeitet. Kupfer wird auf diese Weise zuerst glatt und flächig gedrückt, sodaß man es z. B. als Armreifen verarbeiten kann. In der letzten Phase der Bearbeitung wird dann die Oberfläche mit meist magischen Ornamenten graviert.

Vor allem in Form eines Armreifes werden Kupfer große Heilkräfte unterstellt: Es schützt meiner Ansicht nach sogar nachweislich gegen Verschleißerscheinungen der Gelenke, gegen Rheuma, Gicht und Arthrose. Bei Vorliegen einer Gelenkerkrankung wirkt ein kupferner Reifen am stärksten, wenn er direkt über dem betroffenen Gelenk getragen werden kann. Alles entscheidend dabei ist, daß es sich um kalt bearbeitetes Kupfer handelt. Hinsichtlich dieser erforderlichen Eigenschaft wird meiner Ansicht nach bei uns kommerziell gesehen, esoterisches Schindluder getrieben. Es ist übrigens kein Problem, sich von einem professionellen Gold- und Silberschmied einen entsprechenden Reifen aus getriebenem Kupfer herstellen zu lassen. Das kommt meistens billiger, als in sogenannten modischen Para-Psi-Esoterik-Läden... Eine vorliegende Gelenkerkrankung zeigt sich dadurch, daß sich die Haut unter dem Kupferring binnen weniger Stunden blaugrün schwärzt. Dies ist zugleich der Beweis dafür, daß das getriebene Kupfer die Entzündungsstoffe aus dem Gelenk abzieht. Sie können einen ganz einfachen Test machen: Wenn Sie den Kupferring über einem kerngesunden Gelenk tragen, entsteht keinerlei Schwärzung. Getriebene Kupferringe gehören zu den wichtigsten und anerkanntesten Heilmitteln des Indianerstammes der Navajos.

Eisen, Hufeisen

Es ist das Metall des Kriegsgottes Mars. Es wird auch mit Blut identifiziert, ebenso diente es in der Antike zur Abwehr von Dämonen und nega-

Blei

tiven Energien. Eisen symbolisiert ganz allgemein Schutz und Verteidigung gegen schlechte Einflüsse. Daher wird auch dem Hufeisen seit Jahrhunderten eine glückbringende Wirkung zugeschrieben. Auch in der modernen Naturheilkunde gibt es Empfehlungen, bestimmte Heilkräuter nicht mit Gartengeräten aus Eisen auszugraben. Dieser Aspekt wird mythologisch untermauert, hat aber seine Ursache darin, daß die Oxydation des Eisens im Erdreich das zarte biologische Gefüge von Heilpflanzen durcheinanderbringen kann. Wir sehen hier ein weiteres Beispiel, wie man vernünftige Gebote mit Mitteln der Symbolik plausibel machen kann.

Verschiedene Symbole

Auge

Seine Abbildung findet sich in zahlreichen Formen heidnischer, kirchlicher und weltlicher Stilrichtung. Populär ist die Abbildung in der Mitte eines Ovals, einer Ellypse. Hier symbolisiert es den Herrn der Welt, wird

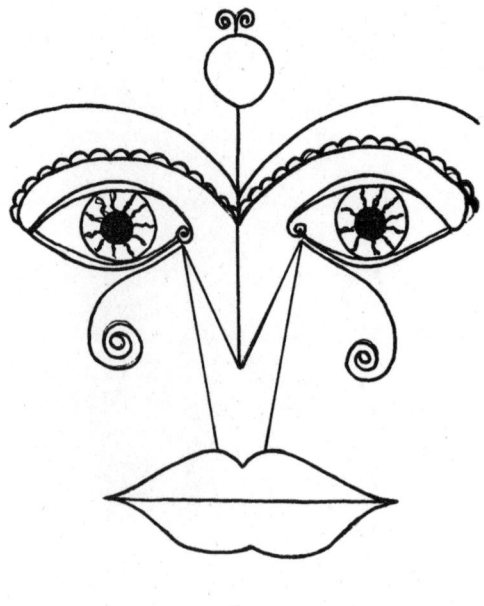

Auge

auch als Auge Gottes genannt. Des Oval rundherum ist mit größter Wahrscheinlichkeit ein Sinnbild für Heiligenschein bzw. Aura. Dieselbe Bedeutung hat das Auge, wenn es im Zentrum eines Kreises abgebildet wird. Seit alters her gilt es als Spiegel der Seele und als Fenster zum Leben. Symbolische Darstellungen von Augen bedeuten immer auch die Funktion eines Fensters. Das Auge diente auch als Symbol für die Sonne in der Antike. Als einzelnes Auge verdeutlicht es ferner, die ständige Gegenwart einer göttlichen Instanz. Wird das Auge in einem Dreieck abgebildet, so steht es für die Dreifaltigkeit des Christentums.

Axt

Sie steht für die Begriffe Kämpfen, Krieg aber auch für Ackerbau und für kultische Handlungen. In Form einer Streitaxt wurde sie zum stilisierten Symbol von Macht und Herrschaft im gesamten Mittelmeerraum. Bei den Kelten versinnbildlicht die Axt das Opfern von Tieren.

Anker

Seine symbolischen Darstellungen sind am längsten aus dem Mittelmeerraum her überliefert. Er wurde schon früh zum Symbol des Meeresgottes Poseidon. Nach der Einführung des Christentums wird der Anker traditionell in Form eines Kreuzes abgebildet. Er bedeutet hier die christliche

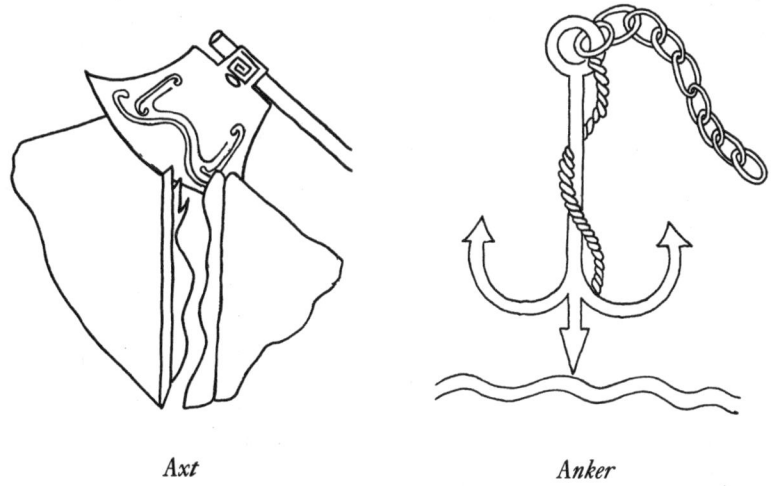

Axt *Anker*

Erlösung, versinnbildlicht aber ebenso die Begriffe des festen Haltes und der Zuverlässigkeit.

Bad

In vielen allegorischen Darstellungen sehen wir kultische Bäder. Bei allen Völkern hatte das Bad nicht nur eine hygienische Funktion, sondern oft noch viel mehr eine rituelle Aufgabe. Das Baden bedeutete rituelle Kontaktaufnahme und seelische Reinigung mittels des Urelementes Wasser. In der kirchlichen Symbolik des Christentums verknüpft sich das Bad mit dem Symbol der Taufe. In der Geschichte von Johannes dem Täufer kommen diese Aspekte am schönsten zum Ausdruck. So wie auch vieles zwei Seiten hat, so auch das Bad. In späteren Epochen, vor allem im Mittelalter und in der Gotik wurde das Baden in Badhäusern mit Unzucht und Verkommenheit gleichgesetzt.

Bart

In der vorrömischen Antike wurde ein Vollbart zum Ausdruck reifen Alters und großer Weisheit. Besonders junge Männer trugen Vollbart, um sich diese Attribute sozusagen selbst zu verleihen. Im römischen Weltreich dagegen begann man, sich zu rasieren. Nach der Spaltung der Kirche in eine Ost- und Westkriche wurde der Rauschebart bis heute regelrecht zu einem Signet der Priester. In Mitteleuropa galt der Bart, vor allem der Vollbart, bei den Ärzten traditionell als Zeichen für Weisheit und Reife des Alters. Ärzte legten sich daher, vor allem in der Epoche Kaiser Wilhelms, allein schon deswegen in jungen Jahren Vollbärte zu. Die (bedauernswerten) Patienten meinten dann, mit einem Ausbund an Weisheit und Erfahrung zu tun zu haben.

Berge

In der biblischen Geschichte spielen Berge (Sinai, Karmel,) eine große Rolle. Berge und Gebirge nehmen in der Phantasie aller Völker interessante Aufgaben ein. Sie sind Symbole der Trennung im geographischen Sinn, aber auch der Verbindung unterschiedlicher Kulturen und Völker. Die Spitzen von Bergen wurden als Punkte angesehen, die uns Menschen näher zu Gott oder zu den Göttern bringen. In vorchristlichen Zeiten wurde auf vielen Berggipfeln ein intensiver Lichtkult betrieben. Der

274

Berg steht auch als Symbol für Abstand und Entfernung von den Menschen, von den Tälern und von den alltäglichen Sorgen. Traditionell hausen daher Eremiten auch auf einsamen Bergesgipfeln.

Besen

Seit den Zeiten der Ägypter wurden ihm Zauberkräfte zugeschrieben. Er ist ein Symbol der Reinigung, mit dem man in der Antike böse Geister aus dem Hause kehrte. In der europäischen Symbolik wird der Besen mit deutlichen erotischen Bezügen versehen. Er gilt als erotisches Fluggerät für Hexen und Dämonen, die in eindeutiger Position auf dem Besen reiten oder durch die Lüfte fliegen.

Blut

Alle Kulturen sahen in ihm verschiedene Begriffe. Es gilt als Lebenssaft, es ist das Symbol für Tod und Sterben, für Rasse und Erbe, ebenso für die Tatsache, daß Jesus sein Blut für uns gegeben hat. Blut steht aber auch für angenehmere Dinge: man meint damit Eigenschaften des persönlichen Temperaments, wir sprechen von Heißblütigkeit, oder wir sagen "kaltes Blut bewahren" und wir meinen damit, letztlich emotionale Dinge. In zahlreichen Kulturen wurden Menschen und Tiere geopfert, deren Blut dann getrunken wurde. Das Blut gilt aber auch als die Tinte des Teufels, der mit seinem eigenen Blut in vielen Sagen einen Pakt signiert. Bei den skandinavischen Völkern kommt der sogenannten Blutsbrüderschaft bis heute eine große Bedeutung zu. Vor allem junge Finnen zelebrieren diesen Brauch gerne auch in etwas berauschtem Zustand.

Buch

Das klassische Symbol der Weisheit und Gelehrsamkeit. Alle Religionen bedienen sich letztlich heiliger Bücher, in denen die Grundthesen einer bestimmten Glaubenslehre zusammengefaßt sind. Viele Darstellungen des Buches zeigen die Buchstabensymbole Alpha und Omega. Beide bedeuten den Anfang und das Ende und symbolisieren im Zusammenhang mit dem Buch universelle Weisheit. Das geheime Wissen aller Völker und Kulturen wurde auch in geheimen Büchern niedergelegt. Diese geheimen Bücher sind heute längst in zahlreichen Archiven verschwunden. Es halten sich aber hartnäckig die Gerüchte, daß man mit dem Wissen, das in diesen Bücher niedergelegt ist, die Welt der Menschen auf rein spirituelle Weise aus den Angeln heben könnte. Es ist bis heute umstritten, ob der Wissensstoff, der von den großen Weltreligionen verbreitet wird, der gesamte Wissensstoff ist. Es gibt zahlreiche geschichtswissenschaftliche Hinweise, daß gut 50% des jeweiligen Religionswissens den Parawissenschaften zuzuordnen wären und daß genau diese magischen Komponenten großer Religionen unter Verschluß gehalten werden.

Buch

Brunnen

Oft werden sie auch als Quelle abgebildet oder überliefert. In beiden Fällen handelt es sich um das Symbol des Wassers, das bei allen Menschen als wichtigster Teil der Erdgeschichte angesehen wird. Wasser steht für neues Leben, für Geburt und vor allem auch für Weiblichkeit. Weiters werden ihm große Heilkräfte zugeschrieben. Über diese Aspekte haben wir bereits in vorhergehenden Kapiteln mehr berichtet.

Brust, Busen

In allen Überlieferungen handelt es sich um die weibliche Brust, den Busen. Bemerkenswert dabei ist, daß er bei nahezu allen Völkern und in allen Epochen als unerotisch und völlig unsexuell behandelt wird. Verbreitet ist das Motiv des Kindes, das an einer Brust gestillt wird. Bekannt sind auch die symbolträchtigen Vorstellungen, in denen eine Wölfin Menschenkinder säugt. Im Rahmen der Tierwelt kommen in diesem Bereich ausschließlich Wölfinnen vor. Eine tiefere mythologische Bedeutung kann aus den verschiedensten Betrachtungen der weiblichen Brust überhaupt nicht abgeleitet werden. Im Grunde genommen war es erst der Neuzeit und unserer modernen Zeit vorbehalten, die weibliche Brust auch als bedeutendes erotisches Moment zu interpretieren. Freud hat sich damit übrigens auf höchst interessante Weise tiefenpsychologisch und analytisch beschäftigt. Demzufolge würden schwache, in sich unsichere Männer zu Frauen mit knabenhaften Brüsten und Figur tendieren, da sie vor einer Frau mit ausgeprägter weiblicher Figur im Unterbewußtsein Angst hätten, ihre Männlichkeit nicht beweisen zu können. Demgegenüber würden starke, in sich gut verankerte Männer diesen Aspekten keine besondere Bedeutung beimessen, da es ihnen im Prinzip um die Frau an sich geht und nicht um das sekundäre Geschlechtsmerkmal der Brust. Berichtet wird außerdem in unserer Zeit immer wieder, daß Modeschöpfer, Fotografen, Maler und bildende Künstler sehr häufig den knabenhaften Frauentyp bevorzugen würden, da sich in Künstlerkreisen aufgrund der erforderlichen Sensibilität besonders viele Menschen befinden, deren Homophilie den garconartigen Frauentyp unbewußt favorisieren würde. Eine interessante These...

Fahne, Flagge, Standarte

Je nach ziviler oder militärischer Anwendung, benützen wir einen der drei genannten Namen, wobei dies immer auch abhängig ist von der geschichtlichen Epoche. Die Standarte war vor allem in der österreichisch/ungarischen Monarchie von traditionsbeladener, soldatischer Bedeutung. Die Fahne und die Flagge gilt vor allem als ziviles Kennzeichen von Staaten, Völkern, aber auch von Institutionen (wie z. B. der UNO).

Fahne

Fahnen werden vom Roten Kreuz geführt und sie finden sich als Symbol vieler Institutionen. Die Farben einer Fahne können entweder senkrecht oder waagrecht "gelesen" werden. Im Laufe des politischen Wandels änderten sich auch die Fahnen in ihren Farben und

Symbolen. Seltener finden wir heute zu den Farben einer Fahne noch Symbole.

Die Fahnen waren ursprünglich Signalmittel, mit denen man auch aus größerer Entfernung die einzelnen Teile eines Regimentes erkennen konnte. Daraus wurden dann Symbole der Ehre und der Macht. Der Sieger erbeutete die Fahnen des Verlierers und vernichtete sie, womit die Unterwerfung symbolisch vollzogen worden war. Im Deutschen gibt es auch einen altertümlichen Ausdruck, das Banner, für die Fahne. Das Reichsbanner war das Fahnensymbol von Kaiser Karl dem Großen und der ihm nachfolgenden Kaiser des Heiligen Römischen Reiches Deutscher Nation. In den Fahnen, Flaggen und Standarten leben bis heute Wappen und Symbole vielleicht am schönsten fort. In ihnen dokumentiert sich auch das Werden und Vergehen von Völkern und Staaten.

Eine der schönsten neuesten Fahnenschöpfungen ist die Fahne der Republik Slowenien: Sie beinhaltet die Farben blau, weiß, rot, die seit je für die Menschenrechte stehen (Freiheit, Gleichheit, Brüderlichkeit der französischen Revolution). Wesentlich interessanter aber ist, der Wappenschild, der in diese Farben integriert wurde. Er zeigt einen dreizackigen schneeweißen Berg, den Gipfel des Triglav, höchster Berg Sloweniens; zu seinen Füßen die Wellen des Flusses Soca; darüber einen dunkelblauen Himmel mit sage und schreibe 3 gelben sechszackigen Sternen. Die Fahne symbolisiert die Kräfte des Hexagramms, die Sterne stehen für Glaube, Liebe, Hoffnung, das Gelb ist das Licht des Christentums, das Wasser ist das Urleben und die Berge bedeuten Gottes Nähe. Mythologisch hochinteressant, da ohne jede Absicht so geschaffen: 3 Hexagramme; 3 (!) Gipfel eines berühmten Berges; dazu das Berg-Symbol und das Wasser-Symbol und das Himmels-Symbol und das gelbe Licht der sechszackigen Hexagramme. Was für ein symbolhaftes Gleichnis der im Unterbewußtsein weiter lebenden Symbole seit Urzeiten!

Heraldik

In der Heraldik oder der Wappenkunde konzentriert sich eine maximale Zahl von Symbolen. Wir unterscheiden dabei die Farbsymbole, die Tiersymbole, christliche Symbole, religiöse Symbole und Symbole geheimer Gesellschaften. Zusätzlich finden wir Symbole, die auf den Inhaber des Wappens deuten. Normalerweise sind dies aristokratische Kennzeichen (Helm, Schwert, Rüstung uw.). Ebenso finden wir Symbole nicht aristokratischer Inhaber, von Bauern, Bürgern, Handwerkern und Geistlich-

278

keit. Je älter ein Wappen ist, desto schlichter ist seine Ausführung. Dies gilt vor allem für Adelswappen. In der Spätzeit des europäischen Adels, in den letzten 150 Jahren vor dem Ersten Weltkrieg, wurden die Adelswappen immer bombastischer und schließlich auch protziger. Neureicher Kitsch dominierte. In demselben Maße verloren die Wappen auch ihre Würde und ihre Aussagekraft. Wappenkunde und Wappengeschichte sind ein Spiegelbild des menschlichen Lebens und der Geschichte. Sie berichten von Ehre, Mut und Tapferkeit ebenso wie von Käuflichkeit, Korruption und Verbrechen. Ein Wappen an sich hat überhaupt nichts zu besagen. So wie bei allen Dingen des Lebens kommt es auf den Inhalt der Packung an.

Glocke

Sie sind die Stimme Gottes, sie verbinden uns Menschen auf der Erde mit den himmlischen Gefilden. Glocken werden von vielen Völkern auch dadurch zum Klingen gebracht, in dem man sie von außen mit seinem Stab berührt. Im Laufe der Zeit wurde die Glocke zu einem kunstvollen

Glocke

akustischen Gebilde. Die Stärke ihres Tones, die Höhe, die Tiefe bedeuten ganz bestimmte Botschaften. Am bekanntesten davon ist das sogenannte Totenglöckchen der katholischen Kirchen. In der Mythologie wird die Glocke mit überirdischer Herkunft symbolisiert. Oft werden auch viele kleine Glöckchen mit feinen Stimmen ins Spiel gebracht. In der christlichen Überlieferung steht die Glocke vor allem für das Symbol des Meßopfers. Sie ruft mit feiner silberner Stimme die Gläubigen dazu auf. In Notzeiten dienten die Glocken auch als Kommunikationsmittel, um sich von Dorf zu Dorf, von Kirche zu Kirche Botschaften übermitteln zu können. Bekannt ist hier vor allem die Funktion der Feuerglocke. In der religiösen Vorstellungswelt frommer Menschen ist die Glocke und das Geläut einer Kirche auch heute noch eine Mahnung, an Gott zu denken, sich die Begrenztheit des Lebens vor Augen zu halten.

Herz

In der Gefühlswelt von uns Menschen kommen dem Herzen mit Sicherheit die meisten irrationalen und gefühlsmäßigen Symbole zu. Ob das tatsächlich so sinnvoll sei, darf nach den Erkenntnissen der modernen Kardiologie sehr wohl in Frage gestellt werden. Physiologisch gesehen ist das Herz das Zentrum des organischen Lebens, der Motor unseres Körpers, eine Pumpe in Muskelform.

Dieser Wissensstand war natürlich unseren Vorfahren nicht bekannt. So verliehen sie dem Herz an sich eine ungeheure Symbolkraft. Vom Herzen kam die Kraft, das Edle und Gute, ja sogar die Seele wurde hier lokalisiert. Trauer und Freude sowie der Schmerz hatten ihren Sitz im Herzen. Das Herz schließlich wurde außerdem zum Symbol der Liebe bis heute. In der Visualisierung ist es oft von einem Pfeil durchbohrt und stellt dann die Marterung von Jesus am Kreuze dar. Ein Herz, das mit 7 Schwertern abgebildet wird, versinnbildlicht das Herz von Maria.

Hochzeit

Ihr tiefster symbolischer Gehalt soll aus zwei Gegensätzen eine Einheit machen. Wenn bisher ein Mann und eine Frau allein durch das Leben gingen (Dualismus), so symbolisiert die Hochzeit auch die menschliche und seelische Vereinigung beider zu einem Ganzen. Rituell gesehen ist die Hochzeit die Synthese von Männlichkeit und Weiblichkeit, von Yin und Yang und von zukünftiger Harmonie. Die Hochzeit muß keineswegs weltlich gemeint sein. Nonnen z. B. werden beim Eintritt in einen Orden zu Bräuten von Christus und erleben dann in eine erhöhte mystische Bedeutung ihres Glaubens.

Heirat

Unter ihr versteht man im wesentlichen die weltliche und kirchliche Zeremonie, die mit dem Begriff Hochzeit auf das Engste zusammenhängt. Zahlreiche Symbole begleiten eine Verheiratung. Der Brautschleier symbolisiert die Jungfräulichkeit und die Tatsache, daß diese Braut sich für einen einzigen Mann aufgespart hat. Die Eheringe stellen natürlich das alte Kreissymbol dar und verdeutlichen hier, daß die Eheschließung auf ewig zu gelten hat, bis daß der Tod euch scheidet.

Idol

Dieser Begriff ist negativ besetzt. In der Zeit vor Christus Geburt verstand man darunter die Abbildungen von heidnischen Götzen. Die Anbetung dieser Götzenbilder war mit negativen Vorstellungen nach der Christianisierung belegt worden. Es kam schließlich zu christlichen Verboten, Götzenbilder anzubeten, da sie ja keinerlei weiteren Gehalt hätten. In unserem Sprachgebrauch bedeutet das Wort Idol, daß wir ein bestimmtes Vorbild völlig überbewerten, glorifizieren und in gewisser Weise sozusagen anbeten. Das ist tatsächlich ein unvernünftiges Verhalten. Denn Idole haben normalerweise junge Menschen während der Pubertät oder unreife Erwachsene.

Kaiser

Dieser Begriff steht sebstverständlich auch für König und für Herrscher. Der Überlieferung nach stammt dieser Begriff von Caesar ab, der durch einen Kaiserschnitt auf die Welt gekommen ist. Kaiserschnitt heißt im lateinischen sectio caesarea. So entstand das Wort Caesar und aus ihm das deutsche Wort Kaiser. Es gilt als das erste Lehnwort, das die deutsche Sprache dem Lateinischen zu verdanken hat. Seine Symbole sind ganz generell der Adler, der Löwe, der Greif, der Reichsapfel und das Zepter. In bildlichen Darstelungen wird der Kaiser durchwegs erhöht auf einem Thron abgebildet. Der Thron ist schließlich zum Symbol für Kaiser und Könige geworden. Dies äußerte sich auch darin, indem ein Kaiser den

Kaiser   Kette

Thron aufgab, oder ein König vom Thron erfolgreich gestürzt wurde.

Kette

Sie steht für Gefangenschaft und Unterdrückung, für Qual und Not sowie für Beraubung der Menschenwürde. Als Amtskette aber, auch nach unserer Zeit, verkörpert sie das Signum einer bestimmten Position und Macht. Hier wird sie durchwegs reich geschmückt, aus Gold gefertigt, jeweils immer nur einem bestimmten Träger zugewiesen (Oberbürgermeister). Dieselbe Funktion nimmt auch unsere Schützenkette ein, die dem Schützenkönig verliehen wird. Die Kette war aber immer schon ein uraltes Symbol geheimer Gesellschaften und wurde dann zum Kennzeichen treuer Verbundenheit der Mitglieder der Geheimgesellschaft.

Kleeblatt

Nach dem Abzug der Römer aus Germanien begann die Christianisierung mit Hilfe der iro-schottischen Mission. Keltische Mönche kamen aus Irland, England und Schottland auf den Kontinent (z. B. Bonifatius), um zu missionieren. Sie brachten das Symbol des Kleeblattes mit, das bis heute Sinnbild Irlands ist. Ursprünglich wurde das dreiblättrige Kleeblatt verehrt, das die Dreifaltikeit symbolisierte. Daraus abgeleitet galt und gilt der Klee bis heute bei uns als eine Pflanze mit vielen guten Eigenschaften. Nachdem das vierblättrige Kleeblatt in der Natur äußerst selten vorkommt, gilt es aufgrund dieser Seltenheit als besonders heiliger Klee und glückbringend. So wurde es schließlich zum beliebtesten Glückssymbol unserer Zeit.

Nacht

Mit ihr verbunden sind die Begriffe der Schwärze, der Finsternis und des Todes. Wir haben über diese Begriffe bereits an vielen Stellen dieses Buches gesprochen und wollen uns daher hier nicht mehr wiederholen. Kurz gesagt sei aber, daß die Nacht ganz generell negativ besetzt ist. Die positive Komponente an ihr ist höchstens, daß auf jede Nacht ein neuer Tag folgt.

Narr

Im Grunde genommen verkörpert er äußerst widerliche Eigenschaften, auch wenn dies die meisten Menschen anders sehen mögen. In den ältesten Überlieferungen seit Jahrtausenden war der Narr ein an sich normaler Mensch, der die Erlaubnis hatte, bei den jeweiligen Machthabern durch Späße und Satire unangenehme Wahrheiten anzubringen. Im Grunde genommen war er ein Kriecher, ein Schleimer und ein Duckmäuser. Seine Wahrheiten durften die schmale Grenze zwischen Humor und Ernst niemals überschreiten. Er mußte mit vorauseilendem Gehorsam denken, und nach heutigen Maßstäben würden wir sagen, daß er gleichsam der Selbstzensur sich unterworfen hatte. Daß ihn niemand ernst nahm, braucht daher nicht zu verwundern. Daraus wird auch der Spruch abgeleitet, "sich wie ein Narr benehmen" unserer Zeit. Damit ist keineswegs gemeint, daß einer Scherze und Blödsinn treibt, sondern daß er sich unglaubwürdig verhält. Das geht so weit, daß man "sich selbst zum Narren machen kann".

Pfahl, Säule

Die hier zutreffenden Kriterien finden Sie unter dem Stichwort Obelisk. Der Pfahl ist in diesem Zusammenhang als Symbol niedrigster Stufe anzusehen. Die nächste Steigerung in kultischer Hinsicht ist die Säule, die schon mit vielen Symbolen geschmückt ist. Der Höhepunkt der Ent-

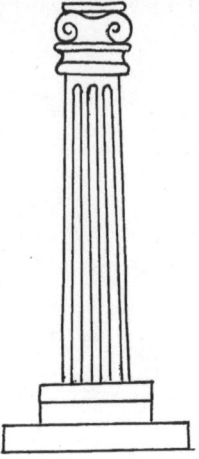

Pfahl/Säule

wicklung findet sich dann in Form des Obelisken. Der ursprüngliche Pfahl wurde in erster Linie als dämonisches Geisterzeichen von unseren Vorfahren verwendet. Das entsprach in etwa dem Totempfahl (siehe auch dort).

Pfeil

Er gilt in allen Kulturen als Zeichen des Krieges, des Todes und der Jagd. Wesentlich wichtiger aber ist in der christlichen Symbolik, daß der Pfeil in Verbindung mit zahlreichen Heiligengestalten das Instrumentarium der Marter ist. Hier verweist er aber zugleich auch darauf, daß durch die Marterung und durch den nachfolgenden Tod das Opfer in eine neue und bessere Welt eintritt und schließlich heilige Sphären erreicht und das ewige Leben sein eigen nennt.

Pflug

Er symbolisiert, neben der Bändigung des Feuers und der Erfindung des Ackerbaues, einen weiteren riesengroßen Schritt in der Entwicklung der Menschheit. Er ist also ein Symbol für den Fortschritt und den Wandel. Vor seiner Erfindung wurde der Ackerbau dadurch betrieben, indem man

mit Stangen und Stöcken Löcher in die Erde stieß, um darin das Pflanz-
gut zu versenken. In genau derselben Weise werden übrigens heute noch
Tulpenzwiebeln eingepflanzt. Der Pflug dagegen ermöglichte es, größere
Flächen in kürzerer Zeitspanne mit weniger Kräften anzubauen. Er gilt
als Kennzeichen des Friedens und der Bodenständigkeit.

Rad

Seine Darstellung und Symbolik finden sich in allen Hochkulturen der
Welt. Wir Menschen der heutigen Zeit nehmen an, daß die Erfindung
des Rades zur Erfindung des Wagens geführt haben muß. Dies dürfte in
den meisten Fällen auch so gewesen sein. Mit einem Wagen konnte man
größere Gütermengen, aber auch Menschen über größere Strecken beför-
dern. Umgekehrt ist aber auch bekannt, daß die Kelten zwar das Rad
kannten und als Schmuckstück nachbauten, daß sie aber keine Wagen
mit Rädern verwendet hatten. Wagen mit Rädern wurden nur als kleine
Kultgegenstände erzeugt, ebenso als Kinderspielzeug für Fürstenkinder.
Im Buddhismus symbolisiert das Rad das ewige Leben, das Werden und
Vergehen. Dieselbe Symbolik besitzt das Rad im abendländischen ebenso wie im antiken Kulturkreis. In der bildenden Kunst wurde das Rad oft
reichhaltig geschmückt. Wir sehen in ihm Kreuze der verschiedensten
Formen, die 4 Himmelsrichtungen, 12 Speichen für die 12 Monate, und

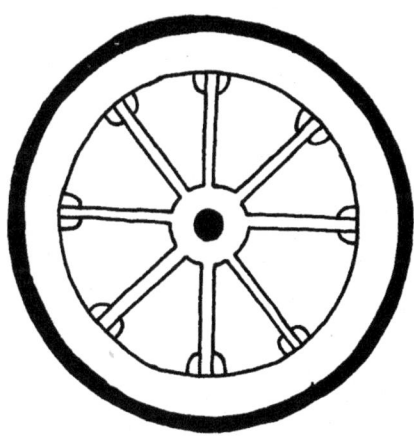

Rad

feine Striche am Umfang des Rades, die eine Unterteilung im 60iger System bedeuten. In der Astrologie ist das Rad in Form des Tierkreises zum schlichtweg überragenden Symbol geworden. Die ältesten Grabkreuze in Irland und Schottland zeigen nicht nur das konventionelle Kreuz, sondern auch das Rad um das Kreuz herum. Insgesamt aber stellt das Rad das Gleichnis ewigen Anfangs und ewigen Endes dar.

Ritter

Bereits zu Zeiten des römischen Weltreiches gehörten die Ritter zu Pferd zu den elitären Ständen. Schon damals wußte man, daß man soldatische Macht immer wieder einmal brauchen wird. Dementsprechend wurden die Ritter mit vielen Privilegien ausgestattet. Gesellschaftlich gehörten sie zu den gehobenen Schichten. Mit ihnen verbanden sich die Begriffe der Noblesse, der Anständigkeit, der Tapferkeit, also der sogenannten Ritterlichkeit. Der Ritterstand und die mit ihm verbundenen Symbole wurden dann in unser Mittelalter übernommen, so daß daraus schließlich Berufssoldaten wurden. Symbole des Ritters sind das Schwert, die

Ritter

Rüstung, das Kampfpferd und der Helm mit Visier. Dabei müssen wir unterscheiden zwischen Epochen, die den Helm mit geöffnetem oder geschlossenem Visier darstellten.

Salz

Es war das Gold der Antike. Es diente nicht nur als begehrtes Gewürz, sondern war noch viel wichtiger, um Lebensmittel zu konservieren. Auch die Heilkraft des Salzes zur Blutreinigung wurde sehr geschätzt. Durch Jahrtausende war Salz eines der kostbarsten Handelsgüter, das auf den sogenannten Salzstraßen in ganz Europa transportiert wurde. Es gab Epochen, in denen Salz kaufmännisch gesehen, wertvoller war als Gold. Der Handel mit Salz bildete auch eine großartige Basis, um andere Güter gegen Salz einzutauschen. Das Salz aus Bayern und Österreich wurde in die Länder des Mittelmeerraumes transportiert und hier gegen Güter eingetauscht, die umgekehrt für die Bewohner des Alpenraumes und nördlich davon von größter Bedeutung waren. Salz war auch ein Motor der zivilisatorischen Entwicklung. Zu zahlreichen rituellen Anläßen wurde Salz meist in Verbindung mit Brot, dargeboten. Der bekannte Ausdruck "zur Salzsäule erstarrt" beschreibt das Schicksal von Lots Frau, als sie die Vernichtung von Sodom und Gomorrha erleben mußte.

Schatz

In ihm verbirgt sich eine tiefe Symbolik. Man versteht darunter nicht nur einen irdischen Schatz, der vergraben wurde, sondern man symbolisiert damit vor allem die Suche nach einem imaginären Schatz. In diesem Sinne bedeutet das Wort seelischen Reichtum und die Möglichkeit, Weisheit und Erkenntnis zu bekommen. Wer den Schatz besitzt, wird zu höheren Ebenen geführt. In den verschiedenen philosophischen Systemen nimmt die Suche nach dem Schatz der Weisheit eine zentrale Funktion ein. Auch die Alchimisten des Mittelalters waren der Ansicht, daß es einen sozusagen ultimativen Schatz geben müsse. Wer ihn findet, besitzt den Stein der Weisen und kann mit dessen Hilfe alle Probleme der Welt lösen. Das Wort Schatz symbolisiert damit auch die Hoffnung auf ein zukünftiges Paradies, verdeutlicht aber auch u. U. mühevolle Suche. In der mythologischen Welt werden vermeintliche Schätze meist von Dämonen und furchterregenden Geistern bewacht. Die mildeste Form eines Schatzwächters findet sich in Gestalt der unterirdischen Zwerge. Umso größer war aber das Erschrecken des Schatzsuchers, wenn er erleben mußte, welche tierische Kraft die kleinen Zwerge zu entwickeln vermochten. Hierin erkennen wir auch ein Symbol dafür, daß man nicht alles suchen muß, was man unbedingt finden möchte.

Schiff

Hierbei handelt es sich um ein mythologisches Transportmittel, das die Überfahrt vom Diesseits in das Jenseits erleichtern soll. Die größte Bedeutung des Schiffes findet sich daher als Totenschiff. Das Schiff wird aber auch als Kennzeichen gesehen, daß das Leben eine oft stürmische Seefahrt sein kann. Dieselbe Symbolik gilt selbstverständlich auch für die Darstellung einfacher Boote. Oft wird in der christlichen Symbolik das Schiff mit einem Mast in Form eines Kreuzes abgebildet. Hier vereinigen sich jetzt die vorchristlichen und die christlichen Gleichnisse.

Alle diese letztlich mythischen Aspekte haben schon in früheren Zeiten dazu geführt, daß Seeleute bis heute ein ganz bestimmtes Schiff, auf dem sie fahren, mit zahlreichen gefühlsmäßigen Dingen verbinden. Bei allen

Schiff

Kriegsmarinen, bis auf den jüngsten Tag herauf, wissen Marinesoldaten, daß es glückliche und unglückliche Schiffe gibt. Trotz modernster Technik und bester Ausbildung, sind genau dieselben Soldaten der Ansicht, daß ein erstmaliges Unglück an einem bestimmten Schiff kleben bleibt, so lange, bis es endlich untergegangen ist. Darüber werden Statistiken geführt, und in den Versicherungsregistern von Lloyds finden sich dazu bemerkenswerte Erkenntnisse. Umgekehrt wissen genau dieselben technischen Experten moderner Kriegsmarinen, daß es auch glückliche Schiffe gibt, die unter den größten Kriegswirren überleben werden. Auch darüber werden genaue Aufzeichnungen geführt.

Eines der berühmtesten Beispiele der modernen Seekriegsgeschichte ist das Deutsche Kriegsschiff Prinz Eugen des Zweiten Weltkrieges: Es galt von Anfang an als eines der modernsten Kriegsschiffe und wurde dementsprechend von der überlegenen Kriegsmarine der Engländer und Amerikaner gejagt. An allen Brenpunkten der Seekriegsführung fand sich die Prinz Eugen im Zentrum wildester Kriegsführung und Schlachten. Nie wurde sie versenkt, nie geschah ihr letztlich Katastrophales. Dies führte schließlich dazu, daß die amerikanische Marine, die US-Navy, die Prinz Eugen mit dem Beinamen "the Happy-Ship" belegte. Diese Geschichte ist übrigens durch einen Angehörigen der Familie des Verfassers, der als Offizier auf der Prinz Eugen diente, bis in alle Einzelheiten belegt. Dazu zählen auch die anderen Aussagen über glückliche oder unglückliche Schiffe.

Wagen

In der mythologischen Überlieferung nehmen sie die gleiche Aufgabe ein wie das Schiff. Zusätzlich werden zahlreiche Gottheiten der Antike mit einem Wagen als Attribut königlicher Macht abgebildet. Dieselbe Stömung finden wir auch bei den germanischen Göttern bzw. Göttinen Freya und Donar. Bei zahlreichen kul-

Waagen

tischen Handlungen kommen Wagen vor. Sie werden meistens zur Erhöhung von Gottheiten verwendet. Demzufolge werden derartige Kultwagen nicht einfach nur von üblichen Pferden gezogen, sondern zumindest von feurigen Rössern, von Adlern oder von heiligen Stieren, oft sogar von Schwänen.

Schlüssel

Die Inhaberin oder der Inhaber eines Schlüssels verfügen in der Vorstellungskraft der Menschen über eine besondere Macht. Auch heute noch sprechen wir von Schlüsselgewalt, die z. B. in Beherbergungsbetrieben, so wie in vielen Firmen eine enorme Bedeutung hat, um den Zugang unter Kontrolle zu halten. Der Schlüssel steht somit als Symbol, ob jemand Zugang zu bestimmten Dingen, Religion und Weisheit, hat. Der heilige Petrus wird traditionell mit zwei großen Schlüsseln in Verbindung gebracht. Hier wird der Zutritt zum ewigen Leben, zum Paradies, zur Pforte des Himmels versinnbildlicht. Eine Reihe weiterer Heiliger wird auch mit dem Schlüssel abgebildet. In übertragenem Sinne wurde der Schlüssel auch ein Erkennungsmerkmal von Geheimgesellschaften. In unserer heutigen Zeit verbinden wir mit dem Wort Schlüssel gleichsam ein Instrument, mit dem wir beruflich vorwärtskommen können: Wir sprechen vom Schlüssel zum Erfolg, oder der Schlüssel zur Lösung einer Aufgabe oder anderes mehr. Das Wort Schlüssel dient also zum Freimachen eines Weges.

3. KAPITEL

Tractatus Philosophicus
Exemplarische Anwendungsbeispiele und Ereignisse

Zahlen, Runen, Buchstaben und Symbole haben wir in ihren essentiellen Einzelheiten, ebenso in ihren gemeinsamen Grundzügen dargestellt. Ich habe mich bemüht, Ihnen, liebe Leserinnen und Leser, zu demonstrieren, daß sich hinter diesen vier philosophischen Kategorien im Grunde genommen immer dieselben menschlichen Motive verbergen. Immer ging und geht es den Menschen darum, die "großen Fragen des Lebens" zu beantworten. Diese Fragen sind Geburt, Leben, Liebe, Gesundheit, Erfolg, Karriere, Beruf, Gott, oder die Götter, der Tod. Dazu gesellten sich die Aspekte des seelischen Wohlbefindens, des körperlichen Seins mit Sexualität und Partnerschaft etc.

Mir zumindest erscheint erwähnenswert, daß eine Einengung auf Symbole eine heikle Angelegenheit wäre. Sind denn Zahlen, Buchstaben, Runen nicht auch Symbole? Das hängt doch von ihrer Verwendung ab! Wenn ich Zahlen, Runen, Buchstaben codiere, verschlüssle, dann werden sie unverzüglich zu Symbolen. So einfach ist das. Und genau so haben es die Menschen seit Jahrtausenden gehalten. Sie verschlüsselten und entschlüsselten, und so steht Botschaft über Botschaft, wie die Blätter eines erdzeitlichen Notizblocks, geschichtet.

Wer die bisherigen Seiten genau gelesen hat, der wird bemerken, daß sich immer dieselben Linien wie ein roter Faden durch die Geschichte der Zahlen, Buchstaben, Runen und Symbole ziehen. Das heißt aber nichts anderes, als daß seit Jahrtausenden dieselben Fragen die Menschheit bewegten.

Diese "Berichte" aus der Geschichte leiten noch in etwa bis in das dritte vorchristliche Jahrtausend zurück, zum alten agyptischen Großreich, doch dann wird es im wahrsten Sinne des Wortes zappenduster. Immerhin gibt es nur noch einen sanften Hauch an vager Information, was denn los gewesen sein könnte, um es einmal salopp zu formulieren. Wenn überhaupt, dann berichten spärlichste Spuren über jene ferne Welt. Von uns zurück gerechnet, ist das eine Zeitspanne von knappen 6000 Jahren, die wir meinen, in etwa zu kennen. So richtig gute Informationen stehen uns erst ab dem römischen Reich, dem Imperium Romanum zur Verfügung.

Also ein bißchen länger, als das Christentum nun existiert, so satte 2500 Jahre haben wir facts der Geschichte bekommen.

In den Sagen und Mythen, dokumentiert durch Symbole, Buchstaben, Runen und vor allem durch die numerologische Bedeutung der Zahlen wird aber von ganz anderen Ereignissen berichtet. Sintflut, Katastrophen, Landung von Außerirdischen und und und. Und diese Stories reichen weit mehr als zehntausend Jahre zurück. Genau genommen weiß kein Mensch, wann die Sintflut zu datieren wäre, wann die Drachen-Saurier dem Menschen begegneten, und wann Zeus (ein Astronaut mit Raumschiff?) Blitze (Laserstrahlen) gegen die Menschen schleuderte. Das einzige, das wir wissen, ist, daß wir nichts wissen.

Alles kann wahr gewesen sein:
Exemplarische Berichte und Ereignisse

Das bisher Geschriebene wird nun auf den letzten Abschnitten dieses Buches exemplarisch und in Ereignisberichten untermauert, belegt, diskutiert. Die Ansammlung von Wissensfakten alleine wäre eine Vergeudung an Druckerschwärze. Man muß doch auch einmal berichten, belegen, was denn alles schon gewesen ist, was sich ereignet - was alles mit Zahlen, Runen, Buchstaben, Symbolen zusammenhängen kann. Diese Berichte bezeichne ich auch jeweils als einen klassischen Tractatus Philosophicus, als eine "philosophische Abhandlung". Den Ereignissen wohnten und wohnen nämlich ganz simple, aber ewige Kriterien inne. Das sind die Schwingungen, Wellenbewegungen, Frequenzen, elektromagnetischen Energien. Sie bestimmen auf der Erde und im Weltall das gesamte Geschehen von Mensch, Tier, Natur. Sie lassen sich in Zahlen, Buchstaben, Symbole kleiden, beschreiben und wissenschaftlich definieren.

Schwingungen als Urzentrum des Geschehens

Elektrische Energie ist der Motor der Welt und des Kosmos. Elektrizität besteht aber ausschließlich aus Schwingungen. Diese lassen sich durch ihre Frequenz und Amplitude klassifizieren. Ohne elektromagnetische Schwingungen gäbe es keinerlei Leben auf der Erde. Wir können elektrische Schwingungen physikalisch und mathematisch definieren, können sie erzeugen, nutzbar machen, gute und schreckliche Dinge damit anrichten. Aber wir wissen nicht, was Elektrizität, was elektrische Energie in Wahrheit ist! Ist sie Energie? Ist sie Materie? Ist sie eine Kombination?

Genau so verhält es sich mit dem Sehen und Hören. Beides funktioniert nur mit Schwingungen. Das sichtbare Spektrum des Menschen, das hörbare Frequenzfeld sind aber nur winzigste Ausschnitte, von dem, was sich auf der Erde sonst noch abspielt! Es ist nicht Science Fiction, wenn ich sage, daß es neben unserer sicht- und hörbaren Welt auf der Erde noch Tausende anderer Existenzformen leben könnten, die wir nicht kennen, da wir sie je sehen noch hören werden.

Unser Nichtwissen beginnt damit, daß wir auf unserem Planeten vermutlich nur eine von unzähligen anderen Existenzformen sind bzw. sein könnten. Dies ist so abstrakt, daß es sich kaum jemand vorstellen kann (will!), denn diese Vorstellung übersteigt alles. Der Mensch an sich weigert sich, derart in gewisser Weise Gräßliches zu glauben. Er nimmt lieber das, was er sieht, für bare Münze. Und das ist reichlich wenig.

Unser Leben als Menschen wäre ohne elektromagnetische Schwingungen tot. Wir kommen auf die Welt, haben elektrischen Strom in uns. Doch woher kommt dieser? Haben wir etwa einen Generator im Leib? Nein, natürlich nicht. Aber woher kommt der Strom dann? Gibt es in unserem Körper eine Batterie? Einen wiederauffindbaren Akkumulator? Wo ist der Nickel-Cadmium-Akku in unserem Körper? Diese Fragen sich zu stellen, weigert sich die Menschheit konsequent. Die meisten Menschen wissen überhaupt, nicht welche ungeheuren Strommengen wir benötigen würden, um alle Bewegungen des Körpers sozusagen künstlich mit Strom zu versorgen? Mit herkömmlichen Elektrizitätssystemen würde ein derartiger Batterieblock die Größe eine Kofferraumes eines VW-Golf aufweisen - und höchstens einige Stunden Strom liefern können. Ähnlich verhält es sich mit allen anderen Lebewesen, den Tieren, den Pflanzen und mit allem, was auf der Erde existiert.

Das Beispiel des elektrischen Stromes ist nur "ein einziges" Beispiel hierfür. Aber alles auf dieser Welt besteht aus Schwingungen der verschiedensten Art.

Schwingungen, Zahlen, Mathematik

Jede Schwingung läßt sich mit Zahlen und mit Mathematik klitzeklein spezifizieren. Die Anzahl der Schwingungen in einer bestimmten Zeiteinheit ist die Schwingungszahl oder die Frequenz. Die größte Schwingungsweite nach oben oder unten ist die Amplitude, sozusagen der Bauch der Schwingung in einer grafischen Darstellung.

Es gibt Schwingungen von unvorstellbar kurzer oder irrsinnig langer Schwingungsdauer (Frequenz). Mit Hilfe extrem kurzer Schwingungen ließe sich jedes Gebäude in Millisekunden pulverisieren. Umgekehrt wären Schwingungen mit einer unendlich großen Schwingungsdauer physikalisch völlig vorstellbar. Es besteht nicht der geringste Zweifel, daß das Weltall, der Kosmos, das Universum von derartigen Schwingungen monsterartigen Ausmaßes beherrscht werden. Kosmisch wäre es ein Klacks, unsere Erde mit einigen wenigen galaktischen Schwingungen so zu atomisieren, daß nicht einmal mehr Staub übrig bliebe.

Sehen, Hören, Fühlen, Leben, Tasten, Gehen und alles Denken besteht aus elektromagnetischen Schwingungen. Das Licht einer geweihten Kerze besteht aus Schwingungen des für uns sichtbaren Spektrums.

Es ist durchaus denkbar, daß diese Schwingungen der Flamme einer schwarzen bayerischen, consecrierten Wetterkerze das "große Gewitter" zum Abdrehen, zumindest zum Verstummen bringen kann. Niemand auf der Welt kann das Gegenteil davon beweisen.

Zahlen, Daten, Mathematik sind jene nüchternen Fakten, mit denen wir Schwingungen jeglicher Art definieren, beschreiben, erzeugen und wiederholen (reproduzieren) können. So weit so gut? Nein, nicht so gut, denn absolut kein Mensch auf der Welt weiß, woher jene Energie stammt, welche die Schwingungen in Betrieb hält. Niemand weiß, ob eine Schwingung nur Energie, oder nur Materie ist. Außerdem sind die Begriffe Energie und Materie in diesem Zusammenhang schier lächerliche Wort-Krücken, die weniger als Luftblasen darstellen. Denn niemand weiß, was Materie, was Energie ist. Unbestreitbare Tatsache aber ist, daß jede Schwingung eine Sache der Zahl(en) ist.

Unser Wissen kannten auch die Menschen vor Jahrtausenden, ja vor zigtausenden Jahren. Das geht aus allen Mythen, Religionslehren und Symbolen, Zahlen etc. eindeutig hervor. So suchten die Menschen nach dem großen Wesen, das hinter den Dingen steht. Sie suchten nach Gott, zuerst aber suchten sie nach Göttern, das war einfacher.

Für jede offene Frage gab es im antiken Griechenland oder Rom eine spezialisierte Gottheit. Damit konnten alle Fragen des Lebens restlos beantwortet werden. Demgegenüber bildete die Ankunft des einen wahren Gottes, des Messias, eine regelrechte Herausforderung an die Intelligenz der Menschheit. Während in der griechischen und römischen Antike für die klitzekleinsten Fragen ein Heer von Gottheiten zur Wahl steht, kam dann der eine wahre Gott der Christen, der noch dazu die Menschen daran erinnerte, daß sie ja einen eigenen (freien) Willen hätten, mit dem sie zwischen Gut und Böse wählen sollten.

Untergang und Auferstehung:
Periodische Katastrophen globalen Ausmaßes

Die Berichte von Sintflut, von der Vernichtung der Menschheit aufgrund ihrer Sünden sind evident, nicht nur im Christentum, sondern in nahezu allen anderen Religionen und Weltanschauungen vor und nach Christus. Dazu kommen die unzähligen Mythen über Riesen, Drachen, feuerspeiende Berge und Glut, die ganze Kontinente überströmt (Lava, Vulkanausbrüche).

Diese Mythen liegen aber in so fernen Zeiten, daß sie zigtausende von Jahren zurück liegen müssen. Zahlen und Symbole spiegeln als einzige Informationsquelle das ewige Auf und Ab globaler Katastrophen wider. Wenn diese Berichte stimmen - und sie stimmen tatsächlich - dann ist das ganze Leben von Mensch, Tier, Pflanzen ungezählte Male auf der Erde vernichtet worden. Nur wenige Menschen konnten überleben und gleichsam vom Punkte Null an ein neues Leben unter primitivsten Bedingungen starten.

Beweise modernster Wissenschaft

Inzwischen konnten Wissenschaftler der USA und Mexicos große bis größte Meteoriten-Einschläge nachweisen. Mit den Meteoriten gelangte das auf der Erde fast nicht vorkommende Element Iridium (gibt es in großen Mengen nur im Kosmos) in großer Masse auf die Erdoberfläche. In den Kratern dieser Riesenmeteoriten wurde nun Iridium nachgewiesen. Der erste große Nachweis gelang 1993 auf der Halbinsel Yucatan: Ein Meteorit von 200 km Länge schlug hier ein, ein Teil der Landmasse, dicht besiedelt, brach ab, stürzte in die Karibische See. Hier ist nun erstmals ein Nachweis für Atlantis, die versunkene Stadt, gemacht worden. Ob es sich in Yucatan tatsächlich um Atlantis handelte, ist letztrangig. Wichtig ist nur, daß circa 100 km Landmasse, eine dichtbesiedelte Stadt, im Meer versanken. Zugleich entstand eine Staubwolke, nur vom Einschlag in Yucatan stammend, die nach heutigen Berechnungen mindesten einige zigtausend Jahre die Erde verdunkelte und jedes Sonnenlicht fernhielt. Tiefe, eiskalte Nacht senkte sich auf die Erde. Alle Tiere und

Menschen starben. Dennoch dürften sich einige wenige von ihnen gehalten haben. Diese Menschen überlieferten die Mythen, die keine sind, vom Sterben und von der Apokalypse. Nichts spricht gegen eine derartige mythisch-ferne Überlieferung. Im Gegenteil, die Resultate unserer besten Wissenschaftler beweisen dies.

Vor 65 Millionen Jahren schlug ebenfalls ein Heer von Meteoriten in unsere Mutter Erde ein. Das kosmische Iridium dieser Apokalypse findet sich rund um den Erdball. Dieser Apokalypse verdanken die Dinosaurier/Drachen ihr Aussterben. Derartige Meteoriteneinschläge waren erdgeschichtlich an der Tagesordnung. Dazwischen liegende Zeitabstände von zum Beispiel 6000 Jahren (= unsere überschaubare Geschichte) sind erdgeschichtlich weniger als NullKommaNichts. Jede dieser Katastrophen hat zu einer unendlich langen Aussperrung des Sonnenlichts geführt. Dichteste Staubmassen umhüllten die Erdkugel. Fast jedes Leben verschwand. Und fast alle Bauwerke wurden vernichtet.

Die Wissenschaft weiß heute, daß der Großteil dieser Meteoriteneinschläge im Gebiet von Arizona, New Mexico und Yucatan lag. Vielleicht war das die Chance, daß die Pyramiden in Ägypten überleben konnten, da sie nicht im Zentrum der Katastrophe standen.

Eines ist aber auch klar: Eine jahrtausende lange Verdunkelung der Erdoberfläche mit totaler Aussperrung der Sonne, mit tiefsten Temperaturen, mit dem Einfrieren jeglichen Wassers, mit dem Versiegen aller Nahrungsquellen, würde unsere High Tech Zivilisation keine sechs Monate überleben. Und nichts von unseren Städten würde übrigbleiben.

Die Angst vor den Meteoriten

Dieses Motiv taucht in unzähligen Mythen auf. Das Erscheinen eines Kometen wurde auch in der Antike als höchste Gefahr interpretiert. Warum wohl? Weil die Menschen noch eine glaubhafte Überlieferung hatten und wußten, weche Apokalypse damit verbunden sein könnte. Alle diese Dinge deuten darauf hin, daß das Geschlecht der Menschen jederzeit bedroht war und daß auch unsere Zivilsation so enden wird. Umgekehrt ist es denkbar, daß es schon lange vor uns noch viel hochstehendere Zivilisationen gegeben haben könnte, die durch galaktische Meteoriten-Katastrophen komplett zu 100% regelrecht pulverisiert wurden. Aber auch Meteoriten sind von Schwingungen gesteuert und gehören so zum großen Thema dieses Buches,

Zahlen und Symbole in den großen Religionen

Wir konnten bei den bisherigen Abhandlungen sehen, daß diese symbolträchtigen Begriffe in allen Religionen eine spezielle Deutung finden. Religion bedeutet "gewissenhaft beobachten", stammt vom lateinischen Wort religere und wurde von Cicero so überliefert. Eine weitere Deutung der Römer besagt, daß Religion soviel heißt wie "an Gott gebunden sein" und dann stammt das Wort vom Begriff religari ab. Diese Begriffe haben bis heute Gültigkeit behalten. Ein Wesensmerkmal jeder Religionsausübung ist das religiöse Erleben. Die meisten Menschen benötigen dazu einen entsprechenden Ort (Kirche, Tempel) der mit einer Fülle von symbolkundlichen Gegenständen und Abbildungen ausgestattet ist. In eine Kirche oder in einen Tempel gehen, um zu beten, zu meditieren (Buddhismus), bedeutet unverzüglich, in die Welt der Zahlen und Symbole einzutauchen. Das ist inzwischen für die Gläubigen aller Weltreligionen so zur Selbstverständlichkeit geworden, daß man es meistens gar nicht mehr wahrnimmt. In Wirklichkeit aber sind Zahlen und Symbole die wichtigsten Hilfsmittel aller großen Religionen.

Ein weiterer Kernpunkt jeder Religion ist der Glaube daran, daß es ein Leben auf dieser Erde und in einer anderen Welt gibt. Das Leben in einer anderen Welt wird gerne mit dem Begriff transzendentales Sein umschrieben. Jetzt aber, bei diesem Punkt, betritt jede Religion ein Reich, das sowohl magisch als auch mythisch ist, wo aber die Ratio nur eine winzige Rolle spielt. Die Symbole, die einen Gläubigen in dieses andere Sein zumindest rein geistig führen können (zu Lebzeiten) sind wiederum Zahlen und Symbole. Lassen Sie mich dazu einige Beispiele aus der christlichen Welt herausgreifen: das Kreuz, die 12 Kreuzwegstationen, Weihrauch, Auferstehung (Wiedergeburt), Frauenverehrung (Maria), Askese, Rosenkranz u. v. m.

Nach wie vor werden auch vorchristliche, heidnische Kulte von kleinen Gruppen gepflegt: Auch sie bedienen sich ausschließlich der Zahlen und Symbole, um die Botschaft ihres Kultes zu verdeutlichen. Die Anhänger eines solchen heidnischen Kultes stellen sich bei Vollmond auf einen Hügel im Kreis auf, halten sich an den Händen. In der Mitte der Kreises brennt ein heiliges Feuer. Steine, Blüten, Pflanzen, auch Bäume werden im Sinne animistischer Naturreligionen beseelt. Rituelle Beschwörungsformen sollen die Botschaft verstärken.

Erwähnt werden soll hier noch, daß die Lehre, der Glaubensinhalt, das Arbeiten mit Zahlen und Symbolen in den "Weltreligionen" fester

Bestand sind. Weltreligionen sind jene Glaubensgemeinschaften, die nicht an einen bestimmten Staat oder an ein bestimmtes Volk gebunden sind, sondern die sich über viele Völker und Staaten erstrecken. Dazu zählt in erster Linie das Christentum und wenn auch zahlenmäßig viel kleiner, in abgewandelter Form auch die jüdische Religion. Manche Experten sind zwar der Meinung, daß die jüdische Religion keine Weltreligion sei, doch kann dem nicht zugestimmt werden: Die Glaubenshinhalte der jüdischen Religion sind von einer derart übergeordneten Bedeutung, daß sich gläubige Juden, ebenso auch konvertierte Nichtjuden, in den meisten Staaten finden und darüberhinaus ist der Zusammenhang zwischen jüdischer und christlicher Religion äußerst groß. Eine ganz bedeutende Weltreligion schließlich ist noch der Buddhismus mit allen seinen Unterabteilungen, und nicht vergessen wollen wir natürlich den Islam und Hinduismus. Egal wie, sie können ohne Zahlen und Symbole überhaupt nicht existieren.

Geomantie - oder: Die den Drachen reiten

Eine der ältesten chinesischen Geistesdisziplinen, ist die Geomantie. Auf chinesisch wird sie "Feng-Shui" genannt. Dieses Wort bedeutet Wind und Wasser. Menschen, welche die Geomantie betreiben, werden in China als die bezeichnet, die den Drachen reiten. Die Geomantie bemüht sich, den Menschen mit seiner Erde und seinem Himmel in Einklang zu bringen. Die Geomantie wird sowohl im kommunistischen China, wie auch in Taiwan, sowie von unendlich vielen Auslandschinesen als alltägliches Medium eingesetzt. Im Grunde genommen geht es darum, dem Boden, also der Erdoberfläche ein Orakel zu stellen. Die Chinesen nennen dies Erdorakel. Erdorakel werden im chinesischen Kulturkreis überall dann gestellt, wenn man ein Haus bauen oder kaufen will, wenn man ein Firmengebäude errichten möchte, oder wann immer man irgend ein Gebäude bauen will. Ein Geomante prüft also einen allfälligen Bauplatz. Bei entsprechend richtiger Absicherung im Sinne der Geomantie, wird das Glück und die Gesundheit der Menschen dieses Gebäudes gesichert sein. Bei falscher Anwendung der Geomantie dagegen, oder bei Nichtanwendung, werden mit großer Wahrscheinlichkeit Unglück und Krankheit die betreffenden Menschen heimsuchen. Der Geomant versucht, Yin und Yang (Tiger und Drache)) bezüglich eines Grundstückes ausfindig zu machen. Die Drachenenergie wird in diesem Zusammenhang als positiv bewertet, also als starke Energie. Entscheidend sind auch geomantische Untersuchungen weiterer Landschaftskennzeichen, wie z. B. Hügel, Bäche, Gewässer, Wind.

Geomantie

Das wichtigste Arbeitsgerät der Drachenreiter ist eine Art von Kompaß. Das Gerät hat eine Kreisform, besitzt zahlreiche Einteilungen entlang des Kreisumfanges und ist gespickt mit kosmischen Symbolen. Zahlen, Symbole und der Kreis sind das wichtigste Arbeitsgerät des Geomanten. Sie gehören in der chinesischen Geisteswelt zu ganz selbstverständlichen Berufen, sowie z. B. bei uns das ein Techniker wäre. Es wird weder Magie noch Parapsychologie mit den Drachenreitern verbunden, noch sonst irgendwelche obskuren Eigenschaften. Ähnlich wie die Inkas, Mayas und Azteken, so gelten auch in der Geomantie gerade Linien und Straßen als Transportwege für höchste Energiedichte. Diese sind nur den größten Würdenträgern eines Staates zuzubilligen. Wir sehen hier das Symbol der Linie, die in der Unendlichkeit verschwindet. Ergänzt sei noch, daß der Kompaß des Geomanten, ein ringförmiges Gerät, aus einer Vielzahl von Kreisen besteht, die man untereinander in Beziehung setzen kann. Die Zahlen 3, 8, 7 finden sich in diesem Hilfsmittel der Geomantie. Rein äußerlich sieht es ähnlich aus, wie unsere Rechenscheiben, wie der Kalender der Inkas, wie der Tierkreis der Astrologie und ist doch nichts anderes als ein Hilfsmittel zur Kommunikation von kosmischer und irdischer Energie.

Abschließend sei zu diesem ganzen Komplex bemerkt, daß viele Religionen, Weltanschauungen, oder z. B. die Geomantie so alt sind, daß die Anhänger und Ausübenden, sowie die Priester im weitesten Sinn des Wortes, sich oft gar nicht mehr der Bedeutung verwendeter Zahlen und Symbole bewußt sind. Der Kult ist so alt, und so in Fleisch und Blut übergegangen, daß er durchaus in vielen Fällen routinemäßig absolviert wird. Es sei daher gestattet, zu sagen, daß auch Geistliche jeglicher Art nur Menschen sind und mit Routine leben müssen. Umso wichtiger wird dann die Anwendung der überlieferten Zahlen und Symbole, da diese in sich und für sich bereits das angestrebte positive Resultat verkörpern. Zahlen und Symbole leben in diesen Fällen, die zum Alltag gehören, ein höchst beeindruckendes Eigenleben, da sie auch unabhängig vom Priester wirken!

Zahlen und Symbole in Traum und Traumdeutung

Fast jeder Mensch träumt mehr oder weniger intensiv. Die meisten Menschen interessieren sich aber nicht für ihre Träume, obwohl jeder Traum einen bewußten Sinn haben kann. Die Traumdeutung ist in unserer gesamten Kulturgeschichte bis hin zum alten Ägypten als Wissenschaft und Kunst überliefert. Keine Epoche der von uns überschaubaren Geschichte kam ohne Traumdeutung aus. Diejenigen Dinge, die wir im Traum erleben, sind im Grunde genommen verschlüsselte Mitteilungen unseres Unterbewußtseins, also Symbole. Diese Traumsymbole haben eine gewisse Botschaft mitzuteilen. Völlig offen ist aber nach wie vor, ob diese Traumsymbole nur unserem Unterbewußtsein entspringen (was ist das?)) oder auch Botschaften aus anderen Welten verkörpern. Es ist bekannt, daß wir z. B. von Verstorbenen träumen, die uns im Leben sehr nahe standen. Ist das nun eine Reaktion unseres Unterbewußtsein, oder eine Mitteilung aus dem Jenseits?

Die Wissenschaft von den Zahlen und Symbolen versuchte seit jeher auch den tieferen Gehalt von Zahlen und Symbolen dadurch zu interpretieren, indem man Traumsymbole zugrunde legte. Umgekehrt wird das Verfahren aber auch gehandhabt, indem wir uns bekannte Symbole den im Traum erlebten gleichsam unterstellen. Von der Methodik her erscheint mir dieses ganze Verfahren etwas schwierig zu sein, doch niemand kennt ein besseres. Auch der große Freud hat sich damit intensiv beschäftigt. Siegmund Freud und C. G. Jung aber waren und sind die großen Monumente der modernen Traumforschung. Das Erleben eines Traumes ist aber physikalisch gesehen immer eine Botschaft, die mittels

Schwingungen an uns übermittelt wird. Zu träumen heißt, daß elektrische Energie als Transmitter dient. Und damit sind wir bei den Zahlen angelangt.

Interessant ist außerdem, daß Traum und Schlaf zusammenhängen. Kein Mensch kann uns aber sagen, was Schlaf wirklich ist. Wir wissen nicht, wo unsere Seele ist, wir wissen nicht ob der Schlaf ein Bruder des Todes ist. Unabhängig davon werden Zahlen und Symbole intensiv geträumt. Wir wollen davon einige wichtige Interpretationen hier behandeln.

Das Kreuz ist ein Sinnbild für Folterung und Martyrium. Wer von Holz träumt, träumt ebenso vom Kreuz. Ein geträumtes Symbol wird von den Psychoanalytikern tatsächlich für ein seelisches Erlebnis des Träumers gehalten. Viele Träume beschäftigen sich auch mit geschlechtlichen Dingen. Wer von Stieren, Pferden, Hunden träumt, ebenso wer im Traum häufig Schlangen begegnet, träumt von sexuellen Motiven. Man könnte ohne weiteres sagen, daß er geschlechtliche Wunschträume hat, die bis jetzt nicht erfüllt wurden. Sehr oft sind sexuelle Träume als solche auch für den Träumer ganz klar erkenntlich, da er im Traum geschlechtliche

Kreuz

Partnerschaften eingeht, mit anderen Menschen, an die er sich im wirklichen Leben nicht wagen würde.

Viele Träume deuten auch Ereignisse an, die erst eintreten werden. Kinder haben Pubertätsträume, ohne daß die Pubertät auch nur zu erahnen ist. Schwerkranke Menschen träumen vom Tod, was soviel wie bedeutet, daß er vor der Tür steht. Sterbende, die man nochmals ins Leben zurückholen konnte, wissen davon zu berichten. In diesen Todesträumen kommen die Symbole des Flusses, des Meeres, riesiger Portale, großer Berge und dunkler, schwarzer Öffnungen regelmäßig vor. Wir erkennen hierin genau jene Symbole, die in der Symbolkunde mit dem Weg vom Diesseits ins Jenseits verbunden werden.

Bei der Deutung der Träume stellen die Werke von Freud, Adler und Jung die wichtigsten Grundlagen dar. Sie sind gleichsam die Fundamentalwerke der Traumdeutung. Viele Menschen träumen auch von Buchstaben und Zahlen. Soferne wir diese Symbole in das Bewußte hinüberretten können, lassen sich daraus normalerweise richtige Texte und klare Botschaften bilden. Das Problem ist aber nur, daß im Augenblick des Erwachens der Traum entschwunden ist. Traumsymbole können selbstverständlich auch unterschiedliche Deutung aufweisen. Wir wollen hier einige wichtige beispielhaft auflisten. Das Jesuskind im Traum ist ein Symbol, für Glück und Heil und für eine positive Zukunft. Wer von alten Menschen träumt, sucht im realen Leben den weisen Rat des Alters. Oft begegnen uns Gärtner, Fischer, aber auch Landwirte im Traum. Sie alle bedeuten, daß wir in unserem Leben etwas in Ordnung bringen sollten. Allen drei Berufen kommt in der Traumdeutung ein Ordnungsprinzip zu. Wer von Zähnen träumt, hat sexuelle Wünsche. Licht, Kerzen, Augen, die wir im Traum sehen, bedeuten, daß wir über unser Dasein nachdenken sollten. Wer von Wein träumt, dem stehen wunderbare Zeiten seelischen Glücks bevor. Weinträume haben aber nichts mit Alkohol zu tun. Sie symbolisieren Kraft, Erdverbundenheit und positive Lebenseinstellung. Das Ei bedeutet im Traum Lebenskraft, Geburt und neues Leben.

Von größter Bedeutung sind die Zahlenträume. Dabei kann es um einzelne Zahlen, auch um Ziffern gehen, aber auch ohne weiteres um große Zahlensummen. Die 1 steht für Anfang und Beginn. Die 2 bedeutet harmonische Partnerschaft und Gleichklang mit einem anderen Menschen. Dabei muß es sich keineswegs um Mann plus Frau handeln, ebenso um Freundschaften und andere menschliche Beziehungen. Die 2 kann uns im Traum selbstverständlich auch in Form von 2 Bäumen, 2 Schwestern, 2 Häusern usw. erscheinen. Die 3 im Traum bedeutet Dynamik, Vor-

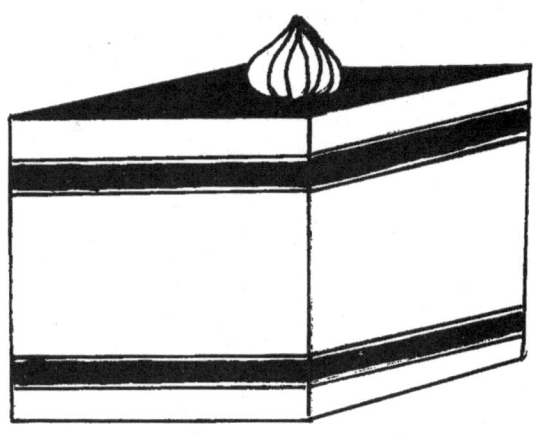

Würfel

wärtsschreiten und Entfaltung unserer bewußten Vorstellungen. Auch hier gilt, daß die 3 in vielerlei Gestalt im Traum erscheinen kann. Die 4 bedeutet eine lange und positive Zeit, voller Harmonie. Die 4 wird oft in Form eines Quadrates, eines Würfels geträumt. Die 5 stellt im Traum eine seelische Konsolidierung dar. Viele Traumdeuter setzen sie auch mit den 5 Planeten gleich und deuten dies als eine positive Energie, welche von den Sternen zu uns geschickt wird.

Sehr wichtig ist die 7, die im Traum von geradezu heiliger Bedeutung ist. Wir dürfen nicht vergessen, daß das Christentum 7 Todsünden oder 7 Tugenden kennt. Die Woche hat 7 Tage, die Alchimisten stützten sich auf 7 Metalle, in der Antike Griechenlands gab es 7 Chefgötter, und in Form von vielen Symbolen kommt die 7 in den heiligen Schriften vor. Je nachdem, mit welchen dieser hier genannten Symbole die 7 geträumt wird, ist sie zu deuten. Die 8 im Traum ist nichts anderes als eine Verstärkung der positiven Energie der Zahl 4, wie wir es auch in einleitenden Kapiteln schon erläutert haben. Die 9 wird selten geträumt, und bedeutet eine Verstärkung der 3. Auch 10 erscheint im Traum fast nicht, ebenso wenig die Zahl 11. Die Zahl 12 dagegen wird im Traum zwiespältig interpretiert. Erscheint sie uns mit angenehmen anderen Symbolen zusammen, so verkörpert sie die Heiligkeit der 12 Apostel und das besagt, daß dem Träumer goße Spiritualität gegeben wird. Wenn wir die 12 in Verbindung mit einem Ziffernblatt im Traum erleben, so bedeutet dies, daß eine bestimmte Angelegenheit raschest zu erledigen ist, daß aber auch unsere Lebensuhr demnächst ablaufen könnte.

Im Traum werden auch Farben erlebt. Grün, Blau, Rot, Gelb gehören zu den häufigeren Traumfarben und bedeuten dieselben Eigenschaften wie wir sie an anderer Stelle schon erwähnt hatten. Die Farbe Braun wird ebenfalls häufig geträumt. Sie bedeutet das Erdreich und symbolisiert Ruhe und Zufriedenheit. Schwarz dagegen ist auch im Traum die Farbe der Hoffnungslosigkeit, der Toten und des Jenseits. Wenn man dann noch einschlägige Symbole dazuträumt (z. B. ein schwarzes Haus), so bedeutet dies immer Tod und Gefahr. Auch Weiß kommt im Traum, wenn auch seltener, vor. Sehr oft bedeutet es einen Hinweis auf Tod und Jenseits, vor allem dann, wenn wir von einem weißen Tier träumen, oder in einem Bach weißes Wasser sehen. Dies wird dann meistens als Milch aufgefaßt, bedeutet aber Wasser am Weg zum Jenseits und Weiß als die Farbe der anderen Welt.

Regelmäßig träumen wir auch von den großen Dingen, die in der Natur vorkommen: Wasser, Schnee, Regen, Sturm, Feuer. Diese Träume sind im Sinne dieser Aspekte zu deuten. Wenn Wasser als Quelle geträumt wird, so bedeutet dies Leben, Kraft und Geburt. Wasser als Hochwasser kann eine Überschwemmung unserer Seele ankündigen. Feuer bedeutet auch die Reinigung der eigenen Seele, die aber durch das Feuer auch vernichtet werden könnte. Rauch bedeutet ebenfalls Feuer. Geldträume kommen häufig vor, und bedeuten entweder ein Zahlensymbol oder Geld im Sinne von Reichtum an sich. Wer z. B. davon träumt, daß er in seiner Geldtasche 354 DM gefunden hat, sollte diese 3 Zahlen nicht als Geld sehen, sondern nummerologisch deuten (lassen). Geldträume sind immer positive Traumerlebnisse. Das Symbol Geld steht hier für Wohlstand und kraftvolle Berufsentwicklung.

Im Traum erleben wir auch viele Todessymbole. Wir sehen schwarz gekleidete Menschen, erleben regelrechte Leichenbegräbnisse, sehen einen geöffneten Sarg, begegnen einem Skelett oder einem Totenkopf. Relativ oft kommt es auch vor, daß wir im Traum erfahren, daß ein anderer Mensch, meist uns sehr nahestehend, gestorben ist. Diese Nachricht wird im Traum prinzipiell verschlüsselt. Wir träumen, daß die Tür zu unserem Schlafzimmer aufgeht. Schweigend steht ein Mensch mit weißem Gesicht im Türrahmen. Er blickt uns an, er dreht sich um, zeigt uns den Rücken und schließt die Türe hinter sich. Normalerweise wachen wir jetzt auf und empfinden etwas Schreckliches. Fast immer werden wir wissen, welche Person uns im Traum erschienen ist. Wir sollten den Zeitpunkt genau notieren. Am Vormittag werden wir erfahren, daß dieser Mensch genau zu dem Zeitpunkt des Traumes gestorben ist.

Träume mit Tieren gehören ebenfalls sozusagen zum Alltag der Traumdeutung. Die Tiersymbole werden dabei im selben Sinne gedeutet, wie wir das in diesem Buch schon getan haben. Wichtig ist aber in allen Fällen, daß die Farbe Schwarz sehr negativ besetzt ist. Eines der negativsten Tiersymbole im Traum wäre ein schwarzer Rabe, der vom Tod bis zum Krieg alles beinhalten kann.

Wer sich näher mit der Traumdeutung beschäftigen möchte, der sollte auf eines der vielen lexikalisch aufgebauten Werke zurückgreifen.

Zahlen und Symbole in der Parapsychologie

Hierbei handelt es sich um die Wissenschaft und die Beschäftigung mit den okkulten Erscheinungen, sowie von Wahrnehmungen, die außerhalb unserer Sinneskräfte liegen. Die Parapsychologie ist im wesentlichen eine Disziplin, welche außersinnliche Wahrnehmungen versucht, zu erklären. Klassische Bereiche der Parapsychologie sind die Wahrsagung, das Hellsehen, die Telepathie, und die Prophetie. Darüberhinaus widmet sich die moderne Parapsychologie den auch bis jetzt unerklärbaren Phänomenen, wenn jemand eine positive seelische Wirkung auf einen an sich stofflichen Vorgang ausübt. Bis heute ist es nicht erklärbar, warum Menschen mit großen psychokinetischen Energien Krankheiten zu heilen vermögen. Dazu gehören auch rein vordergründige Krankheiten, wie z. B. eine nicht heilende Wunde als Resultat einer Sportverletzung. Trotz größter Bemühungen der Ärzte eitert die Wunde, schließt sich nicht, die Gefahr einer Blutvergiftung nimmt von Tag zu Tag zu. In ihrer letzten Not wenden sich dann Menschen auch in unserer Industriegesellschaft an sogenannte Geistheiler, Wunderheiler, oft auch an Pendler, die mit Psychokinese zu helfen versuchen. Meist haben sie Erfolg.

Parapsychologen setzen in allen Bereichen ihrer Tätigkeit Zahlen und Symbole ein. Die Zahlen und Symbole dienen dabei als Verstärker psychokinetischer Energien. Es gibt unzählige Methoden, wie man dabei Zahlen und Symbole verwenden kann. Man kann sie sich aufzeichnen, das Bild des Erkrankten daneben legen und nun versuchen, mit Psychokinese zu helfen. Der Erkrankte selbst ist aber gar nicht anwesend und befindet sich vielleicht Hunderte von Kilometern entfernt in einem Krankenhaus. Bewährt ist außerdem die Verwendung des Pentagramms oder des Hexagramms, sowie der Zahl 3 und des Dreiecks in allen nur denkbaren Varianten.

Dank interdisziplinärer Forschungen an allen Universitäten in den letzten Jahrzehnten, hat sich auch der Verstand und das Herz der sogenannten Schulmedizin diesen Dingen geöffnet. In der Zwischenzeit kenne ich allein im Großraum München ein gutes Dutzend anerkannter medizinischer Kapazitäten, zum Teil von Weltrang, die sich nicht scheuen, Parapsychologen um Rat zu fragen, bzw. auch beizuziehen. Die Parapsychologie, die ursprünglich vor allem mit den Begriffen des Hellsehens und der Telepathie identifiziert wurde, hat sich in den letzten Jahren, zumindest in Europa, immer mehr zu einem Instrument der Hilfe in Notlagen entwickelt. Ich finde das sehr positiv, da die soziale und moralische Komponente der gesamten Parawissenschaften als Mittel zur Hilfe im weitesten Sinne wieder betont wird. Im Falle des Erfolges hat sie Großartiges geleistet, im Falle vom Mißerfolg dagegen, keine schädlichen Nebenwirkungen erzeugt.

Ein sehr interessanter Bereich der Parapsychologie ist auch die Konfrontation mit Geistern und Spuk, die uns Irdischen sehr wohl zur Belastung werden können. Hier offenbart sich vielleicht der schwierigste Bereich der parapsychologischen Praxis, die dadurch sehr rasch in weiße oder in schwarze Magie abzugleiten droht.

Die Bedeutung der Zahlen und Symbole in der weißen Magie, sowie in der schwarzen Magie.

Die weiße Magie ist noch in breiteren Kreisen relativ bekannt. Sie dient dazu, um Schaden im weitesten Sinne von Menschen abzuwehren, um Menschen zu helfen. In zahlreichen Krisensituationen des Lebens kann sehr rasch ein Punkt erreicht werden, an welchem ein Mensch endgültig nicht mehr weiter weiß. Meist handelt es sich um berufliche, gesundheitliche oder zwischenmenschliche Probleme größter Art. Dem gegenüber versucht die schwarze Magie gezielt und bewußt, anderen Menschen Schaden zuzufügen. Dies kann von geringfügigem Schaden bis hin zur Tötung reichen.

In der weißen Magie und in der schwarzen Magie werden die einschlägigen Zahlen und Symbole, die für das Positive oder für das Negative stehen, als Verstärkungsmedium eingesetzt. Welche Zahlen und Symbole das sind, haben wir in vorhergehenden Abschnitten behandelt. Im

Bereich der weißen und der schwarzen Magie, versteht man unter Magie die Verdichtung einer menschlichen Handlung, die mit gleichnisartigen Methoden ein bestimmtes Ziel zu erreichen versucht. Wesensmerkmale magischer Handlungen sind das magische Denken, das magische Fühlen und ein professioneller Umgang mit dem Ablauf von kultischen Riten sowie der ganz sachorientierten Verwendung von Zahlen, Symbolen, Buchstaben und Runen. Wir sprechen dann von einem magischen Akt. In ihm finden sich sehr viele Analogiehandlungen.

Im Bereich der schwarzen Magie, stellt eine Analogiehandlung z. B. folgendes dar. Ein Mensch beauftragt einen Schwarzmagier, einen anderen Menschen auszuschalten oder zu töten, je nachdem. Der Schwarzmagier wird versuchen, eine Fotografie des Opfers zu bekommen. Er wird eine kleine Puppe als schwarzgewandete Leiche verkleiden und mit dem Bildnis des Opfers versehen. Nachfolgend wird der Schwarzmagier mit rituellen Handlungen zum richtigen Zeitpunkt sein Opfer zu töten versuchen. Am Ende wird eine Stecknadel in die Stelle des Herzens gebohrt. Das Ganze wird in einen kleinen Sarg verpackt und dem Opfer anonym zugeschickt. Auch wenn es nicht geglaubt werden mag, weil es Moral und positive Vorstellungen der meisten Menschen übersteigt, so sei versichert, daß die schwarze Magie zu den gefährlichsten Instrumentarien negativer Kraftentfaltung zählt. Das Opfer merkt nichts davon, es spürt die Gefahr nicht und der Angriff kommt heimtückisch aus einer Welt, die wir nicht kontrollieren können. Der Schwarzmagier seinerseits aber muß für eine entsprechende Tätigkeit damit rechnen, daß sie unweigerlich zu Lebzeiten oder nach dem Tod auf ihn zurückfallen wird: Das Böse, das der Schwarzmagier tat, fällt auf ihn zurück, und zwar x-fach verstärkt! Weißmagier wissen sehr wohl Bescheid über die Kräfte der schwarzen Magie, die jeder Weißmagier schon einmal ansatzweise testete (an harmlosen Motiven) und hütet sich davor, schwarze Magie einzusetzen. Ein Weißmagier ist davon überzeugt, daß das negative Handeln in x-facher negativer Kraft auf ihn zurückfallen wird. Dieses Regulativ ist übrigens die einzige Hemmschwelle, die erfahrene Weißmagier davon abhält, sich der schwarzen Magie zu widmen. Sektenbeauftragte konventioneller Kirchen haben da keinerlei Zugang, auch wenn ihre Tätigkeit vom Prinzip her sehr wichtig wäre.

Die Ausübung der schwarzen Magie wird aber dennoch gelegentlich stattfinden, deren Anhänger und Anhängerinnen gehen dabei einen regelrechten faustischen Pakt mit dem Teufel ein. Sie gehen davon aus, daß ihre Seele stark genug wäre, um das parapsychologie feed back verkraften zu können und meinen, daß man mit den Mächten des Schicksals ein Stillhalteabkommen schließen könne. Genau das funktioniert aber nicht, sondern entspricht einem Selbstbetrug. Auch wenn der Ausdruck veraltet sein mag, der Teufel wartet geduldig, bis er die arme Seele in seinen Klauen hält.

Magisches Handeln und magisches Denken lassen sich keineswegs als einen Gegensatz zum vernunftgemäßen Denken ansehen. In beiden Fällen gibt es gemeinsame Handlungen, wie z. B. die Suggestion und die Autosuggestion. Die Magie ist seit jeher eine Domäne der Zahlen und Symbole gewesen, denen die reine Aufgabe zukommt, geistig-seelische Kräfte massiv zu verstärken, um ein bestimmtes Ziel zu erreichen. Die Magie ist außerdem traditionell, auch wenn dies heute wenig wahrgenommen wird, mit nahezu allen Religionen verwoben. Das Wort Magie bedeutet übrigens im altgriechischen Zauberei, der Magier ist dementsprechend ein Zauberer.

Die Magie versucht außerdem, das Unbekannte zu entschleiern. Im positiven Sinne wird die weiße Magie ausschließlich dazu verwendet, um hilfreiche Wirkungen zu entfalten. In der Ausübung der Magie werden traditionell Bewirkungsrituale durchgeführt: Edelsteine, Zahlen und Buchstabensymbole, Zauberzeichen und Zauberzahlen gehören hier dazu. Der tiefere Urgrund der Magie war dereinst die Vorstellung des Preanimismus, den wir heute auch als Schamanismus bezeichnen.

In den modernen Medizin- und Naturwissenschaften wird die Magie als positive Leistung durchaus akzeptiert, vor allem dann, wenn wir Menschen des modernen Zeitalters sehen können, wie die positive Wirkung der Magie einer wissenschaftlichen Erkenntnis oft deutlich vorauseilt. In allen vorchristlichen Epochen gehörte die Magie zum Alltag. Das Christentum sah sich selbst vor allem in seiner Frühzeit im starken Gegensatz zur Magie und verfolgte diese grausam. Zugleich wurden aber zahlreiche magische Riten und Symbole in das Christentum übernommen. Moderne und sehr intelligente Geistliche sind sich dieser Zusammenhänge sehr wohl bewußt, wie ich aus vielen Gesprächen selber weiß. Die Sorge vor allem unserer christlichen Kirchen bezüglich der schwarzen Magie ist nicht nur verständlich, sondern moralisch völlig gerechtfertigt. Die schwarze Magie entspricht einem Weg ohne Wiederkehr und ohne Umkehr. Wer ihre Geister tatsächlich einmal gerufen hat, wird sie nicht mehr los. In ihr offenbaren sich wie selten sonst die Symbole von Faust oder dem Teufel, der die Existenz und Seele des Menschen sehr wohl in den Griff zu kriegen versucht. Das Christentum hat im Umgang mit diesen negativen Dingen eine fast 2000 Jahre alte Erfahrung, kennt darüberhinaus wie kaum eine andere Instanz die Seele der Menschen. Es entspricht sehr wohl christlicher Fürsorge, andere Menschen vor diesen Dingen zu schützen, indem man ihnen den Zugang möglichst zu verwehren versucht.

Realisierte Zahlen und Symbole:
Radiästhesie, Pendel und Wünschelrute

Das gesamte Leben auf der Erde, sowie alles, was sich im Kosmos abspielt, unterliegt den physikalischen Gesetzen von Schwingungen und elektromagnetischen Wellen, sowie irdischen und kosmischen Strahlungen. Die Begriffe, Schwingungen, Strahlungen und elektromagnetische Wellen bedeuten mathematisch-physikalisch gesehen im Grunde genommen ein und dasselbe. Alle drei Phänomene können mit Hilfe der Zahlen und des Rechnens auf relativ einfache Weise spezifiziert werden. Man kann für diese Phänomene eine genaue Art von technischer Beschreibung erstellen, so wie das ein Ingenieur für ein bestimmtes alltägliches Industrieprodukt macht. Der Einfluß der Schwingungen auf Erde und Weltall ist ohne jeden Zweifel millionenfach größer, als wir Menschen uns das vorzustellen bereit sind. Im allgemeinen Wissen eines modernen Staatsvolkes (wie z. B. europäischer Staaten) sind die zugehörigen Wissensinhalte schon lange nicht mehr am neuesten Stand. Wir können im wesentlichen nur auf unser Schulwissen zurückgreifen, das im Grunde genommen tagtäglich überholt wird (so wie jeder andere Wissensstoff auch).

Die Astrophysiker aber sind jene Experten, die heute am intensivsten in die Gesetzmäßigkeiten des Weltalls einzudringen versuchen. Nach übereinstimmender Meinung zahlreicher Experten ist die Astrophysik jene Wissenschaft, die derzeit mit Abstand die größte Expansion unter allen wissenschaftlichen Disziplinen aufweist. Zugleich aber gehört sie zu jenen Fachrichtungen, über die wir mit Abstand am wenigsten erfahren, da sich nur ganz wenige Fachleute damit beschäftigen. Die Abstraktheit der Astrophysik macht es außerdem auch für breite und gebildete Kreise fast unmöglich, sie zu verstehen, soferne man keine entsprechende Anleitung hat. Zahlen, Schwingungen, Strahlungen spielen in ihr die allergrößte Rolle.

Das Pendel oder die Wünschelrute gehören zu den ältesten Instrumenten, mit denen wir Menschen feinste Strahlungen, Schwingungen oder elektromagnetische Wellen sichtbar machen können. Zugleich verdeutlicht sich in den Bewegungen von Pendel oder Wünschelrute auf beeindruckende Weise, daß unsere gesamte Existenz von diesen physikalischen Phänomenen abhängig ist. Die Wissenschaft von Pendel und Wünschelrute bezeichnet man als Radiästhesie. Sie ist sehr alt, wird von nahezu allen Völkern genutzt, ist vor allem im Alpenraum und Voralpenraum weit verbreitet. Die deutschsprachigen Länder wiederum sind auch hier, so wie in vielen anderen parawissenschaftlichen Bereichen völlig rückständig. Es gibt keine einzige Universität in den deutschsprachigen Ländern, an der Radiästhesie gelehrt würde. Umgekehrt gibt es in einer Unzahl von modernen Staaten seit vielen Jahrzehnten zahlreiche Lehrkanzeln für Radiästhesie, die sich völlig sachlich mit Pendel und Wünschelrute beschäftigen.

Inzwischen steht einwandfrei fest, daß es sich dabei um keinerlei Phänomene von PSI oder Parapsychologie handelt, sondern um einen ganz handfesten Beruf. Pendler oder Wünschelrutengänger, Männer und Frauen, verfügen nur über eine starke sensitive und mediale Begabung, die feinsten Schwingungen des Pendels oder der Wünschelrute sichtbar zu machen. Radiästheten sind nur Vermittler jener physikalischen Erscheinungen, die man mittels Pendel oder Wünschelrute aufzuspüren versucht. Das ist inzwischen durch Hochfrequenzforschungen nachgewiesen worden.

Sämtliche Schwingungen der beiden Anzeigegeräte (Pendel und Wünschelrute) lassen sich mathematisch physikalisch mit absoluter Präzision definieren und beschreiben. Die Frequenz, die Wellenlänge, die Amplitude sind auch hier die klassischen Kriterien. Dazu kommt, daß ein Pendel z. B. in einer kreisförmigen oder elliptischen Bewegung antwortet. Normalerweise beschreibt es einen Kreis und damit sind wir wiederum bei der Kunde von den Zahlen und Symbolen angelangt.

Das Pendel wird übrigens ungleich öfter eingesetzt, als die schwerfällige Wünschelrute, da es extrem sensibel reagiert. Viele Pendler teilen außerdem den Kreis, den das Pendel beschreibt, in 360 Grad ein. Damit sind wir wieder bei der Symbolik der Zahlen und Zahlensysteme angelangt. Die Einteilung des Pendelkreises in 360 Grad, 4 Viertel usw. erleichtert eine genaue Orts- und Richtungsbestimmung hinsichtlich bestimmter Anzeigen des Pendels. Diese Daten werden normalerweise notiert, um eine spätere Überprüfung oder eine Nachkontrolle einer ersten Pendelung zu ermöglichen.

Pendler und Wünschelrutengänger verwenden außerdem gerne gelegentlich noch die verstärkende Hilfe zusätzlicher Symbole. Sie stecken sich einen Bergkristall oder Tauerngranaten in den rechten Hosensack, sie legen Scherben von Spiegeln auf das zu untersuchende Areal, sie benützen auch Pentagramme oder Hexagramme zur Absicherung bestimmter Untersuchungsfelder. Vier Drudenfüße in die Ecken eines zu untersuchenden Zimmers gemalt, verhindern zuverlässig jede Störung während des Pendelns durch negative Kräfte, die von außen einzudringen versuchen. Ebenso werden Zahlensymbole, vor allem bestehend aus den Zahlen 3 und 7, zur Verstärkung der Transmittertätigkeit benützt. In diesem Falle kommt ein psychokinetischer Effekt in die Radiästhesie hinein.

Die Radiästhsie wird vor allem dazu verwendet, um anderen Menschen in Notlagen zu helfen. Das ist der ursprüngliche Hauptzweck. Die Erfolge seriöser Pendler sind beachtlich und übertreffen z. B. die Diagnosegenauigkeit von technischen Methoden bei weitem. In sämtlichen Alpenländern wird bekanntlich eine intensive Almwirtschaft betrieben. Große finanzielle Werte in Form von Kuhherden befinden sich auf einer solchen Alm. Immer wieder versiegt ganz plötzlich die einzige Wasserquelle einer Alm, für die Tiere besteht in kürzester Zeit Verdurstungsgefahr. Früher mußte man die Tiere so rasch es geht ins Tal abtreiben, heute können Wassertanks mit Hubschraubern oder Traktoren in den meisten Fällen eine momentane Hilfe bewirken. Die Landwirtschaftsministerien unterhalten eigene Fachabteilungen mit studierten Hydrogeologen, die u. a. in solchen Fällen neue Quellen finden sollen. Zugleich pflegen die Ministerien dauerhafte Kontakte mit erfahrenen Pendlern, die ebenfalls in solchen Notfällen sofort eingesetzt werden. In weit über 90% aller Situationen hilft der Pendler rascher und außerdem dauerhafter, da er auch die Stärke und Wassermenge einer unterirdischen Quelle mit dem Pendel ermitteln kann. Der Pendler kann alle vorhandenen Quellen erstens ausfindig machen und zweitens eine genaue Angabe geben, über die zu erwartende Wassermenge.

Sehr gute Ergebnisse werden mit Radiästhesie bei medizinischen Zwecken erreicht, beim Auffinden von Vermissten und bei der Diagnostizierung bestimmter Krankheiten, vor allem im Bereich der nervlichen Versorgung unseres Körpers. Das interessante dabei ist nicht nur die Erfolgsquote, sondern auch die erfreuliche Tatsache, daß im Falle des Versagens keinerlei schädliche Nebenwirkungen auftreten können. Es gibt spektakuläre und beweisbare Fälle, in denen Pendler sogar einen versteckten Hirntumor ausfindig machen konnten.

Darüberhinaus können wir bei entsprechend sorgsamer Vorgangsweise einem Pendel auch Fragen stellen, deren Beanwortung wir gerne hätten. Diese Fragen können sich auf alle Bereiche unseres menschlichen Alltags beziehen. Auf Liebe, Beruf, Krankheit, Gesundheit und Zukunft. Es gibt übrigens nicht wenige bedeutende Unternehmer oder Manager, die wichtige Verträge des Wirtschaftslebens zuerst von einem Pendler beurteilen lassen, und dann erst zur Unterzeichnung schreiten. Der Pendler muß in diesem Fall eine Reihe von Fragen beantworten, wobei eine abstrakte Fragestellung völlig üblich ist. Im Wirtschaftsleben werden Pendler bevorzugt eingesetzt. Die besten ihrer Zunft sind durchaus in der Lage über die Bonität von Firmen zu informieren, die ohne weiteres 5000 km entfernt sind.

Entscheidend bei allen diesen Dingen ist, daß sie inzwischen immer mehr als reale Möglichkeiten angesehen werden, deren man sich bedienen kann, um eben Entscheidungen besser fällen zu können. Demgegenüber verschwindet das Moment der Magie oder der Parapsychologie aus der Radiästhesie praktisch ganz. Erwähnt sei hier auch noch, daß die Radiästhesie äußerst wirksam zum Zwecke der schwarzen Magie eingesetzt werden könnte. Es gibt praktisch kein stärkeres Instrumentarium für einen Schwarzmagier als das Pendel. Darin erkennen wir auch wiederum den Dualismus der Welt der Zahlen, das Gute und das Schlechte.

Pendel und Wünschelrute dienen in ihrer klassischen Anwendung dazu, um die Energien negativer Strahlungen oder Kräfte sichtbar zu machen, soferne sie auf uns Menschen einwirken. Erst dann, wenn die negative Strahlung nachgewiesen werden konnte, können Gegenmaßnahmen greifen. Dazu gehört auch die Konzentration positiver Energie, um zu helfen. Es besteht inzwischen auch überhaupt kein Zweifel mehr, daß es äußerst schädliche Strahlungen aus dem Kosmos, ebenso aus den Tiefen der Erde gibt. Ein Teil dieser negativen Strahlungen ist inzwischen in der Physik bekannt geworden (speziell durch die Weltraumfahrt). Nachdem alles auf der Welt Schwingung, Strahlung und positive oder negative Energie ist, liegt es doch eigentlich auf der Hand, daß die Einflüsse entsprechend gut oder schlecht sein können.
Die Energie von Strahlungen oder Schwingungen wird ja außerdem in der konventionellen Schulmedizin seit Jahrzehnten mit größtem Erfolg für Heilungszwecke eingesetzt. Allen diesen Phänomenen aber liegen die Gesetze der Zahlen zugrunde. Die meisten dieser Erscheinungen lassen sich darüber hinaus durch Formeln der Mathematik und der Geometrie völlig sachlich definieren, wobei dann Buchstaben und alte Zahlensymbole mit verwendet werden. Und damit wären wir beim Thema dieses Buches wieder angelangt.

Ich selbst setze die Radiästhesie seit vielen Jahren ein, um Menschen in zum Teil existentiellen Notlagen zu helfen. Ich könnte Ihnen mehrere beeindruckende Beispiele dafür geben, wie man mit terrestrischen oder kosmischen Schwingungen im Sinne der Menschen arbeiten kann: Ein Beispiel darf ich hier schildern.

Vor zwei Jahren bat mich der Bürgermeister einer bekannten Gemeinde, im offiziellen Auftrag des Gemeinderates, um eine Consultation. Die Gemeinde mit 6000 Einwohnern, setzt sich aus zwei Ortsteilen (Fraktionen, Weiler) und der eigentlichen Gemeinde zusammen. Die Gemeinde liegt im Südalpenraum in einem der gesündesten Teile der Alpen. Seit einigen Jahren traten in einem Ortsteil, nennen wir ihn Fraktion A, extrem viele tödliche Krebserkrankungen auf. Der Krankheitsverlauf war in allen Fällen dramatisch, alle Fälle verliefen tödlich. Mehrere medizinische Fachleute von Rang konnten den Ursachen nicht auf die Spur kommen. Die Fraktion A hatte 250 Einwohner, lag vom eigentlichen Dorf zwei Kilometer entfernt, umgeben von grünen Bergwiesen, sauberer Luft und einer traumhaften alpinen Vegetation. Allfällige umweltbedingte Ursachen waren auszuschließen, da auch auf mehrere hundert Kilometer Distanz keinerlei Industriewerke etc. vorhanden sind. Ich untersuchte die Fraktion A in mehrtägigen Geländebegehungen mit verschiedenen Pendeln. Nach einigen Tagen konzentrierte sich die Anzeige der Pendel auf eine äußerlich traumhaft schöne inneralpine Bergwiese, ein kleiner ebener Wiesengrund, circa zwei Hektar groß. Eine weitere systematische und mental extrem anstrengende Feinpendelung ergab, daß an bestimmten Stellen, die wir dann mit Stangen markierten, hochgefährliche Objekte vergraben sein mußten. Auch die Tiefe, in der die Objekte lagen, konnte von mir ausgependelt werden: Knapp 70 cm unter der Oberfläche.

Der Bürgermeister zog ab diesen Resultaten Pionieroffiziere einer befreundeten gebirgssoldatischen Einheit hinzu, die mit modernsten elektronischen Ortungsgeräten feststellten, daß hier größere Objekte aus Metall vergraben sind. Man vermutete Blindgänger (Bomben). Fraktion A wurde evakuiert, ein Minenräumkommando rückte an. Bei Grabungen am Ort des ersten Objektes, wurde eine große Metalltonne gefunden. Unter noch größeren Schutzmaßnahmen eines ABC-Trupps (Atomare-Biologische-Chemische Einheit) wurden über 50 Fässer mit hochgiftigen Kampfgassubstanzen des Ersten Weltkrieges ausgegraben. Die Fässer wurden 1917 hier vergraben, waren seit einigen Jahren durchgerostet. Emissionsmessungen in weiterer Folge bewiesen die hochkrebserregende Wirkung, die in der Medizinliteratur auch bekannt ist. Das Erdreich wurde bis in große Tiefen saniert, toxikologische Untersuchungen des Niederschlags auf Blättern etc. ergänzten die Maßnahmen. Der auf den

Blättern untersuchte Niederschlag war hochgiftig und krebserregend. Die entsprechenden Bäume wurden gefällt und auf einem militärischen Übungsplatz professionell vernichtet (Verbrennung unter Luftabschluß; Pyrolyse). Das war 1990. Seit den Ausgrabungen der Fässer trat kein Krebsfall mehr auf.

Zahlen und Symbole in der Astrologie

Heute wird die Astrologie immer wieder, auch in der Öffentlichkeit, von Vertretern etablierter Kirchen massiv bekämpft. Aber noch bis weit über das Mittelalter hinaus bildete die Astrologie ein Betätigungsfeld, das höchsten kirchlichen Segen genoß. Über 1500 Jahre wurde die Astrologie in der (katholischen) Kirche hochgeschätzt. Daran will sich heute kein Vertreter einer Amtskirche, ob evangelisch-protestantisch oder katholisch, erinnern. Der astrologische Tierkreis ist klar nach dem 12er Zahlensystem, oder nach dem Hexagesimalsystem aufgebaut. Die Astrologie, die Lehre von den Sternen, sucht den Einfluß der Stellung der Gestirne auf das irdische bzw. menschliche Leben zu deuten. Ursprungsland der

Astrologische Symbole

314

Astrologie war Babylonien, fand danach im antiken Griechenland zahlreiche Anhänger unter den Spitzen von Staat, Gesellschaft und Wissenschaft. Größte Philosophen, deren Ruf bis heute ungebrochen ist, darunter Platon, zählten zu ihren Anhängern.

Die Astrologie dient auch dazu, um einem Menschen seine Nativität, sein Schicksal vorherzusageund zu deuten. Dazu stellt ein Astrologe das Horoskop in Bezug zum Augenblick der Geburt des Menschen. Zahlreiche Horoskope sind, auch unter astrologischen Gesichtspunkten, schwieriger zu erstellen, da die genaue Uhrzeit der Geburt nicht bekannt ist. Die Zahlen 1, 2, 3, 4, 5, 6 und die Zahl 7 gehören bei der Erstellung eines Horokops zu den wichtigsten Mitteln. Dazu gesellt sich die Zahl 5 noch gesondert als Bezug auf die Planeten.
Hochinteressant wären auch die Interpretationsversuche hinsichtlich der antiken und babylonischen Symbole, die jeweils für ein Sternzeichen stehen.
Unsere modernen Symbole für die 12 Sternzeichen entsprechen ja mehr zeitgemäßen Piktogrammen, die sozusagen leicht lesbar sind. Symbolgehalt ist natürlich keiner mehr dabei gegeben, im Gegensatz zu den alten Symbolen. Nicht vergessen dürfen wir außerdem, daß die Ursymbole Sonne und Mond gleichsam zu den Fundamenten dieser sehr bemerkenswerten Wissenschaft zählen.

Die Art und Weise, wie ein Horoskop erstellt werden kann, differiert stark. Hier gehen die astrologischen Wege durchaus in getrennte Richtungen.
Zahlreiche und sehr erfolgreiche Astrologen mit hoher Trefferquote bedienen sich außerdem begleitender Transmitter. So werden zum Beispiel gerne Zahlensymbole des Pentagramms, seltener des Hexagramms aufgelegt, auch aufgestellt, während an einem Horoskop gearbeitet wird. Weit verbreitet ist außerdem das astrologische Arbeiten in Gegenwart einer Sanduhr, eines Skeletts oder Totenschädels, sowie einer Pyramide. Modern sein wollende Astrologen geben sich in der Öffentlichkeit gerne einen nüchternen, technokratischen Habitus, bedienen sich eines PCs und arbeiten in Gegenwart anderer Menschen mit einem Notebook eines Personal-Computers.

In Wahrheit verwendet aber jeder ernsthafte Astrologe, und das sind die meisten, "seine" speziellen Zahlen und Symbole, um sich von deren Gegenwart inspirieren zu lassen. Darüber dringt fast nichts an die Öffentlichkeit, da dieses spirituelle Ambiente zu den bestgehütetsten Berufsgeheimnissen angewandter Astrologie gehört.

Nicht wenige Astrologen arbeiten außerdem interdisziplinär als Pendler und Graphologen. Damit stehen ihnen immerhin drei sehr bewährte Methoden zur Verfügung, um bestimmte Sachverhalte und Erkenntnisse zu gewinnen. Insgesamt stehen aber hinter der Astrologie plausible kosmische Schwingungen der Sternenwelt, deren Einfluß auf uns Menschen überragend ist. Um es noch einmal zu betonen, Astrologie zählt zu den ältesten Geisteswissenschaften und ist zum Beispiel viel, viel älter als die christlichen Religionen.

Weissagungen und Propheten:

Nostradamus

Michel de Notredame wurde in St. Remy in der Provence am 14. 12. 1503 geboren und starb am 2. 7. 1566 in Salon. Er war unter anderem Leibarzt von Karl IX. Im Jahre 1555 erschienen seine berühmtesten Weissagungen, die bis über die Schwelle des Wechsels vom 2. in das 3. Jahrtausend reichen werden.

Er stammte aus einer der ältesten Ärztefamilien der Provence, Aquitaniens und Spaniens. Seine Vorfahren waren aber nicht nur Ärzte, sondern zugleich Apotheker, Pharmazeuten, Alchimisten, Astronomen, Astrologen und Mathematiker. Diese Begabungen und Berufe finden sich sowohl unter den Vorfahren der Mutter als auch unter jenen des Vaters. Die Vorfahren der Mutter gehörten dem alten französischen Adelsgeschlecht der de St. Remy an, während der Vater einem alten sephardischen (spanisch-maurisch), jüdischem Geschlecht entstammte. Michel de Notredame leitete sich in seiner väterlichen Herkunft direkt vom jüdischen Stamm Isaschar ab, der zu den großen Propheten gehörte. Der Vater von Nostradamus trat vom jüdischen zum katholischen Glauben über, wurde in einer südfranzösischen Kirche "Zur lieben Frau" (= Notre Dame; Mutter Gottes) getauft. Einem damals üblichen Brauch zufolge nahm er als Konvertit den latinisierten Namen der Taufkirche an und führte hinfort den Namen Nostradamus (= Notre Dame).

Schon von den Vorfahren mütterlicherseits und väterlicherseits her verdichteten sich im Sohn Michel alle Talente und Erfahrungen zur Prophetie. Von den spanisch-sephardischen Juden her wiederum kumulierte in Michel außerdem die Weisheit der Kabbalistik und einer umfassenden Weltsicht. Das Titelblatt (Cover) der ersten Ausgaben seines bis heute berühmten Buches über LES PROPHETIES (DIE WEISSAGUNGEN) zieren 5(!) Drudenfüße (Pentagramme) mit dem zentralen Auge Gottes im Mittelpunkt eines jeden Sterns!

Nostradamus studierte in Montpellier und Avignon, er kämpfte schon früh gegen die Pest, gegen den schwarzen (!) Tod. Später wirkte er als Arzt in Agen an der Garonne. Einer Seuche, vermutlich Diphterie, fielen seine Frau und alle Kinder zum Opfer. Nostradamus verließ Frankreich und wurde ein fahrender Arzt, der durch Italien zog. Bemerkenswert ist die Tatsache, daß Nostradamus zeitgleich mit Bombastus Theophrastus von Hohenheim lebte, jenem berühmten Arzt, der als Paracelsus in die Geschichte einging. Es gibt Vermutungen, leider keine Beweise, daß beide Genies sich in Italien getroffen hatten.

Im Jahre 1548 kehrte Nostradamus in die Provence zurück, heiratete nochmals und begann, seine Prophezeiungen aufzuschreiben.

Im Gegensatz zu den meisten anderen Propheten, unterscheidet sich das Werk von Nostradumus in zwei Punkten gravierend:
1. Quellenkundlich sind seine Schriften historisch allesamt beweisbar und ihm eindeutig zuzuordnen. Es gibt außerdem keine Lücken im Gesamtwerk.
2. Die Sprache, in der Nostradamus schrieb, ist bis heute noch linguistisch bis in feinste Details bekannt, verständlich und ohne jeden Zweifel zu verstehen. Nostradamus schrieb in Latein, in Vulgärlatein, in Altfranzösisch, in Hebräisch und in verschiedenen südfranzösischen Dialekten. Alle diese Sprachen sind auch heute noch, speziell in Frankreich, seit Jahrhunderten erforscht und sprachwissenschaftlich durchleuchtet worden. Rein sprachlich gesehen lassen die Werke von Nostradamus keine Fragen oder Mehrfach-Interpretationen offen.

Diese unter 1 und 2 genannten Fakten gehören in der Geschichte der Propheten und der Seher zu den größten Glücksfällen, da hier ein Prophet in seiner gesamten familiären, finanziellen, beruflichen Existenz bis in kleinste Einzelheiten geschichtlich belegbar ist. Kein Mensch kann behaupten, daß irgendetwas aus Leben und Werk des Nostradamus gefälscht, getürkt oder später entstanden sei. Man muß sich diese Einmaligkeit als riesigen Glücksfall der Geschichtsforschung immer vor Augen halten. Je nach Bedarf hat Nostradamus auch seine Texte verschlüsselt, schrieb in Anagrammen, codierte seine wichtigsten Aussagen, um der Inquisition keinen Anlaß zum Eingreifen zu bieten. Es ging Nostradamus auch darum, daß seine Weissagungen nicht dem Feuer der Inquisition übergeben würden, daß sie weiterleben können.

Das Wappen des Nostradamus bzw. seiner Familie väterlicherseits ziert ein Quadrant mit vier Vierteln. In je zwei davon findet sich ein Doppelkreuz, in sich verdreht, außerdem in den anderen Feldern je ein Adlerkopf vor einem mit Sternen übersäten Firmament. Jedes Doppelkreuz besitzt 8 Enden, also auch ein Octogon, Symbol der Harmonie und Kraft. Zugleich in Form des Kreuzes Signum des katholischen Glaubens, aber auch das vorchristliche Octogon, grandioses Symbol der römischen Göttin Venus, beinhaltend.

Die Voraussagen des Nostradamus reichen bis etwa in das Jahr 2050. Sie zeichnen sich durch unglaubliche Detailliertheit aus. Hitler, Stalin, Kadhafi, Erster und Zweiter Weltkrieg, Mao, der Krieg Iran-Irak, sowie der Krieg Kuwait/USA-Irak wurden aufs Jahr genau prophezeit. Das sind nur minimale Beispiele der Präzision seiner Prophetie. Auch der derzeit am Balkan tobende Krieg im früheren Jugoslawien wurde von Nostradamus präzise prophezeit. Auch die Ausweitung dieses Krieges in den Kosovo und nach Albanien findet sich in seinem Werk, ebenso das tragische Eingreifen außerjugoslawischer Staaten in diesen Krieg, der dann den gesamten Balkan in Flammen versinken lassen wird.

Nostradamus' Werk beschäftigt sich aber auch genauso mit den Entwicklungen in den wichtigsten europäischen Staaten Frankreich, Deutschland, England und Italien. Er sieht die Entwicklung der USA voraus und beschreibt dezidiert die für uns heute so wichtige Thematik der europäisch-amerikanischen Beziehungen. Ich wiederhole hier abschließend, daß obige Beispiele nur ein winziger Extrakt seiner zutreffenden Prophezeiungen sind. Soweit wir es prüfen können, sind bisher alle zugetroffen. Wie hat dieser Mann "gearbeitet"?

Seine Arbeitsmethode ist aus seinen hinterlassenen Schriften, die vielmals Forschungsziel der besten französischen Wissenschaftler waren (und sind), darunter des Louvre, sowie der Academie Francaise, genau überliefert: Er benützte Methoden der Mathematik, der Astronomie. Er vertiefte sich in die Welt der Zahlen, der Formeln und der Symbolik. Er gehörte zu den anerkannt besten Mathematikern seiner Zeit. Relativ spät benutzte er in seinem Schaffen auch die Astrologie, die Sternenkunde. Dabei aber ist überliefert, daß er versuchte, sie seinen Zielen nutzbar zu machen. Professionell arbeitete Nostradamus auch mittels der Chemie und der Alchimistik. Er deutete viele Vorhersagen durch Beobachtung des Lichts der Sterne, also deren spektralen Zusammensetzung. Er vertrat bis zuletzt die Ansicht, daß die Sterne, der Kosmos, das Universum über das Geschick auf der Erde entscheiden würden.

318

Nostradamus operierte mit unendlch vielfältigen Zahlensystemen. Neben dem bisher Gesagten, galt für Nostradamus dann nur noch eines: Sein großer und starker Glaube an die katholische Religion, an die Dreifaltigkeit, an Jesus, den Messias. Er war ein berühmter Verehrer der Muttergottes.

Mit heutigen Begriffen könnten wir sagen: Ein Mann, sehr erfolgreich in Beruf und Wissenschaft, ein frommer Christ. Er selbst aber sah seine Gabe zur Prophetie als Divination, als von Gott gegeben an. Letztlich bedeutet dies aber auch, daß er diese Gabe akzeptierte, ohne zu wissen, woher sie kam - für ihn von Gott, von wem sonst. Wir wissen auch, daß er angesichts der meist bedrückenden Resultate seiner Prophezeiungen, er diese mehr als Last denn als Freude empfand.

Nostradamus stellte seinen berühmtesten Zeitgenössen, Fürsten und Königen, persönliche Horoskope und persönliche Weissagungen. Alle trafen ein, das ist schriftlich belegt. Und wir wissen, daß er oft bemüht war, negative Weissagungen in eine dunkle, okkulte Sprache zu (ver-) kleiden. Man könnte 1000 Bücher über ihn streng wissenschaftlich füllen. Seine enorme Leistung als Arzt mit großen Erfolgen wird dabei immer vergessen, ebenso jene Leistungen, die er als Apotheker und Pharmazeut erbrachte.

Zum Abschluß sei hier folgendes gesagt: Nostradamus bediente sich auch zur Verschlüsselung seiner Botschaften des binären Zahlensystems. Dieses liegt sämtlichen Computersprachen unserer Zeit zugrunde! Das binäre System kommt mit nur zwei Zahlen (2!) aus. Und wenn ich Ihnen jetzt noch sage, daß das binäre Zahlensystems mindestens seit 5000 Jahren in China nachweisbar ist, was sagen Sie, liebe Leserinnen und Leser, dann?

Übrigens war es dem großen Philosophen Leibniz vorbehalten, das binäre System sozusagen neu zu entdecken. Nostradamus' Arbeit bestand also zu gut 80% aus Mathematik und Astronomie, ein klein wenig Astrologie und einem starken katholischen Glauben, der ihm wichtiger als alles andere war, sowie der göttlichen Gnade der Prophetie.

Er starb am 2. Juli 1566, nachdem er schon Wochen vorher schriftlich niedergelegt hatte, wann der Tod zu ihm käme. Er wurde in Salon de Craux/Provence bestattet (Kirche der Franziskaner). Im Zuge der Französischen Revolution wurde das Grab zerstört, die Überreste von Nostradamus verstreut, wieder eingesammelt und befinden sich nun in Salon in der Kirche St. Laurent.

Er gehört zu den größten Hellsehern, die uns die Geschichte bescherte. Nichts an ihm ist mythisch oder mystisch, nichts ist esoterisch, nichts ist PSI. Er war ein Universalgenie, gewiß auch ein Polyhistor und ein überragender Weltgelehrter. Zahlen, nichts als Zahlen waren das Fundament seiner Arbeit. Er arbeitete mit Computer-Zahlensystemen - was für ein Ausblick!

Dieser Ausblick, besser gesagt Einblick und Rückblick, verdeutlicht uns aber auch, daß diese Systeme heutiger Computer-Zahlensprachen schon 3000 Jahre vor Christus wenigstens bei den Chinesen belegbar sind. Warum sollten sie nicht den Weg zu Babylon, Ägypten oder zu den mittel- und südamerikanischen Kulturen gefunden haben? Bloß deshalb nicht, weil wir Europäer derzeit nur zu einer kleinkarierten, lächerlichen eurozentristischen Geschichtsbetrachtung fähig sind? Was sind wir doch für mickrige Schrebergärtner einer spießigen, kleinkarierten Geschichtsbetrachtung...

Die Propheten in Zeit und Raum

Ein Prophet war ein Wahrsager, ein Verkünder, ein Seher und ein Deuter. In der biblischen Geschichte, noch mehr in der Geschichte Israels, spielen sie überragende Rollen. In den ältesten Berichten erleben Propheten eine Vision (eine göttliche Sicht, Eingebung) und eine göttliche Audition (sie hören himmlische Stimmen). Propheten werden auch völlig ungewollt von der Prophetie erfaßt, können sich nicht dagegen wehren, sind der Prophezeiung fast schicksalhaft ausgeliefert. Jesaja, Jeremias, Ezechiel und Daniel waren die 4 großen biblischen Hauptpropheten Israels, daneben gab es 12 kleine Propheten. Wir sehen hier die Zahl 4, Zeichen der Harmonie und Abgerundheit und die ebenso fast heilige Zahl 12. Wohin wir blicken: Symbole über Symbole.

Propheten empfinden nach ihren Berichten immer auch die Stimme Gottes, der ihnen mitteilt, was sein wird. Sie berichten, auch in ihren Prophezeiungen über Gottes Strafgerichte, die den sündigen Menschen hier oder dort treffen werden. Allen Prophezeiungen ist gemeinsam: Nachrichten Gottes mit Ankündigung von Strafgerichten zu sein. Die zusätzlichen Informationen einer Prophezeiung treffen zwar auch zu, sind aber als nachrangige Infos zu interpretieren.

Es scheint so zu sein, von Nostradamus wissen wir es: Propheten werden mental in eine zukünftige Zeit katapultiert. Dies kann nur mittels

Schwingungen, Psychokinese und Telekinese geschehen. Physikalisch heute logisch wäre außerdem, daß in Gestalt eines Propheten, der gerade prophezeit, eine Verschiebung in eine andere Zeit, in einen anderen "Raum" erfolgt. Der Prophet wird in eine andere Ebene der Wahrnehmung transformiert. Auch das ist physikalisch völlig denkbar. Das einzige, was wir nicht wissen, ist: Wie macht man das? Und wer macht das? Gott, ja sicher.

Bezüglich der Schwingungen und Strahlungen steht außerdem fest, daß wir nur einen winzigen Bandausschnitt sehen und hören und wahrnehmen können. Es gibt noch Millionen anderer Frequenzen und Wahrnehmungsbänder allein auf dieser Erde, die uns normalerweise verschlossen bleiben müssen. Nur Propheten, gesegnet mit dieser göttlichen Gnade, die auch Last ist, können von einem Frequenzband der Wahrnehmung in ein anderes umsteigen. Jede Wahrnehmungsfrequenz ist aber Schwingung, Wellencharakter und elektromagnetische Energie-Materie. All dieses besteht aus Zahlen, Formeln, Symbolen. Von Nostradamus können wir es geschichtswissenschaftlich lupenrein beweisen, von anderen Propheten existiert die mündliche Überlieferung, daß ihr ganzes Leben ein Leben mit Zahlen und Symbolen war.

Zeit und Raum (Ebene des Seins) kommen dadurch in das Spiel mit Zahlen und Symbolen hinein. Wir können nur auf einer einzigen Wahrnehmungsebene existieren. Diese ist ein winzig kleiner Ausschnitt dessen, was physikalisch möglich wäre. Diese anderen Wahrnehmungsebenen sind mit Sicherheit anderen Existenzen vorbehalten.

Jede Wahrnehmungsebene ist Schwingung, Frequenz, Amplitude und Wellenlänge, sowie elektrische Energie, die kein Mensch erklären kann. Wir können diese Phänomene mit Zahlen definieren, sie nutzen und leider auch mißbrauchen. Doch trotz aller Wissensfortschritte sind wir nur Nutznießer eines Geschenks, von dem wir nicht wissen, wer es uns bescherte. Für viele Menschen ist das Gott, oder eine Art von Allmacht.

Bis zu Nostradamus aber gab es immer wieder Einzelpersönlichkeiten, aber auch große Kulturen (China), die den Gebrauch der binären Computer-Zahlen schon vor Jahrtausenden beherrschten. Wenn wir mit einem herkömmlichen Zehnersystem Großrechnungen machen würden wollen, so könnten diese 50 Jahre dauern. Ein normaler PC schafft das heute mit der richtigen Software, dem richtigen Programm in wenigen Tagen oder Stunden. Leute wie Nostradamus hatten also enorme mathematische Chancen, mit Hilfe ihrer göttlichen Gnade der Prophetie andere Wahrnehmungsebenen zu knacken und Wissen von dort zu empfangen, zu sehen, hellzusehen. Die Astrophysik unserer Zeit hat diesen Weg meiner Ansicht gerade angefangen zu gehen, zieht das Pferd von einer anderen, aber dennoch richtigen Seite auf.

Es kann jederzeit geschehen, daß urplötzlich ein Astrophysiker den Schlüssel in Händen hält, um in eine andere Existenzebene und Wahrnehmungsebene zu gelangen. Auch das ist mit ein Grund, warum sich die wahre Intelligenz unserer Epoche für Astrophysik mit am stärksten engagiert. Sollte dieser mathematisch realistische Wechsel der Wahrnehmungsebenen gelingen, dann lassen Nostradamus und Einstein grüßen...

Über Macht und Ohnmacht, über positive und negative Energien

Es gibt nichts, das sich nicht mit Zahlen und Wellenbewegungen, Strahlungen erklären, reproduzieren und definieren ließe. Dennoch spielt das tägliche Leben im Kleinen wie im Großen ein ewiges Spiel von Macht und Ohnmacht, Aufbau und Zerstörung, von Positivem und Negativem. Aus dieser Erfahrung folgte schon für die Menschen des alten Ägypten, daß es gute und schlechte Zahlen und Symbole geben müsse. So begannen die Menschen, nach einer Botschaft in diesen Dingen zu suchen. Das geht nun bis heute so weiter und es dauert nun schon satte 5000 Jahre und mehr.

Einige wenige Begnadete kannten den Schlüssel zur Identifikation von Gut und Böse, sowie zum Knacken kosmischer Energien, sie zerbrachen aber letztlich an dem was sie sahen. Auch von Nostradamus wissen wir, daß er seine Fähigkeiten zunehmend als Last empfunden hatte. Aus seinen Prophezeiungen hat die Menschheit nicht einmal gelernt, Kriege zu vermeiden. Im Gegenteil, ständig und täglich finden in meist 50 Staaten kriegerische Auseinandersetzungen statt. Jesus wurde gekreuzigt, Nostradamus' Gebeine wurden geschändet und das Volk der Seher und Weisen, das jüdische Volk wurde verfolgt, gemordet und in alle Teile der Welt versprengt. Die Menschheit möchte Lügen, aber nicht Wahrheiten hören. Sie hat vergessen, daß ihr Jesus erstmals den freien Willen gab.

Nur Zahlen und Symbole sind geblieben als geheimnisvolle, magische Welt. Immer noch aber ist es uns freigestellt, ob wir uns die Hilfe positiver Zahlen und Symbole zu Nutze machen wollen. Der Versuch lohnt sich allemal. Und eines sollten wir nicht vergessen: Wir sind nicht alleine auf dieser Welt.

Wege zwischen den Welten

Es gibt zahlreiche Berichte, Beweise und quellenkundlich einwandfrei Darstellungen über Reinkarnation, über Besuche aus dem Jenseits, über sichtbare Aura, sowie über UFOs. In mehreren Staaten, besonders in USA und Rußland (früher UdSSR) existieren geheime, abgeschlossene Staatsuniversitäten, die sich nur mit diesen Aspekten beschäftigen. Hier arbeiten fast nur Mathematiker, Physiker, Astrophysiker und Experten der Parawissenschaften. Aufgrund bestimmer bisheriger Forschungsarbeiten und Publikationen darüber, die ich seit Jahrzehnten mache und machte (in enger Zusammenarbeit mit europäischen Wissenschaftlern), besteht ein zum Teil enger Kontakt zwischen dem Verfasser dieses Buches und diesen Institutionen. Ich selbst habe einige beeindruckende Erlebnisse, wie oben aufgezählt, gehabt. Diese möchte ich Ihnen, liebe Leserinnen und Leser, zum Abschluß dieses Buches nicht vorenthalten.

Abgesehen vom Erlebnis mit der Großen Pyramide von Chichen Itza in Yucatan, Mexico, stehen alle anderen Erlebnisse in engstem Zusammenhang mit meinen Forschungsarbeiten über den Hochgebirgskrieg im Rahmen des Ersten Weltkrieges, deren Resultate alle von der Universität Innsbruck sozusagen akademisch-wissenschaftlich anerkannt, belegt und publiziert sind. Dazu gehört auch eine einschlägige Doktorarbeit an der Innsbrucker Almer Mater. Es sind keine Gespinste, von denen ich Ihnen erzähle.
Alle nächsten drei Berichte stehen in engstem Connex mit meinem nun seit demnächst 20 Jahren ständig neu aufgelegten Standardwerk DER EINSAME KRIEG, in welchem ich auch verschlüsselte Botschaften verwende, die dann zu Kontaktaufnahmen mit Menschen ähnlicher Intentionen auf der ganzen Welt führten. Dies nur am Rande.

In diesem Buch werden exemplarische, weltenferne, erbitterte Kriegshandlungen im Hochgebirge erstmals wissenschaftlich dokumentiert. Dazu befrug ich u. a. 4500 Überlebende Österreichs, Italiens, Deutschlands.
14 Jahre arbeitete, forschte ich für dieses Buch und lebte jahrelang direkt in den alten Stellungen auf Gletschern, Felsgraten bis fast 4000 m Höhe (Ortler-Gipfel). Als Alpengeograph und Militärwissenschaftler fotografierte, kartierte, beging (besser überkletterte) ich diese insgesamt 3500 Kilometer der ersten hochalpinen Stellungslinie 1915/18 innerhalb vieler Jahre von April bis November jeden Jahres. Ich begann am Stilfser Joch und endete nach 12 Kletterjahren kurz nördlich Triests in den Julischen Alpen, an den grünen Wassern des Isonzo, wo auf 100 km Frontlänge

1.500.000 Soldaten in demselben Krieg starben. Doch lassen Sie mich jetzt in andere Wahrnehmungsebenen gehen.

Die toten Soldaten vom Monte Botteri:
Adamellogruppe 1917 - Wahrnehmungsebene 1970

Im Oktober 1970 bestieg ich allein über Gletscher und vereiste Grate die Cima Presanella, einen der höchsten Eisgipfel der Adamello-Gruppe nordwestlich des Gardasees. Ich biwakierte alleine auf dem 3556 m hohen Eisgipfel bei arktischer Kälte, angeseilt am Gipfelkreuz, um nicht im Schlaf abzustürzen. Im Morgengrauen wollte ich im ersten klaren Herbstlicht die gegenüberliegende zentrale Adamellogruppe fotografieren. Um das einstige Frontgebiet komplett zu erfassen. Mehrere Fotoapparate für Farbe und Schwarzweiß schleppte ich mit. Ich wählte eine Vollmondnacht aus, um in der Nacht Licht zu haben, da ich die Dunkelheit scheute. Außerdem würde mir das im Hochgebirge helle Licht des Vollmonds bei einem nächtlichen Wettersturz noch die Chance eröffnen, mich in tiefere Lagen zu retten.

Früh, gegen 17 Uhr, kroch die dunkle Nacht in die Täler Judikariens, immer mehr Lichter flammten auf. Ich oben hatte noch das letzte Sonnenlicht, dessen Strahlen waagrecht von Westen kommend mich streiften. Dann war auch bei mir Nacht. Mit aufgehendem Vollmond erfaßte mich eine ungeheure Unruhe, wie gebannt richtete ich meine Augen auf das Meer der bleiern wirkenden Gletscher, die im Krieg Stätten größter Tragödien waren. In einer Entfernung von circa 1000 m Luftlinie gegenüber von mir erhob sich die trapezförmige Silhouette des Monte Botteri, dessen Südgrat und Nordgrat zum waagrechten Gipfelgrat führen. Um Mitternacht sehe ich folgendes:

12 Soldaten in weißen Schneemänteln klettern den Südgrat empor. Karabiner umgehängt, Kapuzen über den Kopf gezogen, aber die Feder der Alpini lugt darunter hervor. Also Italiener.

12 Soldaten in weißen Schneemänteln klettern den Nordgrat empor. Karabiner umgehängt und deutlich sichtbar die Kappe der Tiroler Kaiserschützen, also Österreicher.

Unaufhaltsam klettern die Feinde aufeinander zu, keiner konnte den anderen vorerst wahrnehmen. Ich spürte, wie sich mir die Kehle verschloß. Ich versuchte zu rufen, vergeblich. Gleichzeitig trafen die Soldaten am waagrechten Gipfelgrat ein, gingen ineinander wie ein Reißverschluß. Ich spürte und sah den Tod. Ein weißes kurzes Ringen. Dann drehten sich alle 24 Soldaten zu mir, sahen mich mit Totenschädeln an. Voller Leid und Elend. Und ein stummer Vorwurf an mich Lebenden. Sie gaben mir - wie, weiß ich bis heute nicht - die Mahnung mit, nie mehr auf die Cima Presanella zu klettern. Das würde mein Tod sein Dann stürzten sie gemeinsam, alle 24, symmetrisch, mit gefalteten Händen in die Tiefe zum gut 800 m tiefer liegenden Gletscher. Als ich auf die Armbanduhr blickte, war es 5 Minuten nach Mitternacht. Das ganze Drama sah ich als großes Panorama vor mir und gleichzeitig sah ich die Gesichter der Totenschädel aus kürzester Distanz. Totale und Nahaufnahme in einem.

Nie werde ich die Stunden bis zum Morgengrauen vergessen. In wenigen Minuten machte ich meine Panoramafotos der Adamello-Gruppe und stürzte in Panik über Eis und Fels, über spaltenreiche Gletscher zu Tal. Als ich mich am Gipfel erhob, um abzusteigen, bemerkte ich, daß ich auf einem alten Rosenkranz gessessen hatte. Ich bewahre ihn wie ein Heiligtum auf.

Kommentar dazu: Der Monte Botteri war nie Front- und Kampfgebiet, sondern lag weit hinter der Hauptkampflinie 2 Tagemärsche dahinter. Ich wußte auch nichts von Kämpfen am Monte Botteri. Ich suchte in Trient/Trento zwei italienische Soldaten der Adamellofront auf, beide in Spitzenpositionen der Provinz Trient und erzählte ihnen mein Erlebnis. Sie führten mich in ein Privatarchiv und zeigten mir einen Gefechtsbericht, der genau diese Aktion schilderte, die 1917 am selben Tag geschah, an dem ich Jahrzente später oben war. Alles hatte sich genau so abgespielt mit den jeweils 12 Soldaten beider Seiten, die am waagrechten Gipfelgrat dann kämpfend sich töteten und alle 24 abstürzten. Nie wurde darüber publiziert. Es war ein Erkundungsunternehmen beider Seiten.

Seit damals weiß ich jedenfalls, daß es Botschaften und sogar Sichtverbindungen mit den Toten und aus dem Jenseits gibt. Und ich weiß, daß es ein Leben nach dem Tod gibt. Ich werde diesen Berg nie mehr besuchen. Den Rosenkranz, der mich vermutlich rettete, halte ich oft nachdenklich in Händen, ebenso das silberne Amulett der Heiligen Mutter Gottes von Absam in Tirol, das ich in dieser Nacht um den Hals trug.

Die Panoramafotos übrigens wurden seither in Italien oft publiziert. Es stellte sich heraus, daß seit Jahrzehnten versucht wurde, diese Fotos aufzunehmen, immer vergeblich. Es gab darüber sogar viele Aufzeichnungen der gescheiterten Versuche. Diese Fotos erregen noch heute in Italien größte Aufmerksamkeit, werden als magisch bezeichnet und oft als Symbol magischer Hochgebirgsfotografie vorgestellt. Und das von Leuten, welche die obige Geschichte nicht kennen. Übrigens scheiterten auch bisher weitere italienische Versuche, diese Fotos zu machen. Es gibt nur einen Punkt, diese Panoramafotos der Adamellogruppe zu schaffen, das ist der winzig kleine Gipfel der Cima Presanella nämlich.

In keltischen Sagen des Trentino wird übrigens erzählt, daß auf der Cima Presanella die Seelen der Toten ruhen würden. Für mich war es aber auch ein Blick in eine Zeit, in der ich als Soldat dort im Ersten Weltkrieg gewesen sein mußte (ich wurde 1941 geboren...). Diese Meinung wird in Italien seit damals vertreten und wurde mir erstmals von meinen italienischen Freunden nahegelegt. Auch darüber haben Italiener viel publiziert. Ich hatte eine Vision auf anderer Wahrnehmungsebene, zeitversetzt von 1970 in das Jahr 1917. Ich bete seither täglich für die toten Seelen jenes unseligen Krieges. Und es vergeht kein Tag, an welchem ich nicht daran denke. Seither sind bald 25 Jahre vergangen und heute weiß ich längst, daß es unterschiedliche Wahnehmungsebenen geben kann. Physikalisch-mathematisch ist das kein besonderes Thema, sich das vorzustellen.

Die Kämpfe am Lares-Gletscher 1917, Adamello-Gruppe:
Wahrnehmungsebene 1974

Im Kriegsjahr 1917 kam es am einsamen, weltenfernen Lares-Gletscher in der Adamello-Gruppe in Norditalien (siehe auch vorher) zu monatelangen, erbitterten Kämpfen zwischen Italienern und Tirolern um die Beherrschung des Lares-Gletschers und der begleitenden Eisriesen, die wie Nunataks aus dem Gletscher emporragen. Der auch heute noch sehr einsame Lares-Gletscher wurde von kilometerlangen, unterirdischen Eisstollen durchbohrt, die als Kampf-, Versorgungs- und Nachschubstollen dienten, um im härtesten Hochgebirgskampf aller Zeiten gegen das Wüten der Natur geschützt zu sein. Besonders um die Zugänge und Ausgänge der Gletscherstollen, die teilweise über 6 Kilometer lang waren, wurde erbittert gekämpft. Es kam zu häufigen Kommandounternehmen kleiner Gruppen, die mit Flammenwerfern, Handgranaten und im Nahkampf mit 60 cm langen Sturmmessern durchgeführt wurden. Zeitweise standen in diesem Kampfabschnitt bis über 1000 Soldaten beider Seiten im Einsatz. Noch heute (1993) gibt der Gletscher in kurzen Abständen von meist 1-2 Jahren die Toten frei. In den sechziger Jahren waren diese Kriegsereignisse unbekannt, nicht aufgezeichnet und noch nicht Ziel universitärer Forschungen. Nur eine Handvoll Überlebender Norditaliens und Tirols wußte davon und besuchte gemeinsam, einmal im Jahr jene archaischen Kampfstätten, um in der Einsamkeit jener Gletscherberge an den Brennpunkten der Kämpfe der Toten zu gedenken. Nach Kriegsende 1918, exakt seit Herbst 1919 fanden jene gemeinsamen Besuche statt, an deren letztem der Autor 1970 als einziger Nicht-Augenzeuge teilnehmen durfte. Auch Angehörige wurden nie mitgenommen.

Ich war dann der erste Wissenschaftler, der diese Ereignisse menschlich und chronologisch präzise dokumentierte, der die Originalfotos bekam und Tagebücher und Kriegslandkarten nebst allen militärischen Unterlagen der Kämpfe. Zu gleicher Zeit wurden übrigens im Bereich des Lares-Gletschers Schalensteine, Sonnenräder und Felszeichnungen gefunden. Ein namhafter oberitalienischer Prähistoriker vertrat von Anfang an die Ansicht, daß es sich um einen Platz handelte, von dem aus die Urbewohner dieser Region mit dem Kosmos Verbindung aufgenommen hatten, er sprach konkret von Besuchen Außerirdischer, Landeplatz für UFOs etc. Seine Meinung gilt auch heute noch in Italien. Er ist inzwischen zur bedeutendsten prähistorischen Kapazität Norditaliens für den Raum nordwestlich des Gardasees geworden. Wir stehen immer noch in tiefer Verbindung.

1974 veröffentlichte ich in meinem Buch DER EINSAME KRIEG (siehe vorher) die Dokumentation in Wort und Bild jener Kämpfe und erhielt eine Flut von Zustimmung aus ganz Europa, sowie mit Tränen geschriebene Briefe der Überlebenden. Schon 3 Tage nach Erscheinen des Buches kamen die ersten Briefe und Anrufe von Überlebenden, die mich noch nicht kannten, um mich zu fragen, in welchem Truppenteil ich damals 1917 dort oben gedient hätte.

Zugleich bestürmten mich die anderen überlebenden Augenzeugen, mit denen ich engstens befreundet war (durch die Forschungsarbeiten), und baten mich, Kopien der Unterlagen eines ganztägigen, schrecklichen Gletscherkampfes zu kopieren. Unter diesen Freunden war auch der frühere Ministerpräsident eines Bundeslandes. Es waren Menschen aller Berufe, aus Staatsleben und Politik, Pfarrer usw. , nüchterne, handfeste Leute. Ich ging in mein Archiv, fand keine Unterlagen. Allein das ist ungewöhnlich, da mein Archiv damals wie heute präzise aufbereitet ist. Kurz und gut, es gab keine Unterlagen und es gab keine mündlichen Berichte, da ich diese erstens gewußt hätte und zweitens wurden alle Interviews von mir protokolliert, zum Teil von den Zeugen signiert, da sich große Korrekturen des Geschichtsbildes ergaben. Ich teilte das den

Anfragern mit. In der Zwischenzeit meldeten sich weitere Augenzeugen, die an dem betreffenden Gefecht teilgenommen hatten. Darunter besagter Ministerpräsident a. D. Von diesen Zeugen, nicht von mir, kam die feste Meinung, daß ich dabei gewesen sein müsse, da ich über personelle Einzelheiten, über bestimmte Verwundungen und Todesfälle so genau berichten würde, daß es anders nicht möglich ist. Diese Augenzeugen, darunter zwei später sehr hochrangige katholische Geistliche von brillantem Intellekt, sagten hinfort, daß ich an diesem Gefecht teilgenommen hatte, also erneut leben würde, daß ich aber damals 1917 gefallen sei. Ich sei reinkarniert. Es sei auch kein Zufall, daß ich diese Arbeiten machen würde, da ich über spirituelle Gaben verfügen würde. Außerdem sei ich zurückgekehrt aus dem Reich der toten Kriegskameraden und einstigen Gegner, damit wir nochmals gemeinsame Zeiten verbringen können, die uns Gott als Ausgleich zum Leid des Krieges geschenkt habe. Für mich gibt es keinen Zweifel, daß dies seine Richtigkeit hat.

Erwähnenswert ist ferner folgendes: Bis heute gibt es keine andere schriftliche Quelle für die von mir geschilderten Ereignisse. Rezensenten sämtlicher Medien, von vielen Staaten, Regierungen etc. loben das Buch über den grünen Klee, greifen stellvertretend für meine Leistung fast zu 100% jene Schilderung heraus, die ich vermutlich als Vision/Halluzination an der Schreibmaschine erfahren haben mußte.

Dieses Buch wird inzwischen an über 50 Militärakademien als Lehrbuch verwendet, wobei die Schilderung besagten Gefechtes die Leute am meisten interessiert. Seit Erscheinen des Buches sind nun fast 20 Jahre vergangen, in dieser Zeit wurde jener Teil des Adamello-Gebirges zum Zentrum prähistorischer Forschungen größter Bedeutung. Es gibt inzwischen zahlreiche Funde an Felszeichnungen, Steindenkmälern, die auf eine große Bedeutung des Gebietes um den Lares-Gletscher hinweisen. Für mich war er einstens kosmischer Landeplatz, ohne jeden Zweifel. Siehe dazu auch das nächste Kapitel.

Die Landung eines UFOs auf dem Mandron-Gletscher:
Wahrnehmungsebene 1964

Drei junge Bergsteiger, extreme Eiskletterer, Bergabenteurer und aktive Mitglieder einer hochalpinen, ehrenamtlichen Einsatzgruppe der Bergrettung sitzen an einem späten Oktobernachmittag vor dem Winterraum des geschlossenen Rifugio Mandrone in der Adamello-Gruppe (Oktober 1964).

Protokoll des Geschehens: Der eine junge Mann ist angehender, katholischer Pfarrer; sehr ernst, ein großartiger Mensch und Charakter. Der zweite junge Mann ist einziger Sohn eines wohlhabenden Hut-Fabrikanten;groß, schlaksig und hochintelligent. Der dritte bin ich. Wir alle sind um die 24 Jahre jung. Seit über 10 Tagen durchstreifen wir die gesamte Adamello-Presanella-Gruppe, schlafen im Freien, auch auf den Gletschern, wie es uns beliebt, ohne Zelt, eingehüllt in eine alte Plane aus Segeltuch. In diesen 10 Tagen leuchtete uns das Bergglück ewiger Jugend, ewiger Freundschaft und ewiger Ideale. In den letzten Tagen, deren Nächte bitterkalt waren, überkletterten wir mehr als 15 hohe Dreitausender, oft mit kombinierten Fels-Eis-Routen des (alten) Schwierigkeitsgrades IV+.

Außer uns sahen wir keinen Menschen. Die Nächte verbrachten wir unter einem übervollen Sternenhimmel in absolutem Schweigen der Natur und von Gott. Der angehende Pfarrer erzählte uns über Gott, von Jesus und las aus der Bibel vor. So vergingen die Tage und Nächte in ewigem Ablauf. Wir hatten unbegrenzt Zeit, kein Geld, aber genug zu essen und genügend Brennstoff für unsere Benzinkocher. Wir hatten vor, bis zum Ende des sicheren Herbstwetters zu bleiben. Wir verglichen häufig unsere momentane Situation mit einem archaischen Hain antiken Glückes. Unsere Herzen waren rein, die Schlechtigkeit der Welt hatte noch keine Spuren hinterlassen. Wir glaubten u. a. an Gott und an die absolute Machbarkeit des Guten als moralisches Gebot. Das tun wir drei auch heute noch.

Der angehende Pfarrer ist inzwischen zusätzlich hochangesehener Universitätsprofessor for Thelogie und Philosophie, eine Kapazität seines Faches. Der andere wurde nicht nur Professor, sondern ist zusätzlich oberster Chef eines Landesdenkmalamtes eines ganzen Bundeslandes. Na ja, und dann bleibt noch meine Person. Wir sind geographisch etwas auseinander, aber mental in tiefer Verbindung, die wir auch pflegen. Der Philosoph-Pfarrer lebt nach den Geboten der Kirche gerne und glücklich; der Landesdenkmalamtschef hat Frau und mehrere Kinder, ist glücklich in seiner Familie, so wie auch ich. Der eine lebt seiner großen Liebe Gott nach, die anderen sehr glücklich mit ihren Frauen und Kindern als große Lieben eines Lebens.

Wir drei sitzen um circa 17 Uhr vor dem geschlossenen, winterfest verbarrikadierten Rifugio Mandrone in etwa 2500 m Höhe. Wir blicken genau nach Süden. Vor uns erstreckt sich der weltberühmte Mandron-Gletscher (Vedretta Mandrone). Seine damalige N-S-Länge betrug gute 12 Kilometer, seine maximale Breite im oberen Teil seines Nährgebietes einige Kilometer. Dieser obere Teil ist fast eben, trägt den Namen Pian di Neve (Ebene des Schnees). Diese Ebene befand sich circa 4-5 Stunden Marschzeit von uns entfernt. Rechts von uns fielen die Strahlen der letzten Nachmittagssonne ein, die wir genoßen. In stummem Schweigen, müde, braun, unrasiert, zäh und harte Bergsteiger, Eisgeher, saßen wir da. Schweigen in und um uns. Die Strahlen der Sonne vergoldeten Berge und Gletscher überirdisch.

Da, plötzlich erkennen wir zugleich, einen Fallschirmspringer, der über besagtem Pian di Neve herabschwebte. Klar und deutlich sahen wir jene typische Kontur eines Fallschirmes mit Gegenstand daran, der langsam herunterschwebte. Zu betonen ist, daß wir vorher, außer im Kino, nie einen Fallschirmabsprung gesehen hatten.

Als erfahrene Bergretter, die auch schon viel Tragisches bei Rettungen erleben mußten (es gab noch keine Hubschrauber), handelten wir simultan: Der eine registrierte die Uhrzeit; der zweite packte die Rucksäcke mit Seilen und dem ganzen Extrem-Kletterzeug ein, das zum Trocknen in der Sonne lag, füllte die Feldflaschen, prüfte die Sturmlampen auf unseren Steinschlaghelmen. Ich machte mit dem Feldkompaß mit 360-Grad-Präzisionsvisier mehrere Peilungen des herabschwebenden Fallschirmspringers und konnte auch die letzte, entscheidende Peilung machen, dort, wo er zumindest in der Sichtprojektion den Gletscherboden berührte. Da wir wußten, daß dies der uns blind vertraute Pian di Neve ist, wußten wir, wo der arme Pilot gelandet war. Zugleich schrie einer von uns: "Mein Gott, ein Pilot, der sich mit Fallschirm rettet. Er erfriert in der kommenden Nacht dort oben auf weit über 3000 m Höhe. Auch wenn er nur leichtverletzt ist, kann er einen Schocktod erleiden. Der Gletscherschnee ist betonhart gefroren. Das gibt eine eisenharte Landung. Er stirbt, wenn wir ihn nicht sofort retten".

Die Nächte, das wußten wir von unseren vorhergehenden Extremtouren mit Biwaks hatten, laut Dosenthermometer bis zu Minus 20° In 2 Tagen war Vollmond. Ein Vorteil für uns, da nach dem Aufgehen des Mondes so gegen 21 Uhr der Gletscher taghell beleuchtet sein würde. Bis dorthin aber mußten wir uns in dunkler Nacht zum Gletscher vortasten. Um 17 Uhr 20 brachen wir auf. Den Plan, einen von uns zu Tal zu senden, um Hilfe zu holen, verwarfen wir, da das nächste bewohnte Haus 10 Gehstunden entfernt war. Außerdem wäre der Abtransport eines eventuell Schwerverwundeten zu zweit schier unmöglich gewesen. Wir wußten, daß wir ihn bergen mußten, da er sonst erfrieren würde. Er hatte nur eine

Chance und diese Chance waren wir drei. Um 20 Uhr 30 erreichten wir nach fieberhaftem Aufstieg, über unzählige tückische Gletscherspalten hinweg, den Landeort. Im hellen Mondlicht erstreckte sich schweigend die Ebene des Pian di Neve, eisiges Grab von hunderten Soldaten beider Seiten des Ersten Weltkrieges. Tief im Inneren des Eises ruhen die Seelen der Toten aus. Jedes Jahr apern Tote oder Reste von ihnen, aus. Keine Spur eines Fallschirmes. Kein Mensch. Nichts. Wir waren verblüfft, schockiert und mutterseelenallein.

Doch was wir dann sahen, ließ uns das Blut in den Adern gefrieren: In einem Abstand von je 1 Meter befanden sich präzise, tonnenförmige Abdrücke im eisenhart gefrorenen Schnee. Jeder Abdruck hatte eine Tiefe einer großen Mülltonne, und in etwa deren Durchmesser und Umfang. Wir zählten 30 derartiger Löcher im Betonschnee, jedes Loch war wie mit dem Messer herausgeschnitten. Die 30 Löcher/Abdrücke waren in einem Kreisbogen gereiht. In der Mitte des ziemlich großen Kreises war der jungfräulich reine, weiße Schnee pechschwarz gefärbt, eine ungefähr 3 m große Fläche, auch kreisförmig.

Wir überlegten, was das verursacht haben könnte und kamen ziemlich rasch zur Erkenntnis: Ein Raumschiff, dessen "Fahrwerk" in Form zylindrischer Teleskop-Beine in den eisenharten Schnee jene 30 Öffnungen gefräst haben mußte. Wir hatten ein sehr ungutes Gefühl. Der angehende Pfarrer bekreuzigte sich, ich schlug einen Drudenfuß in die Luft; der dritte schwieg leichenblaß. Wie gebannt standen wir da. Dann sprachen wir und wußten, was wir gesehen hatten. Keinen Fallschirmspringer, sondern die Landung und die Abdrücke eines UFOs.

Auch die Kompaß-Peilung stimmte in der wiederholten Nachprüfung. Außerdem war für uns damals und ist heute eine Kompaßpeilung in ebenem Gelände und freier Sicht auf circa 10-12 km Distanz eine simple, routinemäßige Übung von hoher Genauigkeit. Man peilt mit einem Unsicherheitsfaktor von höchstens 10 m Abweichung. Das ist ein Kinderspiel für den, der es kann.

Circa 30 Minuten Marschzeit entfernt, befand sich die Seitenmoräne. Wir holten dort jeder 3 Felsbrocken und errichteten im Zentrum des Kreises einen kleinen Steinmann. Dann kehrt wir zu den Felsen der Seitenmoräne zurück und verfielen in enen tiefen, guten Schlaf im Schutz eines dachartigen Felsens. Vor dem Einschlafen sprachen wir noch davon, am nächsten Morgen die Spuren des UFOs sofort zu fotografieren: Alle drei waren wir anerkannte Lichtbildner, sehr gut mit Leicas ausgestattet und erfolgreiche Foto-Publizisten. Am Morgen als wir erwachten, marschierten wir sofort zum gut sichtbaren kleinen Steinmann. Doch schon von weitem sahen wir: Keine 30 Abdrücke, keine Schwärzung - nichts war mehr vorhanden. Bis auf den Steinmann war alles so wie in den Tagen vor der Landung, wo wir hier oft marschierten und das ruhige Ausschreiten am Gletscher genoßen. Vom Steinmann aber fehlten die 3 obersten Felsbrocken.

Das war ein letzter Gruß aus einer anderen Welt. Für uns drei bis heute ein UFO, oder wie immer man einen solchen Kontakt der Außerirdischen zu uns Irdischen bezeichnen möchte.

Schon damals verfügte ich über hervorragende fachlich-menschliche Kontakte zu Kommandostellen der italienischen und NATO-Armeen in Norditalien (Trento und Vicenza). Wir besuchten diese in den nächsten Tagen, brachen deswegen unsere Tour ab, berichteten genau über unser Erlebnis. Es wurde einwandfrei in kürzester Zeit folgendes ermittelt: Zum fraglichen Zeitpunkt war kein ziviles oder militärisches Flugzeug unterwegs, auch nicht avisiert. Es gab keinerlei Unglücksmeldungen. Sämtliche in Frage kommenden zivilen und militärischen Flugzeuge und Helikopter (damals erst wenige) befanden sich auf ihren Standorten am Boden. Unsere italienischen Kameraden versprachen auch, uns sofort zu informieren, falls doch noch im nachhinein etwas auffälliges gemeldet werden würde. Auch die zivile Luftüberwachung wurde eingeschaltet, ebenso unsere Bergrettungskamerden in Norditalien. Niemand war als vermißt gemeldet worden. Nachdem sich daran auch nach Monaten nichts geändert hatte, wußten wir: Es war zweifelsfrei ein UFO.

Wir aber wissen dafür, daß es derartige Dinge gibt. Das ist für uns so sicher, wie die Existenz eines Baumes in unserem Garten. Übrigens erschreckt uns dieses Wissen keineswegs.

Inzwischen sind wir drei fast 30 Jahre älter geworden und haben viel dazugelernt, das so manches des Jahres 1964 mit der UFO-Landung in erklärlicherem Licht erscheinen läßt. Wir waren übrigens zum Zeitpunkt des Geschehens stocknüchtern, hatten noch nie Tabletten zu uns genommen oder wären (und sind bis heute nicht) in irgendeiner Form suchtabhängig gewesen. Im Gegenteil, wir waren und sind bis heute bodenständige Menschen geblieben, denen unser Glaube, die Heimat, unsere Kompanien, sowie Familien das, mit Abstand Wichtigste sind. Nur eines haben wir allerdings nie getan: Unseren wachen Verstand abzuschalten. Umso stärker wirkt dieses Erlebnis nach und hat umso mehr Gewicht.

Die fotografierte Aura der Pyramide von Chichen Itza, Yucatan:
Mexico 1991 - die Wahrnehmungsebene wird dokumentiert.

Noch mehr ist uns allen heute bewußt geworden, daß die beweisbare Existenz kosmischer Strahlen, Schwingungen, ebenso jener terrestrischer Herkunft eine Vielzahl von existentiellen Ebenen ermöglichen. Vermutlich sogar dürfte es sich um Milliarden unterschiedlicher Existenzebenen im Universum handeln. Es wäre vermutlich mit Sicherheit zu simpel, von "anderen Menschen" zu sprechen. Vernünftiger wäre es aber, von anderen Intelligenzen zu reden. Jede dieser potentiellen Intelligenzen kann total andere Wahrnehmungsebenen besitzen, sodaß eine Kommunikation zumindest derzeit nur sporadisch stattfindet. Außerdem ist der von uns momentan beschreibbare geschichtliche Zeitraum von in etwa 5000-6000 Jahren weniger als ein Huster im Weltall und in der Geschichte unseres Planeten. Immerhin ist in Physik und Mathematik, sowie in der Astrophysik in den letzten Jahren hinlänglich bekannt, daß diese Wellentheorie auf der Erde, in der Erde und im Weltall absolut gesicherte Realität ist. Daraus folgt ohne geringste Zweifel die Existenz unzähliger Wahrnehmungsebenen mit unterschiedlichen Intelligenzen, Dimensionen und Zeitbegriffen. Aber alle diese nun gesicherten Erkenntnisse lassen sich nur mit Zahlen, Zahlensystemen und Symbolen spezifizieren. Das ist der Clou an der Angelegenheit.

Die extreme Spezialisierung der letzten 200 Jahre auf die klassischen akademischen Disziplinen, hat der geistigen Entwicklung der Menschheit gelegentlich auch schlechte Dienste erwiesen. Das unterstreicht am besten die Art und Weise, wie Historiker Europas bis heute meinen, was z. B. die Pyramiden zu bedeuten hätten. Die Vorstellungen unserer biederen Historiker der Universitäten, die ja mehr Lehrer und Bürokraten sein müssen als Forscher, entbehrt nicht einer geradezu spießigen Komik. Dieselben Leute, sogar jetzt persönlich gemeint, zwischen Deutschland und Südtirol, inklusive Österreichs, behaupteten noch vor 30 Jahren, daß die zigtausende von oft tiefen Schalen (Steinen) die weidenden Kühe mit ihren Schwänzen geschabt hätten. Und das bitte in Granit! Das hätten Kühe mit diamant besetzten Bohrern am Schwanz sein müssen. Ebenso behaupteten dieselben Historiker, daß es sich um Vertiefungen gehandelt habe, die Jungfrauen anläßlich kultisch-erotischem Herumwetzens erzeugt hätten.

Man verzeihe mir die Bermerkung, aber das hätten im wahrsten Sinne des Wortes nur Maiden mit stählernen Geschlechtsorganen vermocht. Diese Aufzählung ließe sich noch beliebig fortsetzen, sie ist kein Witz.

Und heute sind die Schalensteine weltweit zumindest als Teil eines mathematisch-astronomischen Rechensystems nachgewiesen worden.

Genau ähnlich in ihrer hilflosen Kläglichkeit muten auch die Erklärungen hinsichtlich der Pyramiden und sonstiger frühgeschichtlicher Reste in ihrer geradezu abstrusen Biederkeit an. Bemerkenswert ist in diesem Zusammenhang auch, daß die eurozentristische Betrachtungsweise unserer Historiker sich beharrlich weigert, Meinungen anderer Kollegen aus anderen Kontinenten auch nur zu lesen, geschweige denn zur Kentnis zu nehmen. Unsere Professoren würden sich wundern, welche großartigen Beweise inzwischen Forscher berühmter Universitäten aus USA und Mexico in gemeinsamem Bemühen und Suchen herausgefunden haben, auch deshab, weil sie eng, mit Physikern, Mathematikern, oder mit der NASA kooperieren. Diese ersten und sehr hoffnungsfroh stimmenden Ergebnisse sind meilenweit von eurozentristischer Betrachtungsweise entfernt, die im Prinzip immer noch auf bigott-kolonialem Denken beruht ("die lieben Wilden"). Aber einschlägige Wissenschaftler und Wissenschaftlerinnen aus Nord-, Mittel- und Südamerika "können doch gar nichts leisten, denn sie laufen in Blue Jeans herum, tragen T-Shirts und in ihren Talaren weht nicht der Muff von tausend Jahren. Außerdem sind sie nicht verbeamtet, forschen als Angestellte und freie Wissenschaftler. Allein schon deswegen, kann an ihnen nichts dran sein. Nicht einmal verbeamtete Professoren, I gitt, I gitt...".

Und nun wollen wir nach Chichen Itza zur großen Pyramide und ihrer Aura, die ich fotografierte, zurückkehren.

Im Sommer 1991 besuchten wir Yucatan, die große Halbinsel Mexicos, deren geschichtliche Bedeutung erst jetzt, ganz allmählich in ihrer wahren Größe erkannt wird. In den letzten Jahren kam es zu intensiven Forschungen gemeinsamer Teams von US-amerikanischen Wissenschaftlern und von mexikanischen Professoren. Ergänzt sei, daß in den Südwest—Staaten der USA, besonders in Kalifornien, New Mexico, Arizona, Nevada, inzwischen eine große und exzellente wissenchaftliche Tradition existiert, die sich mit der Erforschung des einstigen Großreiches der Inkas, Mayas und Azteken vor der sogenannten Entdeckung Amerikas durch Columbus (1492) beschäftigt. Diese Epochen vor Columbus nennt man präkolumbianische Epochen, da man in Lateinamerika Columbus als die schlimmste Zäsur ansieht, die den Völkern dort angetan wurde. In Mexico und Yucatan wird Columbus heute nur noch als "Columbus-Hitler" bezeichnet - zu Recht natürlich. Die Feiern in Europa anläßlich des Columbus-Jahres 1992 waren an eurozentristischer Geschmacklosigkeit nicht mehr zu überbieten und wurden speziell in Mexico und Guatemala äußerst negativ bewertet.

Tatsache ist und bleibt, daß die spanischen Eroberer unter dem Zeichen des christlichen Kreuzes binnen weniger Jahre weit über 85% der einheimischen Bevölkerung ausrotteten. Die Berichte aus den schlimmsten Konzentrationslagern Hitler-Deutschlands stehen in nichts den Berichten nach, die uns ohnedies nur spärlich berichten, wie die Spanier die Einwohner Lateinamerikas qualvollst massakrierten. So wurde aus dem christlichen Kreuz-Symbol des Erlösers ein mißbrauchtes Kreuz-Symbol von blindwütigen spanischen Mörderscharen. Wenn je ein Symbol zeigt, was man aus ihm machen kann, dann zeigt sich das im Falle des von den spanischen Eroberern mißbrauchten Kreuzes am erschütterndsten. Im europäischen Columbus-Jubeljahr war davon jedoch kaum die Rede. Auch Yucatan und Chichen Itza wurden in Blut erstickt. Heute ist man sich inzwischen einig, daß Yucatan mit großer Wahrscheinlichkeit ein Teil von Atlantis war, das in der Karibischen See infolge Meteoriten-Einschlags versunken ist. Der Meteoriten-Einschlag wurde jüngst nachgewiesen, der Meteorit hatte eine Länge von 200 Kilometern.

Man weiß inzwischen auch, daß Yucatan und das benachbarte Guatemala zu den Keimzellen der Kultur der Inkas, Mayas und Azteken gehörten. Speziell Yucatan ist nun der Schlüssel zum Knacken der präkolumbianischen Geschichtsrätsel geworden, ähnlich wie Bayern zu dem Zentrum der Keltenforschung geworden ist. Chichen Itza wiederum ist auf Yucatan das Zentrum der derzeitigen Forschungen. Dorthin will ich Sie nun entführen.

Chichen Itza zählt zu den größten und am besten restaurierten Städten Lateinamerikas. In der Sprache der Mayas bedeutet der Name der Stadt "nahe beim Brunnen der Itza", er beinhaltet das Symbol "Wasser", noch dazu in der verstärkenden Form des Begriffes Brunnen. Es würde hier viel zu weit führen, darüber im Detail zu berichten. lassen Sie mich lieber meine persönlichen Eindrücke schildern:

Die derzeit freigelegte Stadt entspricht trotz ihrer gewaltigen Größe höchstens einem Viertel, vermutlich weniger, der einstigen Größe. Unbeschreiblich beeindruckend zeigt sich eine völlig ebene, grüne Fläche großer Dimension auf der die freigelegten Gebäude sich erheben. Man stelle sich ein überdimensionales Fußballfeld vor und darauf eine traumhaft angelegte Stadt. Eine hochstehende Kultur offenbart sich in jedem Gebäude. Am meisten beeindruckte mich das Observatorium, das präzise so aussieht wie das Gebäude des berühmten Observatoriums am Mount Palomar. Der steinerne Kern des Observatoriums steht noch, auch die Kuppel. Verständlicherweise fehlt die einst drehbare Außenschale, die vermutlich aus einem leichten Material gefertigt war. Eine metallene Drehkonstruktion wie in unserer Zeit liegt zwingend auf der Hand, wenn man den steinernen Kern des Observatoriums sieht und in ihm, auf ihm herumgeht. Unbeschreiblich und überragend in ihrer architektonischen Prägnanz auch z. B. die militärischen Anlagen, Kasernen, der Sportplatz etc. Eine auch nur flüchtige Untersuchung mit dem Pendel bewies sofort, daß die Standorte aller wichtigen Gebäude zueinander in einer trigonometrischen, zahlenmäßigen Beziehung stehen. Kein einziges dieser wichtigsten Gebäude einer Stadt steht nicht in engstem mathematischen Kontakt zu den anderen Gebäuden. Bisher freigelegt sind alle Hauptgebäude, die zu einer Maya-Stadt gehörten.

Alles aber wird gekrönt und überragt von der mächtigen Pyramide des Kukulkan. El Castillo, die Pyramide des Kukulkan, ist das herausragende Gebäude von Chichen Itza. Es wurde, wie fast alle präkolumbianischen Bauten nach strengen astronomisch-astrologischen Vorschriften erbaut. Die 4-seitige, über 30 m hohe Pyramide weist 4 Treppen und 9 Terrassen auf. Sie symbolisieren die 4 Himmelsrichtungen und die 9 Himmel der Mayas. Insgesamt hat jede der 4 Treppen je 91 Stufen, was zusammen 364 Stufen ergibt. Die oberste Plattform entspricht der letzten Stufe. Somit weist die Pyramide des Kukulkan für jeden Tag des Jahres eine Stufe auf. Auf der obersten Plattform befindet sich der eigentliche Tempel des Kukulkan, dessen Haupteingang von zwei toltekischen Schlangensäulen flankiert wird. Am 21. März und am 22. September jeden Jahres ist die Pyramide Schauplatz einer wohl einmaligen Erscheinung:

Vom Nachmittag bis zum Sonnenuntergang wirft der Einfall der Sonne die Schattenlinien der Ecken der neun Pyramidenterrassen an die Nordwestmauer des Treppenaufganges und erzeugt eine gleitende Linie hin zu den Schlangenköpfen. Somit erweckt diese Linie den Eindruck als krieche von der Spitze der Pyramide die "große Schlange" (= der herabsteigende Kukulkan) herunter, die Symbol des Quetzalcoatl ist.

Die spanischen Eroberer vernichteten nahezu alle schriftlichen Unterlagen über die Pyramide, sowie über Chichen Itza. In einer ethnischen Säuberung ohnegleichen, einem klassischen Genozid, blieb nichts übrig, was uns berichten könnte über den wahren Zweck der Pyramide. Ausgerottet wurde auch die Elite des Volkes, nur die ärmsten der Landarbeiter ließ man leben. So bleibt uns heute keine Quelle, die uns die Wahrheit sagen könnte. Aber allein die astronomisch-astrologischen Gesetze des Bauwerkes, der bewegliche Schattenwurf am 21. März und am 22. September jeden Jahres, unterstreichen folgendes:

Planung, Ausführung der Pyramide müssen mit einer gigantischen mathematischen Präzision erfolgt sein. Die Pyramide besteht außerdem aus zigtausenden Steinquadern. Der geringste Fehler bei der Herstellung der Quader hätte sich angesichts der Vielzahl der Quader potenziert, so daß nach Fertigstellung des Baues keiner der gewünschten Effekte eingetreten wäre. Dieses Bißchen, das wir wissen, zeigt, daß die Pyramide einem äußerst wichtigen Zweck gedient haben muß. Zu vermuten steht, daß sie eine Kontakt- und Relaisstation zum Weltall war. Sie hätte auch ohne weiteres als Satelliten-Richtfunk-Station, wie die Erdefunkstation der Deutschen Bundespost in Raisting gedient haben können.

Wer Raisting in Oberbayern besucht, wer sich mit Fachleuten darüber unterhält, der erfährt, warum und weshalb die einzelnen Gebäude der Sende- und Empfangsanlagen in Raisting in einer ganz bestimmten Position zueinander stehen müssen. Das alles hat seinen klaren Grund, der mathematisch, physikalisch und astronomisch definiert ist. Ohne auch nur irgendwie in Raisting bzw. in Chichen Itza etwas hineingeheimnissen zu wollen, was nicht existiert, so ist offenkundig, daß beide Anlagen in ihrer Positionierung der einzelnen Gebäude verblüffende Parallelen aufweisen.

So wie jeder Staat, der einen anderen definitiv ausrottete, haben auch die Spanier den einzelnen Gebäuden von Chichen Itza bewußt verfälschende Namen gegeben, benannten z. B. Gebäude als "Nonnenkloster" usw., usw. Allein, um die alten Namen wieder einzuführen, benötigten die Mexikaner mehrere Jahrhunderte. Im Grunde genommen haben wir Europäer als Kolonialvolk diesen Menschen buchstäblich alles genommen: Ihr Leben, ihre Kultur, ihre Ressourcen, ihre Würde. In Chichen Itza kommt dies besonders einprägsam zum Ausdruck. Welche Kultur die Spanier vernichteten, unterstreicht auch folgendes:

In den letzten Jahren konnte durch Luftbildarchäologie festgestellt werden, daß allein in Yucatan 14. 000 hochentwickelte Städte existierten. Sie alle waren durch pfeilgerade Straßen verbunden. In der zivilisatorischen Dichte und Erschließung war Yucatan damit völlig vergleichbar mit der heutigen Siedlungsdichte in dicht besiedelten Teilen Bayerns. Das alles wurde von den Eroberern mit Mann und Maus ausgerottet - binnen weniger als 20 Jahren.

Der Besuch der Pyramide des Kukulkan in Chichen Itza gehört zum ersehnten Höhepunkt im Leben jedes Pendlers und Para-Wissenschaftlers. Die ganze Stadt, jedes Gebäude ist strengen mathematischen Gesetzen unterworfen. In der Radiästhesie ist bekannt, daß die Pyramide hier unglaubliche Wirkungen herrufen kann. Ganz allein war ich mit der Pyramide zusammen.

August 1991: An einem frühen Nachmittag erreichen wir Chichen Itza nach einer abenteuerlichen, aber menschlich schönen Reise mit einem einheimischen Bus. Der Himmel über Yucatan ist völlig gleichmäßig mit Wolken bedeckt. Trotz der hochstehenden, geschlossenen Bewölkung ist es sehr hell. Wenige Menschen sind hier. Ich ziehe je eine gedachte Linie der beiden gegenüber liegenden Seitenkanten der Pyramide, gehe die Linien ab, bis diese sich wieder schneiden. Jetzt bin ich von der Pyramide exakt so weit entfernt, wie die Diagonale ihres Grundrisses lang ist. Als ich auf diesem Schnittpunkt zu pendeln beginne, zeigt sich, daß sämtliche elektromagnetischen Kräfte eliminiert sind. Ich stehe auf einem Punkt "ohne Leben" und spüre das auch sehr genau. In diesem Punkt heben sich alle Kräfte auf. Ich fühle mich weit entfernt und doch so nah an der Pyramide. Dieser Punkt "ohne Leben" ist auch von vielen anderen heiligen Gebäuden her den Pendlern bekannt, findet sich in allen alten Kirchen der Welt, so z. B. auch in der berühmten Wallfahrtskirche in Andechs, am heiligen Berg Bayerns, wo ich "fast um die Ecke" wohne. . Ich fotografiere nun die Pyramide systematisch und standardisiert wie folgt: Minolta 7000 und Minolta 9000. Autofokus-Objektive von Minolta der Brennweiten von 28 mm bis 135 mm. Als hauptberuflicher Journalist und Bildjournalist bin ich gewohnt, alle Aufnahmen in Farbe und Schwarzweiß zu machen. Ich verwendete einen Diafilm Fujichrome mit 100 ASA. Als Schwarzweißfilm setzte ich Kodak TMax mit 100 ASA ein. Ich machte circa 15 Aufnahmen der Pyramide. So weit so gut. Ich gab mich der Würde, der Heiligkeit und der Magie des Ortes hin, der ohne jede esoterische Anwandlungen mit Sicherheit eine unglaubliche Verdichtung an positiver, heilbringender Kraft besitzt. Ich träumte davon, das einmal in einer Vollmondnacht bei Höchststand des Vollmondes zu erleben, möglichst im Bereich des 21. März oder des 22. September eines Jahres. Nie werde ich Chichen Itza vergessen und ich werde zurückkehren, um mit einem einfachen, mexikanischen Fahrrad nach Chichen Itza zu reisen. Die Rad fahrenden Indios im Dschungel Yucatans haben mich dazu animiert. In Mexico werden sehr stabile, leichte Fahrräder mit doppeltem Oberrohr und 26-Zoll-Bereifung, aber ohne Freilauf, gebaut und stellen das Massenfortbewegungsmittel in den einsamen Dörfern der Halbinsel Yucatan dar.

Die Aura der Pyramide des Kukulkan:
Der fotografische Beweis - die Wahrnehmungsebene 1991

Wochen nach der Rückkehr von Yucatan hattte ich Muße, die Diapositive zu betrachten, die erwartungsgemäß erstklassig ausfielen. Kurz danach entwickelte ich die TMax-Kodak-Filme des Yucatan-Unternehmens selbst, in meinem eigenen Profi-Labor mit Studio. Ich entwickelte den TMax 100 lege artis in Kodak TMax-Entwickler (Entwicklungsdauer 6 1/2 Minuten bei 24 Grad Celsius) und bekam erstklassige Negative, die am Leuchtpult überzeugten, ohne daß ich etwas besonderes gesehen hätte. Zwei Tage später vergrößerte ich die Negative von Chichen Itza. Die ersten 2 Aufnahmen der Pyramide waren völlig normal, technisch sehr gut. Gut hebt sich die Pyramide gegen den bewölkten Himmel ab. Die nächsten 2 Aufnahmen zeigen die Pyramide mit einer strahlenden, kräftigen Aura. Unglaublich. Die nachfolgenden 3 Aufnahmen zeigen wieder ganz normale Aufnahmen. Ich vergrößerte auf Ilfospeed Papier der Gradation 3. Ich muß dazu noch folgendes erklären:

So wie jeder Reporter, geige ich von wichtigsten Motiven ohne weiteres eine ganze Serie mit Motor in Sekundenschnelle durch, um jedes Risiko des Verwackelns, der Unschärfe auszuschalten. Und weil es halt auch bewährter Profi-Brauch ist, "viel draufhalten, um einen Superschuß in den Kasten zu kriegen". Die Aufnahmen der Pyramide sind mitten auf dem 36iger Streifen. Davor und danach gibt es Aufnahmen aus vielen Gegenden, aber nicht von Chichen Itza. Nichts ist manipuliert. Die Aura ist auf 2 Aufnahmen so kräftig zu sehen, wie ein weißer Fleck auf schwarzem Papier. Alle Aufnahmen dieser Serie, in der die Aura 2mal vorkommt, sind absolut identisch: Dieselbe Brennweite, derselbe Standort, dieselbe Kamera Minolta 9000 und der hundertprozentig selbe Bildausschnitt. Die Negative beweisen es. Nichts wurde manipuliert.

Die Serie entstand innerhalb einer Minute. Die äußeren Aufnahmebedingungen blieben völlig identisch. Von 14 Uhr bis 16 Uhr 30 blieb die Helligkeit in Chichen Itza gleich. Alle Aufnahmen, in Farbe oder Schwarzweiß wurden mit Blende 8 und 1/500 s belichtet (per TTL-Messung der beiden Minoltas). Nicht das geringste am Aufnahmeverfahren war ungewöhnlich. Aber keines der Diapositive zeigt die Aura. Für mich heißt dies, daß die Aura der Pyramide des Kukulkan eine Strahlung einer Wellenlänge besitzt, die nur für Schwarzweißfilm sensibilisiert ist. Die Botschaft, die mir die Aura schenkte, habe ich sehr wohl verstanden. Ich habe von der Pyramide des Kukulkan ein Geschenk erhalten, wie es nur die Sternstunden eines Lebens bereit halten.

Nachwort

Die Gedanken eines Nachdenklichen

Nichts ist schwieriger zu verstehen, als jenes, das uns tagtäglich rund um die Uhr vertraut ist. Wir nehmen es dann nicht mehr bewußt wahr. Es ist "ohnedies da". Ich muß nochmals auf das Gleichnis des Schlafs zurückkehren. Er ist so selbstverständlich für uns, daß kein Mensch darüber nachdenkt, was denn der Schlaf sein könnte. Und trotzdem zählt er zu den größten Rätseln unseres Lebens. Erst wenn jemand in den "ewigen Schlaf" versunken ist, dann wird uns das bewußter.

Ähnlich verhält es sich mit den Zahlen und den Symbolen. Mit beiden läßt sich die Welt erklären. Denn alles ist Schwingung und Strahlung. Auch Buchstaben können als Zahlen gelten, Zahlen können als Buchstaben verwendet werden. Aber auch dann, wenn es uns gelänge, in die tiefsten Geheimnisse von Mathematik und Astrophysik einzudringen, so stünden wir am Ende immer noch vor der Frage: Wer oder was steht hinter allem? Von wem kommt die alles am Leben erhaltende elektromagnetische Kraft? Wer ist denn dieser "Generator"? Wo befindet er sich? Wer hat nun recht: Das Christentum mit seinem einen Gott? Die Antike mit Heerscharen von Göttern? Der Atheist, der anstelle des Gottes-Begriffes von Allmacht etc. spricht?

Außerdem: Wie oft wurde die menschliche Zivilisation auf Erden schon fast zerstört? Wie oft stieg das Menschengeschlecht nach apokalyptischen Katastrophen wieder an das Tageslicht von Glaube, Liebe, Hoffnung?

Dieses Buch soll Fragen aufwerfen und Fragen beantworten. Viele Fragen führen aber zu mehreren Antworten. So wie viele Symbole in ihrer Bedeutung variieren, so steht es auch mit den "großen Fragen des Lebens". Sie alle verbergen sich in den Zahlen und Symbolen unserer Welt. Das ist doch schon immerhin etwas angesichts eines Alltags, dessen Langeweile Milllionen von Menschen zu ersticken droht. Zahlen und Symbole unterstreichen, daß die Schöpfung und das Universum ein kreatives Chaos sind. Erst wenn wir Zahlen und Symbole verstehen, dann können wir den Zipfel dieses Chaos' schon lüften.

Mit dem Wissen um den tieferen, möglichen Sinn von Zahlen und Symbolen können wir uns aber auch innerlich weitgehend unabhängig machen von den Zwängen, die uns das Leben auferlegt. Wir können damit ein völlig neues Leben gestalten und beginnen. Der Stoff dieses Buches sollte auch dazu anregen, sein eigenes Leben einmal kritisch zu hinterfragen: "Wo stehe ich eigentlich?"

Mit Zahlen und Symbolen läßt sich positive Energie gewinnen. Man kann durch sie und mit ihnen sehr stark werden. Wir finden Orte auf unserer Erde, die voller Kraft und Hoffnung sind. Zahlen und Symbole können uns dorthin führen.

Zahlen und Symbole können uns aber auch viel kritischer und sensibler machen gegen die großen Verführer, die es zu allen Zeiten gegeben hat und die es auch in Zukunft geben wird. Mit einem Wort, wir können mit dieser teils geheimnisvollen, teils offenkundigen Welt der Zahlen und Symbole ein starkes Leben führen.

Und eines mögen Sie, liebe Leserinnen und Leser mir glauben: Das Leben war zu allen Zeiten ganz anders, als man es uns weismachen möchte. Das gilt auch für unsere heutige Zeit. Gehen Sie Ihren eigenen Weg! Zahlen und Symbole können Ihnen dabei enscheidend helfen.

Register